松下經營學

不屈不撓的創業毅力 × 活到老學到老的精神

松下幸之助

八十載的奮鬥生涯

林人豪，周曉晗 主編

以 100 日元起家，到成為身價 500 億美元的商業鉅子；

只有四年小學的教育程度，其著作卻被哈佛商學院列為教材；

創造商業王國並非他最大的成就，而是成了現代企業家精神的象徵；

他是被譽為**日本「經營之神」的傳奇人物——松下幸之助**

松下創業精神 × 企業經營策略 ×Panasonic 用人指南
帶你了解企業之神的傳奇一生！

目 錄

目錄 ───────────

目錄

第二章　經營技法

附錄　經營人生高手

目錄

前言

他出身貧寒，卻成為日本家喻戶曉的人物，更是享譽全球的成功企業家；他只念過 4 年小學，著作卻被世界最著名的培養 MBA 的美國哈佛大學商學院列入案例教材；他是誰？

他就是日本國民敬仰的大人物，日本名副其實的「經營之神」—— 松下幸之助。

松下幸之助是松下電器（Panasonic）的創始人，是日本現代企業經營史上最富傳奇性的人物，他以 100 日元起家，發展至擁有員工幾十萬，產品一萬多種的企業。工廠分布了一百多個國家，總營業額上百億美元，排名在世界前幾大公司之列。

松下幸之助帶給了這個世界巨大的財富，然而人們普遍敬仰，禮讚的不僅僅是他的功成名就，更是因為他勤勞奮發的頑強精神、嘔心瀝血於創業之道的超人意志、兼融了東西方文化精華的思想理念。這已為企業界所普遍接受，並帶給人們永久的啟發。可以說，松下幸之助現在已不僅僅是一個稱號，它已被賦予了更深層的涵義：一門經營與管理的學問，一種奮發向上、不屈不撓的精神，一種愛民愛國、盡心敬業的精神。

一句良言可引發千萬人的思考，一部好書能改變無數人的命運，願這本書能成為推動你人生成功的動力！

前言

第一篇　人生的韜略

第一章　挑戰自我

　　沒有人知道自己的壽命何時盡，所以要珍惜每一天對自己的生命負責，這才是最可敬的人。

掌握青春

　　人的一生中，青年期是黃金時代，青年期是重要的時期，也是最受人羨慕的時期，年輕人應該站在完全被解放的立場，充分抱著希望、喜悅以及可以向任何前進的志氣，這對年輕人是很重要的。

　　因為年輕人如有「自己是年輕的，是很有可塑性的」這份自覺與認知，自然就會產生一種信念 —— 無論任何困難都難不倒我們。年輕人，在往後的日子裡，日日像戰爭，也許會面臨苦難，此時心裡是否會動搖，就看有沒有這種信念了。有了信念，心就不會動搖，才能貫徹自己的信念，勝不驕敗不餒，只是坦然地向成熟的處世大道邁進。

　　如果沒有這種信念，往往會有了一點小成就，就得意忘形，反之，則悲憤喪志，心裡動搖，這樣絕不能產生積極的態度。因此，年輕人，要有自己是年輕的自覺與認知，如果自己想做，什麼事情都可以做，有這種信念，以這樣的眼光來看人生、看將來，一定是很有意義的。也許有的年輕人認為：「這個時代，要成功並不簡單，連要工作下去，也相當困難。」這種看法是有所偏頗的。

　　比起今日，松下的孩提時期，是封建性的時代。任你有很好的創意，或者非常勤奮努力，當時沒有廣播工具，大眾周知的機會很少。在經營事業方面也是一樣，哪個製品是優良的製品，或者哪個公司經營方法很扎實等，要社會一般廣為認同，需要長久的歲月，所以當時要想成功極為困難。

　　現在就不同了，在一個人做事的過程中，有很多可以幫助他的機構。今天如果某人發明一樣東西，這消息馬上透過報紙、廣播、電視、網路、FB、IG、YouTube 等，瞬間傳播到全國各角落，不待一日，所有人都知道，「有某某人做了某某事，真是個很理想的發明。」

　　可以說，今天是很容易成功，或達成志願的時代。與此相比，古人就沒

那麼幸運，做了好事，街坊鄰里能知道都要一段時間，何況是全鎮全市，那就更不容易了。要傳遍全國，那簡直是不可能的。也許部分人會說：「今天還是不容易成功的，一旦當了受僱於人的所謂領薪階級，恐怕就只能當領薪階級一輩子了吧。」這樣自暴自棄的人，是只知其一不知其二。該睜大眼睛，以開闊的心胸來看事情，只要自己肯做，世界上有很多幫助我們成功的條件存在，不怕沒有人幫助。

如果以「現今社會情勢不好」為前提，來判斷東西，這樣只是畫地自限，束縛自己。年輕人不應有這樣消極的想法，應該要有一種自覺，自覺說「自己是年輕的，任何事情，都有做好的可能性，現在又是很容易成功的時代。」年輕人，抱著遠大的希望掌握年輕的歲月好好地做下去，使這段日子真正成為人生的黃金時代吧！

永保青春

當然只要是人類，年齡就會一年一年地增加，這是無法避免的事，肉體的衰老也是無可奈何的事。仔細看看照片或鏡子的自己，比想像中的自己還要老。雖不敢相信自己都這麼老了，可是照片和鏡子是不會騙人的，這種生理上的老化無論如何騙不了人的。

松下也常被別人問起：「松下先生，那麼大的事業，您年紀又大，可以說是上了歲數的人了，您心裡是存著一個什麼樣的冒險想法呢？」這時，松下總這麼回答：「通常，我都把自己想成是一個小孩子，也不比你偉大呀。」

為什麼會有這種情形發生呢？

應該說到促使日本電力事業能有今天成就的功臣之一，就是人稱「電力之鬼」而名噪一時松永安左衛門先生。松下和松永先生相差 20 歲左右，工作的性質也和他不太一樣，所以幾乎很少有來往的機會。但他從別人聽到、或從新聞報刊上得知松永先生是個很好的經營家，使他對他產生敬意。因此松下一直希望能有機會結識松永先生，以便從他那裡學習到更多的東西。

在 1965 年末，這個願望實現了。那是在某個雜誌社的座談會。當時的松

永先生剛好 90 歲；雖是如此高齡，卻仍擔當中央電力研究所理事長的要職，依然活躍有神。

雖然經過那麼長的時間才得以透過這次對談的機會，使松下受益頗多。其中使他印象深刻的是，松永講話的聲音是那麼強而有力，一點都不像是個 90 歲的老人；並且話題很新鮮時髦，又能點到事情的核心。雖然他說的是一些日常生活費心力的事，但並不會讓人感覺他老了，反而覺得他還有顆年輕的心。

至於身體方面，雖然有一點重聽，但一點都看不出他已 90 歲了，仍然相當健康。

松下問他：「您身體的狀況怎麼樣？」

他笑著回答說：「沒有什麼毛病。普通一上年紀的人酒量就小了，但我反而日漸增強呢。」

「醫生也說我的內臟特別強，喝點酒倒沒什麼大礙；而且還可促進食慾，營養就會好起來。除此之外，還盡可能抽出時間來運動。像我家房子和庭院的構造，多有山坡，所以只要天氣一好，我就會一天散步兩次左右。」

這使他深深覺得松永先生是很適合被稱為「萬年青」的。而且他還送他一首跟他人一樣相稱的詩「青春」，是薩繆爾·烏耳曼所作。第二次大戰時，是道格拉斯·麥克阿瑟（Douglas MacArthur）將軍的座右銘。

在松下尚未見到松永先生前不久，有個人給他這首詩，使他大有共鳴之感。那時候松下才 70 歲，每天都在為經營能有新的突破，努力地工作。但總覺得跟年紀鬥不過去，隨著年紀的增加，身體似乎也衰老了一些；於是就會感覺自己老了，但他也常告訴自己這樣是不行的。

看到這首詩後，詠讀這首長詩便成為松下的日課，每天都用心反省，詠誦把它簡化歸納，貼在自己看得到的牆上：

　　青春，就是保持年輕的心。
　　只要充滿信心、希望和勇氣，以應付日新月異，
　　青春就會永遠屬於你。

　　一天反覆地讀它幾回，細細咀嚼，把它當作是自己的座右銘。

　　它包含著想永遠年輕的希望，勸人必須隨時保持年輕的心情。雖然沒有人能避免實際年齡的增加，但只要你有心，就能使心理上永遠不老。只要不失去不斷向前邁進的精力，就能隨時讓你顯得年輕，這就是松下的信念。

　　所以他和松永先生見面時，就想把這首詩給 90 多歲的松永先生看，但一看到松永先生，就發現他已把這首詩的精神，充分而具體地表現出來。

　　松永先生看了這首詩非常高興，並發表他的感想：

　　「這內容非常適合我。有一則小故事說，某人問登山探險家為什麼要這麼辛苦地爬山，他回答說因為這裡有山。恐怕你我也是這樣想吧。因為這裡有什麼，就做什麼。但如果有山，卻想自己上了年紀，還是不要爬較好，然後又考慮東、考慮西的，時間就浪費在那些考慮、顧忌上。結果很容易使自己迷失，一迷失，那可就完了。」他又勉勵他說：「希望你不要迷失，好好把握。」

　　所以，在 20 年後的今天，他牢牢記著和松永先生的對談。

　　在以後的歲月中，他懷著「萬年青」的心態，終生都在向自己挑戰，借不斷地自我檢討，去尋找應走的方向，自己創造前進的動力，一切只依靠自己。就是那種使命感，使他保持年輕，保持創造的精力。

　　一個勁地把快樂寄託在工作上，這不就是永保青春的祕訣嗎？

善待磨練

　　學徒生涯是松下一生經營事業中最寶貴的經驗。

　　凡能接受嚴格考驗者，必可開創美好前程。

　　松下在火鉢店打工 3 個月後，主人突然想改行。於是把他推薦給一位朋友所經營的腳踏車店裡工作，並告訴他：「請你多多照顧幸吉。」幸吉這個名字是松下在火鉢店當學徒時所取的。於是松下開始腳踏車販賣的修理的工作。當時，腳踏車業是一種新興的行業，而他在那間店鋪一待就是 7 年。

　　他在這 7 年之中到底是怎麼度過的呢？在當時，一年到頭只有新年和清明節兩天的休假，而任何人對於這個慣例，都不曾抱怨過，他也認為這是理

所當然的事，所以，每天都提早起床，打掃店鋪，再拿著水桶沖洗店面，然後修理腳踏車。對這一成不變的工作，他也不以為苦。然而在歷經 30 年之後，當他在每年的春季，看到學生們興致勃勃地走向學校時，他總會記憶起他當打工學徒那段孩童時光。

學生的生活，對沒念完小學就出外工作的松下而言，是具有很大的魅力的。當他在嚴寒的清晨，一邊向凍著發紫的手呼氣，一邊用冰冷的水清洗店鋪時，可以聽到住在車店對面一位與他同年齡的男孩，用清脆的聲音說：「我要上學了。」然後精神抖擻地奔向學校，當時，他往往會不自覺地停止打掃，望著他漸漸遠離的背影，並在心中湧起「我也要上學」的念頭。當時那種羨慕的心情，真是筆墨難以形容。

而有時，他也會對自己說：「我只是個學徒，上學對我來說是件可望而不可即的事，還是死了這條心吧。」每當想到這裡，他都會用力扭著手上的抹布，並將冰冷刺骨的水全給擰出來。

後來他有從事電氣事業的意念，所以就到電燈公司去當學徒，由於不斷地磨練，而使他成為一名能獨撐大局的電氣工程人員。之後他結婚、生子，並從事製造電器的事業。這就是他的人生過程。在這其中他經歷了生活的辛酸，但求學的意念絲毫沒有動搖。可是他卻有另一層的認知了，他對 7 年的學徒生涯，心中充滿了感激。

他認為每件東西都有它不同的價值，而更重要的是，你必須知悉它的可貴處。也許在你沒有考慮到紙張的實用價值時，你會將一紙任意丟棄，但他認為你絕不會將一張有用的公文丟掉。也許每個人都曉得米是天賜的糧食，但是否真確地了解一粒白米的真正價值呢？所以，他認為那段做學徒的經歷，仍是他生命中最寶貴的一段時光。

因此，我希望每一個人都不只是坐而言，更要起而行，接受各種不同嚴格的考驗，親身去嘗試糖的甘飴和鹽的鹹澀，然後以一張薄紙都有其價值的心情，刻苦耐勞地去開創美好的前程。

無法突破困難的因素，往往在於自己。因此失敗時，要先自我反省。

做買賣常常會遇到許多困難，必須決定是進或退。

　　面對困難，就要考慮該如何解決。當然解決困難的方式有很多，但最重要的就是認清事情的真相，冷靜地去思考引起困難的真正原因；這時，可發現自己竟然就是大部分原因。所以，如果自己有做錯疏忽或思考不周密的地方，就要坦白地自我反省，加以改正，如此便容易處理困難，也才會把這種體驗牢記在心。

　　換句話說，就是要在事情一露出端倪時就察覺到。但人們常常在事情有了差錯後就草草地處理。但不論如何，在事情將要接近有破綻的狀態時，就能馬上察覺出來是非常重要的。如果每個人都能正視困難而解決它，人類才會不斷地進步與成長。

　　即使是有豐功偉業的人，也不敢說自己不曾失敗過。正因為有無數的失敗，才能得到無數的經驗，使心有所警惕。經過幾次的教訓後，才會得到成長。最後把偉大的信念深植於心，而完成偉大的業績。

　　因此，不管是失敗或陷入困境時，最大的問題是自己是否能勇敢的承擔。如果不肯承認失敗，那就不會有什麼進步。要是因此而不滿社會，抱怨他人，那也只會使自己永遠在失敗和不幸中。

　　正視困難，就該有以下的認知：「這是最好的體驗。雖然嚴厲了點，卻是很珍貴的教訓。」松下認為有這種胸襟的人，才是日後進步成長的人，你說是不是？

磨練是里程碑

　　沒有任何刺激，苦惱而度日，看似輕鬆，其實這種生活既沒有力量，也沒有創意，足以令一個人退化。

　　雖然有人說：「孩子無憂無慮，真好。」其實那只是程度的問題而已。孩子也有孩子的煩惱，有他們的不安。等到長大成人，到社會從事各種職業以後，煩惱與不安也將多得遠非孩童時代所能比。這是理所當然的。

　　諸如，商品很不容易銷售，到底是怎麼一回事呢？上級交代我非常困難的工作，我能勝任、能如期完成嗎？我和同事之間總是不太融洽，……因為

有許多不安與煩惱，以致晚上都睡不著覺。……有過這種經驗的人，我想可能不少。

但人生總免不了面對危險，只要你能在面臨危險時，雖有某種程度的不安，但能夠毅然決然去面對、去克服。

因而需明白嚴格的磨練，是讓自己邁向自立大道的里程碑。

獅子故意把自己的小獅子推到溪谷，讓牠從危險中自己掙扎求生，這個氣魄太雄壯了。雖然這個虎爸虎媽的作風太嚴格，然而，在這種嚴格的磨練之下，小獅子以後的生命過程，才不會洩氣。

牠拚命地、認真地，一次又一次地跌落山澗之後，一步一步地爬起來。牠自己從溪谷爬起來的時候，才體會到「不依靠別人，憑自己力量前進」的可貴。獅子的雄壯，便是這樣養成的。

要自己體會，是非常嚴格的，需要勇氣。有時候不知所措，眼淚不禁奪眶而出。然而，要哭也好，要長吁短嘆也好，必須產生新的勇氣。

嚴格的磨練，無非是讓自己體會生命的第一步，是讓自己邁向自立大道的珍貴里程碑。

離開母親，每晚都淚溼枕巾。尤其在寒冬的夜晚，孑然一身，倍感孤獨寂寞，更加想念母親，自從得到五錢那天起就不同了，後來覺得自己長大不少。生活也較能適應，辛苦卻獲得五錢的補償，使我逐漸忘卻離鄉背井的辛酸和勞累，而專心於工作。

當時所獲得的教訓是：『幸吉（幸之助小名 —— 當時老闆都是如此叫我。）—— 你要好好努力，只是埋怨辛苦，是不會出頭的喲。現在拚命努力，忍耐，將來一定有出息。』因此，在冬季結冰的天氣下做抹布清潔工作，雖然很辛苦，一轉念：『這就是忍耐，他們說的正是這個，努力做吧。』而將辛苦化成希望。如果，當時我聽到的不是這番話，而是勸人好逸惡勞的話，結果可能變成：『這種工作不要做了，回家吧，我忍受不了。』好在當時的長輩都勸後輩『要吃苦』。

只有不放鬆自己、不斷進修的人，才有資格與人一較高下。

如果要成長，人應該祈求神明賜予更多的困難和勞苦，藉以磨練自己的

心志，考驗自己的力量。

　　日本戰國時代有位著名的豪傑，叫作山中鹿之助。據說他時常向神明祈禱：「請賜給我七難八苦。」許多人都覺得不可思議，就去請教他。鹿之助回答說：「一個人的心志和力量，必須在經歷過許多挫折後才會顯現出來。所以我希望能借各種困難險惡，來試煉自己。」

　　他並作了一首短歌，大意如下：「令人憂煩的事情，總是堆積如山，我願盡可能地去接受考驗。」

　　一般人對神明祈禱的內容雖然各有不同，大致說起來，不外乎是利益方面。有些人祈禱更幸福，有人祈禱身體健康，或賺大錢，卻沒有人會祈求神明賜予更多的困難和勞苦。因此當時人對鹿之助這種祈求七難八苦的行為，覺得不可思議，是很自然的現象，但鹿之助還是這樣祈禱。他的用意是想透過種種困難來考驗自己，可是，松下想，其中也有借七難八苦來勉勵自己的用意。

　　一般被喻為英雄豪傑的人，他們的心志並不見得強韌得像鋼鐵一樣。像西鄉隆盛也有經歷過一段黑暗的時期，他曾因覺得前途無望，而想投海自殺。還有在古巴危機發生時，美國甘迺迪（John Fitzgerald Kennedy）總統在下大膽決定之前，據說也是緊張而異常苦惱。

　　當大事臨頭時，人總會感覺內心不安或意志動搖，這是很正常的。但身為一個領導者，面臨這種情況時，就必須不斷地自勵自勉，鼓起勇氣，這才是正確的態度。

　　挫折是刺激人前進的動力，否則，就無法達成社會的進步與繁榮。

　　一個公司的員工，如果能夠真正有了可以讓他全神貫注的工作職位，那可說是最幸福的人，但是由於社會上的各種情況，通常他們仍然脫不了許多煩惱。以每個人的生活來說，就是大公司的老闆，也有他個人的煩惱，何況公司的部長、課長呢？這是社會現況之一，當然不是幸福的好現象，但，人生在世煩惱是免不了的，有時這煩惱倒會成為一種刺激，成為發現更高境界的推進力，如果煩悶懊惱不能成為推進力而僅成為日常生活中的負擔，就不只是此人的不幸，也是公司的不幸，甚至於是社會的不幸。

或許這是人生必然現象，但松下絕不同意因此就抱著「無可奈何讓它如此算了吧」的態度，雖然有或多或少百分比的不滿、煩悶，起碼要百分之七八十全神貫注於工作上，從而體會出人生的意義，我想這一類人應該也不少，正由於這些人，社會上才會有進步與發展，全人類的繁榮才能達成。

而只埋怨工作辛苦，是不會出人頭地的。沒有辛勤體驗，哪有成果？

磨練中提升

從不健全的環境中忍耐過來的人，往往是青出於藍的成功者。

新進人員，不管是誰，一旦開始工作時，主管和前輩們都會教他們如何工作。一個公司內，有各式各樣的主管和前輩。有的主管和前輩，指導工作時，非常切中要點，態度又很親切，會細心調教自己的部下；相反的，也有的主管在人格方面不健全，不肯盡力幫助部下。

這兩者之間，你說到底哪一個好？跟隨哪一類主管更理想？這是值得思考的事。

以一般常理來說，跟著優秀的前輩是上策，好處還不限於工作方面。不管是學習什麼事，跟隨好的指導者、好的老師，你的技能一定會進步。所以，松下認為選擇良師是理所當然的事。

但是反過來說，跟定了一般人認為的良師名匠學習的學生，將來卻很少有大作為。因為全部循老師的舊路走，到了一定的程度後，就無路可循而停下來的。換句話說，很難產生青出於藍的學生。

相反，在不講理、不體貼、言行怪異的老師下學習磨練的人，將來非常可能成為成績輝煌、非常有名氣的人，這種例子不勝枚舉。怪老師往往在可以稱讚學生時，反而責罵學生、奚落學生，於是許多學生覺得「真是辛苦，我不要學下去了」。能夠在這個時刻忍耐，在這種不太健全的環境中熬過來的人，往往成為青山於藍的成功者。這是很有趣的事，是人生微妙的地方。所以說，跟隨名師學習固然是好事，只是如果碰上嚴厲苛刻、不體貼又個性古怪的老師時，松下認為要有「這是將來能成器的必經之路」的積極想法才

行。有了這種想法，才會有進步的成長。

在公司經營時有生意來往的顧客也分兩種，一種是非常好的顧客，製品送到他們面前，他們就會說：「一定是精心傑作吧，很好很好。」使人聽來很舒服。另一種顧客則相反，會說：「這種東西不行，別的公司比你們好得多，你們的價錢貴，貨色也不好。」

如果顧客全都是好的，那也不行。因為我們會因缺乏策勵，不知改進而退步。拿鞋店來說吧，如果顧客全部只稱讚不批評，對做得不好的鞋也滿口稱好，那麼這家鞋店一定不會進步。而鞋穿上後，稍感不舒適，顧客就要求修改，這種顧客一定會使鞋店成為服務、技術都第一流的大鞋店。

我們應該牢記住古訓「寶劍鋒從磨礪出，梅花香自苦寒來」，把壓力、阻力、批評當作進步的推動力，在磨練中提升自己。

不要做工作的機器

在忙碌的日子裡，對某些事物極感趣味的話，是饒富意義的。

但是你說：「我工作是為了要吃飯，而不是為了興趣而生活的。」如果是這樣的話，我想你很難在你的行業裡成功，也不會給人間帶來輝煌的成果。

譬如說，有的人在公司上班的時候，詩與經是離不開他的腦海，滿腦子都是詩句，工作中不斷地想著作詩賦詞。這種人乾脆改行當一個詩人。

在以前的時代，不工作而只追逐自己的興趣的話，生活馬上會發生問題，但是還是有些人不在意吃不好、穿不暖，終身努力吟詠詩文。幸運的是，現在時代不同，你不工作而只追求雅興，也不至於使生活陷入絕境。所以如果你實在喜愛詩的話，就要改行，把詩當作你的本行。當詩人，雖然不能有豐富的物質生活，但縱使清貧些，能享受豐富的精神生活，也是有意義的。

松下知道很多人的態度是：我全心全力做我的事業，只在休閒時吟詩玩樂，調劑生活，提升自己的素養。」大概這種興趣當作斜槓副業的人要占多數。

但如果你的興趣已經濃厚到不能全心全力工作的話，我勸你索性改行，

把你的興趣當作你的本行吧，絕對不要將就地生活下去。

　　在長年的學徒生涯中，人員的流動，在所難免，當一些舊人離開之後，又會有新人進來，自然松下就變成所謂的「前輩」了。以前敬陪末座的我，慢慢地也可以指揮別人，更增加了生活的充實感，能使別人照自己的意思行動，使他嘗到好像是所謂「優越感」的那種滋味。也許這是使我工作不感辛勞的原因之一，夜校也沒去，其他地方更不用說，可是當漸漸懂事時，好像有股想上夜校的心情湧上心頭。再加上其他的一些事情，因此告別了學徒生活，轉到電力公司服務。

　　當學徒時，可說一早到晚地工作，一年 365 天，只有新年及中元節才能休息幾天而已。電力的工作條件就好多了，上午 7 時上班，下午 5 時下班，每個月的第一、第三星期天又可休息，所以上夜校更是沒問題。服務了 7 年，夜校卻只上了一年，對於這一點，後來覺得十分後悔，但上了一年夜校，獲益不淺。

　　只上一年夜校，雖然其中有許多原因，不過當時對電力公司職工的工作，感到非常有興趣是原因之一。每天到街上的客戶家裝設電燈，豪門陋屋均在服務之列，一天裝上了幾處的電燈，在下午4點多結束工作，回到公司，這就是一天的工作，對此工作我做得非常起勁。工作能力也隨著提升了，當時沒有工會組織，所以勞工階級的立場，沒有現今這般有利。但另一方面也不見得完全如此，反而可以從職工間，相互在技術上的切磋而得到最好的慰藉，電氣工程是需要一些技術的。

　　「某某工程是某某人做的」，「那件工程做得真好」這種讚美或批評，不知不覺中促進了同事間手藝的競爭，技術優良的人，自然會受到同事的敬佩。就在這敬佩中，可以體會到生活的充實感。

　　這種切磋完全依其實際工作績效而定，並不是依靠雄辯或巧辯所能達成。「那個人技術真棒」，「那個人技術就差一點」這種評語，在同事間就成為茶餘飯後的話題。技術高明者，自然就成為理所當然的主管，這種階級是自然形成，全憑實力而來。

　　工作的氣氛自然是大家都戰戰兢兢，不敢鬆懈，這使生活有了充實感，薪資升級也靠工作表現。我雖然比別人年輕，工作成果還不錯，所以薪資也

比別人升得快，我想是極其公平的。公平升遷是當時的社會風氣，工作做得好的職工，升遷機會就會多一點，哪怕只多了一毛錢，都會受到別人的敬重。對這件事情，可以說沒有人有任何怨言，默認這是件當然之事。同事間的長幼有序，自然形成，一切都非常圓滿。

那種情形較好或現今的情形較好，不能草率而言，但當時的秩序確實如此。松下對這種生活有了充實感，所以上夜校的事，就變成第二順位，所以夜校只去上了一年。

24歲那年，松下辭去了公司的工作，當時薪資是一天八毛四。雖已是四十五年前的事了，可是當時支給薪資的派令，至今松下仍然好好地保存著。這是離開時的每日薪資，至於當初進公司時，松下記得大概只有三毛七分。

每個人想必各有自己理想的事業，不是在找尋更好的工作，就是期盼未來，做得各種努力。在逐一實現某些事，或是計劃未來時，心中一定早有定案，然後腹稿源源不斷湧現出來。說你沒有這種想法那是騙人的。心中不斷湧現新的點子，再自然不過。

計劃做某件事時，必須以興趣為主，通常稱之為人生的意義。如果不是以人生的意義為主，那簡直不是人。這樣說雖然有點過度，可是，漫無目的，沒有使命感，如行屍走肉般活著的人，松下實在無法接受。

當然，凡事都有例外，但原則上，松下還是不敢苟同。每個人都懷有理想，擁有自我期許的目標，這樣的人生，不是更美好嗎？

年輕朋友也好，老朋友也好，當問到松下：「你的人生意義何在？」他都答道：「人生的意義，就是我現在顯現的樣子。」「你已經上了年紀了。什麼都不要想，享天年不是很好嗎？」雖然有人會這麼說，可是往往他的反應是「等一下，你說什麼，我還年輕呢！」「你不是已經77歲了嗎？」「年紀是世俗的看法。我還年輕，充滿著幹勁。也唯有如此，我才能感受到人生的意義，並保持永遠青春。」如果喪失這些，就什麼也不是了。

所以，不論做什麼事，都要有目標有理想，這是原則。否則只不過是一部工作的機器罷了。

培養興趣

人們就職時，可能會向公司提出要求說：「我喜歡這份工作，看起來很適合我做，千萬讓我做這個工作。」有時這種請求會被採納，但是我想被採納的機會恐怕並不多。一般來說都是由公司通知你，「你要做這個工作」，公司指派工作時，可能考慮到了你的適應能力，但是有時也會根據其他的考慮而給你這項工作。

不管是根據哪一種考慮，他認為你如何接辦這項工作，如何推動它才是重點。

既然是被指派的工作，他相信有些人就以不得不做的心情來從事這行業。雖然沒有興趣，也覺得不值得做，但沒有辦法，於是有些人就試著應付工作，也有些人會反應，「這個工作不合我意，請換一個別的工作給我吧。」但松下認為調換工作對這個人是並無好處的。

如果對自己的工作不感興趣的話，就沒有積極的態度，心都會馬上勞累的。這麼一來，不但沒有工作成果可言，個人的實力也無從伸展。在這種狀態下，工作變為一件不快的事。享受休假的樂趣，或對某項事物抱持興趣，是人生極重要的事，但如果沒有每天勤奮的工作，我相信是不可能享受到這些樂趣的。

所以每一個職員要自動地努力培養工作的樂趣。舉例來說，各位之中，有人想換工作職位，你的主管會對你說：「這個工作將來一定會適合你，所以請你忍耐一年看看。」這時你能體諒到公司也有它的種種考慮，才要你做這行業的工作，就可以明白公司的立場，而好好地做這行業的工作。

接辦下後，要想盡辦法喜歡這個工作。當然，有時工作終究是不適合你做的，但相信在你努力下功夫中，工作的樂趣可以培養出來。

社會上有人人嚮往的職業，也有不受人重視的職業。然而，俗話：「做一行怨一行」，往往有許多人對自己的職業感到不滿意。

假使你對自己的職業和工作感到不滿意，但還勉強地做下去，這是很糟糕的，如何才能使人生有意義呢？改行是一種做法，但是這樣做，往往也不

一定就能解決問題。那麼，還有沒有其他辦法呢？

　　有很多辦法，但其中，松下認為最重要的，是好好思考自己工作的意義。例如有一個專門銷售霜淇淋製造機的人，他逐漸討厭這個工作。甚至，他對於這份工作的價值有了懷疑，他想：「為什麼我要做這份工作？是因為很多人愛吃霜淇淋，所以我才從事這種機器的買賣嗎？那麼，萬一有一天，大家都不再吃霜淇淋的話……。如果你也這樣想，那麼，很明顯的，你就不會對你的工作投入全部的心意，業績也自然不會提升，如此一來，你就會更加討厭自己的工作。這是一種惡性循環。

　　要想除去這種惡性循環，松下認為最重要的一件事，便是要確實認清自己工作的意義。就上面這個例子而言，你可以這樣想：凡是買機器的客戶，無論何時想吃霜淇淋，都可以吃得到。而且，如果這是給小朋友的點心，小朋友會很高興；如果是家庭主婦一個人在家的時候吃霜淇淋，她就可以減少一些寂寞。換句話說，由於推銷這種機器，便能間接給眾人帶來歡樂，這也就成為一種推廣歡樂的工作了。

　　同樣一件事情，由於觀察的角度不一樣，就會產生不同的看法。不同的看法，會使當事人的心情受到不同的影響。至於要採取哪一種，則是各人的自由，當然應該要採取對自己有利的看法，使你的世界明朗許多。

　　推銷霜淇淋製造機有了帶給眾人歡樂的新意義，那麼你就會打起精神來工作。驅動自己工作的力量，是一種自我訓練。如果你認為賣霜淇淋製造機是帶給眾人歡樂，那麼你在銷售的做法上會運用各種技巧，業績自然就提升了，於是惡性循環就變成良性循環了。

　　雖然你的想法改變了，但是業績不會一下子就提升。不過，由於有一種推動的力量，以及對自己的鼓勵，銷售情形會逐漸改善。

　　另有一個例子。有一個人，在製造麻將的工廠工作。這人只要每次一想到麻將的壞處，例如：熬夜、賭博等，就使他覺得自己在做對社會有害的事。如果他一天到晚都有著這種念頭，那麼這人就會掉進惡性循環的漩渦中。

　　工作是公司指定的，自己是職員，所以不得不聽命工作，這麼想的話，你是不能把工作做好的。旁人看你埋頭苦幹有時也會產生「他太辛苦了，真

可憐」的觀感。你因憂慮工作的事，夜晚睡不著，太太會提心吊膽的，朋友也會對你說：「你那麼辛苦，做什麼？到底要不要緊？」旁觀者都有這種感覺，而其實你自己卻一點都不感覺勞累，因為你對工作很有興趣，廢寢忘食而樂在其中。

身為一個主管，有了幾名部下，其中一定有不照你意思工作的。他有時講歪理，有時誤解你，不心甘情願地接受你的管理，這時候，當事人都有「這個傢伙真惡劣」、「怎麼辦？」、「煩得很」的感覺。相反的，「消除彼此的誤解，把他們培養成好職員的話，一定會跟我合作的。」這樣重新想一想，來安慰、鼓舞自己是很必要的。如果不這樣的話，就不能期待工作的成果的。你能不能轉過頭來，重新想一想，改變氣氛，都靠你是否喜愛你的工作。

如果打從心底喜愛你的工作，不必花費很多的心血就可以辦到。開始時雖有點困難，但是想到困難是有趣的事，就產生勇氣，接著能在瞬間豁然開朗，克服困難的。但是如果你不喜歡你的工作，事情就不好辦了。因為痛苦和厭惡越來越大，頭越來越痛，自然會有「再也不要做了」的念頭。這樣的話，絕對不能把事情做好。

這種現象並不限於公司的工作，對藝術家來說也是一樣的。因為衷心喜歡畫畫，所以才能夠成為畫家；如果不喜歡的話，不管你痛下決心，也無濟於事的。能成為傑出的畫家的畢竟是少數，所以不喜歡畫畫的，肯定可以說他是不能成為出色的畫家的。

如果一千萬人就有一千萬種職業，那最理想，因為一個人可從事一份工作。但是如果職業才十種，人卻有一千萬人，則別無選擇，人人都只能從事十種職業中的一種，即使不適合也沒辦法，以前都是這種情形，職業種類非常少。到了現代，情形完全改觀，無論男女，都可以隨意選擇。但也還未增多到一人一職的地步，這就是問題所在。毫無疑問，只要文明進步，職業種類自然會跟著越來越多。

十年前女子可從事幾種職業呢？雖然也不少，今天卻增加了三倍。以後女子職業類別會增多還是減少呢？松下認為會增多。

　　因此，無論是何種職業，只要用心找，一定會找到一份適合自己的。這也是文明進步的一項表徵。文明進步，職業種類反而減少，是絕對不可能的。隨著文明的進步，自己喜好的職業也逐漸好找起來。基本上，人類是朝向安逸的生活而進步的。

　　可是，今天還沒有達到這個境界。因此，人們對於自己的工作，都有些三心二意，抱著騎馬找馬的心態。但是，和以前比較起來，已稍有進步。以前職業類別實在太少了。

　　松下自小就在大阪的碼頭工作，那時碼頭附近都是些商人。所謂的工作種類，也不過是灑掃庭院、打打算盤之類。當了工頭後，開始直接接觸生意，那時的經商範圍和現在比較起來，依然小得多。以當時的眼光看五十年後的今天，實在有天壤之別。

　　因此，生在今日的已經很幸運了，可以隨自己的愛好選擇職業。同時也很容易感受到生存價值的喜悅。

　　原則上，處在這個時代而無法體會出工作的意義，這種事情是不允許存在的。如果有人說：「我好煩惱，每天工作都提不起興趣」，真該狠狠給他一巴掌。

保持興趣

　　必須謹記初次工作的愉悅與決心，因為心境可以左右前途。

　　松下少年的時候，在大阪當學徒。到了十五六歲時，有了一點思考力，因為希望做電氣方面的工作，所以向電燈公司求職。當時大阪有一家名叫大阪電燈株式會社的公司，他就託人向這家公司謀一份差事。但很困難，不能如願以償，沒有辦法就是沒有辦法，經過了一個月、兩個月、三個月，還沒有辦法進這個公司。松下雖然感覺不安，但始終不改變進公司的意志。松下在水泥公司做臨時工來度日。經過四個月後，終有了回音，電燈公司通知松下，現在有缺額，要他去考試。於是松下很高興地去考試，結果幸運地被錄取了。

　　當時松下高興的程度，是至今難以忘懷的。能夠進自己喜歡的公司上班是很讓他感激的事。由於感激的緣故，進公司後，他的服務態度是相當積極的。心裡想：「這個工作是我按捺住性子等了三個半月，才得到的，是多麼難能可貴的工作。」所以做起事來特別有勁。那時由見習生升為正式技工，普通要花兩三年，但松下只花了四個月就辦到了。

　　雖然有程度的差別，但大部分的人，都有這種感激的經驗，多多回想你們當初進公司時的感激和喜悅，這會對你有幫助。

　　連續工作 10 年、20 年的話，每一個人都會承擔起重要的工作，但不知有多少人敢說：「工作方面我是專家，程度是專業級的，我憑這個吃飯，我對我的工作有信心。」平常，我們對自己的工作都有某種程度的信心，但是有人問；「你的工作有沒有專業的程度？」時，你可能很難開口說：「我是老練的。不管是圍棋，或是象棋，我有職業三段的實力。」

　　但我們一定要日日培養實力，以便有掌握地回答上述問題才行。

　　舉一個例子來說，用毛筆寫字時，初學的都花很久的時間，勞心勞力也寫不出好字。但是書畫高手揮灑自如，一瞬間，就能在白紙上留下令人讚嘆的作品，兩者間實力的差距實在很大。

　　實力的差距，同樣的存在於企劃、生產和銷售的工作上面。在行的高手能在瞬間完成創意的方案，能熟能生巧地製造、生產。費了十天或二十天才能做好的例子也很多，但這是不值得誇讚的，因為這表示你的實力還不夠。

　　上一次世界大戰中，松下聽說，我們日本發現自己的飛機有缺點，為要修正這個缺點，從設計到生產，往往經過幾個月，有時甚至一年的時間。這是當時日本軍方技術水準的寫照。相反的，美國經過一次戰鬥，發覺有不好的地方，僅僅靠一個技術人員的力量，可以於一週內把缺點整個改掉。在第二回戰鬥中，飛來的是經過改良的美國飛機。

　　今天的產業界就是以這麼高的效率，從事商品的開發。所以在這樣高速變遷的環境中，盡忠職守的主管們，一定要養成敢說「我是工作的專業能手」的信心和實力才行。而且這種實力還能夠跟上日新月異的時代潮流。不進步就是退步的時代來了，所以今天的高手可能變成明天的弱者。

第一篇　人生的韜略
第一章　挑戰自我

1967 年年底，第二屆國際馬拉松賽在福岡舉行。遠自澳洲來參加比賽的克雷頓選手，以不到兩小時十分鐘的成績創下驚人記錄，榮獲冠軍，我想大家對此都記憶猶新吧。

那樣的記錄由一位外國選手以壓倒性的勝利凌駕眾多日本選手之上，未免令人感到遺憾。不過，日本也出現一位忍著腹痛，竭力奮鬥，同樣打破世界記錄的亞軍選手佐佐木。他的成績將刺激日本馬拉松界重新檢討、研究練習的方法，以便在下次機會有效發揮。因此，在次年墨西哥奧運會開幕前有些成績，實在可喜。

別只看這兩小時十分鐘，一個人能盡人類最大極限持續地跑那麼久，真是令人難以想像的事。

松下也看過在東京奧運會獲勝，被世人稱為「東方魔女」的日紡排球隊練習實況。她們的訓練之激烈，實在叫人吃驚。

無論是哪種運動，從旁看都相當艱苦，狀至難受。可是，這些選手並不是被強迫的；甚至是不計酬的業餘選手，都能以愉快的心情自動參加。

松下認為這是人類非常有趣的特點，對工作上有值得參考之處。

正在讀本文的你，對自己的工作如何作想、如何面對呢？

領薪者確實可按自己的適合性去擔任自己所求的職務，但也有「我喜歡這種工作，所以我要做這種工作」的情形。

但這種情形可能不多，大都是由公司分配工作的。這時，可能會考慮到他對工作的適合性，或者依照其他，酌量分配工作。

無論如何，對公司交給自己的工作，如何去接受，如何去面對處理，是非常重要的問題。

有人認為這是公司交給我的工作，只好做了，沒什麼興趣或意義，只有做一天和尚敲一天鐘了，也有人認為自己不適合，希望能為他換工作。

松下認為這種心態對他本身並沒有好處。

對公司交代的工作，應去消化它，使之歸屬於自己，而以莫大的熱忱去處理；再從中感受出意義和價值。用這種精神去做公司所賦予的工作，才是最理想的。

那些運動選手也是對運動有莫大的興趣和熱愛，這就是關鍵所在 ——熱愛！興趣！所以他們才能忍受由第三者看來幾近殘酷的訓練或比賽，不，毋寧說能欣然接受。如果是提不起興趣，即使輕微的練習，也很快就感到疲倦，無法進步，更別提參加比賽。

另外，也常聽到有人下班後還打麻將到很晚，甚至打通宵。工作了一天，已是筋疲力竭，竟然還熬夜追劇！然而他們都忘卻疲勞，還看得不亦樂乎。為什麼呢？只要是快樂的事，即使沒有報酬也可以全神貫注而不感疲累。

工作亦然，若不感興趣，就不會產生熱忱，精神與肉體也容易疲倦。這樣一來，不但得不到工作效果，也無法培養他本身的實力，使他成長。再說，每日都在這種狀態下工作，實在是很不幸的事。

真正的幸福，就是能自動培養工作興趣而愉快地工作吧。享受閒暇或擁有嗜好固然重要，但如果日日工作得很痛苦，沒有意義，所謂的閒暇與嗜好也都沒有存在意義了。

有人希望公司換一個更好的工作給他。可是要知道，公司也是經過考慮後才派給他工作的，所以會告訴他：「這工作對你來說，將來會很有價值，所以你至少得做上一年。」

這時你必須多加思考研究，直到自己能徹底了解，然後以好奇的心情做上一年，便能從工作中培養出興趣。可能還是有人無法適應，覺得與自己的個性格格不入。其實，只要下過功夫努力，一般都會對工作產生興趣的。

松下認為大多數的領薪者都是以這種精神工作。不過還是應該時而捫心自問：「我到底盡了多大的努力？」

久而久之，對自己的工作就會變得連夢中都離不開了。

充分展示生命的價值

真正領悟的人，是將生命與工作結合，從中獲得喜樂。

將工作視為和自己生命同樣重要，而不能感受喜悅的人，應該退出產業

界。真正領悟人生的人，必能察覺到，將生命寄託於工作中，所獲得的喜悅，是多麼真實的感受。

　　這並不是要你一天二十四小時埋頭苦幹。而是說在八小時或十小時的工作中，要忘卻一切，全神貫注於工作，這樣才可感覺到，工作所帶給你的真正喜悅。如果在工作中，不能體會到這種樂趣，那就喪失了工作的意義與生命的價值了。

　　工作的喜悅，是人生最快樂的事，也是最根本的喜悅。人們喜歡穿名衣，吃美食，有種種欲望；往往借著滿足這些欲望，而獲得喜悅。然而，人的工作願望，實在比上述的欲望更加強烈，而且在能滿足工作的願望後，所得的喜悅，比其他的，更強烈、更有意義。

　　別人只看得到你認真工作，卻感受不到你從勤奮中所得到的快樂。

　　人們應在年輕的時候，就培養成「勤勉努力」的習性，懶惰與勤勉兩種習性，都不能輕易地消失掉。而到了年紀大時，想改變懶惰成為勤勉，就很困難了。所以，必須自年輕時，培養成勤勉的習慣才行。

　　培養成勤勉習性的人，雖然上了年紀，也由於習性的關係，不減勤勉且更努力；雖然他不自覺是勤勉努力，可是其所作所為，會自然表現出勤勉努力的行為。這可以說是他無形的財產和力量呀。

　　松下小時候，在當學徒的 7 年當中，在老闆教導之下，不得不勤勉從事學藝，也不知不覺地養成了勤勉的習性。所以，在他人視為辛苦困難的工作，而松下卻不覺得辛苦，甚至有人安慰他說：「太辛苦了」的困難工作，他卻反覺得很快樂，換個立場說，他覺得快樂的工作，由旁人看來，只不過是認真工作而已，所以，他與他人的看法，自有差異了。

　　松下年輕時與現在，對人們的想法，有著很大的差異。當然客觀情勢上，本來就是有差異的，而且也必須有差異才對；不過他覺得差得太離譜了。

　　他年輕時，始終一貫地被教導要勤勉努力。當時他想，如果把勤勉努力去掉，那麼一個年輕人還所剩幾何？

　　他之所以如此舉例說明，是看到今日的社會上，勤勉努力固然有，但是卻少了。無論商店或公司行號中，有勤勉努力者就有發展，雖然在這，大家

不會有所宣揚。而實際上，這個社會仍是被勤勉努力所推動，且在這種推動中欣欣向榮。因此，他覺得需要向現在這些年輕人，講解勤勉努力之重要性。

而且更進一步地確認良好的習性與習慣對人類生存，是值得重視的。習性是所謂的第二天性，它會產生堅強的力量。

因此，培養出良好的習性，是最重要的；如果所養成的，是不良或者懶惰的習性，那麼將來想改變，就困難了。所以，一定要在青年時期，就置身於努力勤勉的環境中較恰當。

而且在今日的情勢之下，財產是不可靠的。以前德川時代或者明治初年，都以家為中心，將財產留傳給子孫。因此，哪一個藩或某一位城主有了問題時，就召其子或弟兄中適合當城主的人，立為次代的城主，這是以家為中心的制度，既以家為中心，那麼家裡附帶的財產，也就一代一代地繼承下去。因此，在那個時代的財產，在某種程度上，是有意義而且是可靠的。

那麼有沒有比財產更可靠的東西呢？有的，那就是永遠寄託於自身的：學問、藝術、技術等，這是終身不會被人剝奪的東西：其他還有歌唱等上乘的技藝才能，也是終生不會離開自己的東西。

那麼由此看來，勤勉努力的習性，也就是終身不會脫離其人的貼身財產了。所以，我們需要進一步地，對真正財產的價值判斷，有所認知和分析才行。

事實上，在這個社會中，對有良好習性的人，不太被人稱讚是尊貴或偉大，也不會認為他很有價值。而對技藝方面 —— 譬如：歌唱得很好的，名聲很快就會傳開來，隨即廣為人知。

今日的情形，在職業場所方面，仍是希望先採用勤勉努力的工作人員。有良好的習性的人，非常容易拿高薪或獎金。然而，事實上，多數人卻不了解它的價值，因此，我們大家應該無所顧忌的，提升對具有良好習性者的評價，這樣才算是真正對勤勉習性的價值有所認知。

電氣工程是極為辛苦的工作。可是一旦接到主管分派的任務，無論天氣如何惡劣，或是在極為骯髒、危險的地方，也必須如期完成使命。松下先生曾經在寒風刺骨的冬天，攀登在電線桿上；更常在火傘高張的豔陽下，在屋

第一篇　人生的韜略
第一章　挑戰自我

頂上拚命地工作著。

　　松下先生就這樣從見習生成為正式職員，然後在十八歲時，升為工程負責人員。他必須自己負責推進工程，並且完成工作目標，因此他經常用心思考提升工作效率的方法，並謹慎地完成工作。

　　松下先生記得當時是七月的豔陽天，他奉命到大阪的下寺町一間古剎正殿訂電燈。這在五十年前是件新鮮的事。

　　他回憶道：我必須在有二三百年歷史的古剎裡進行工程，而那間正殿已是兩百年前的建築物了。

　　首先必須在天井中配線，當我爬進伸手不見五指的天井時，從屋頂逼來一股令人窒息的熱氣。稍微一動，灰塵在燭光四周飛舞。雖然在天井裡面，然而堆積了二百年的灰塵也相當可觀。當我步行在積滿三英寸厚的塵埃裡，便發出「噗，噗」的聲響，塵土於是飛揚起來，當時我汗流浹背，呼吸困難，不知如何是好。

　　可是，當時我年輕力壯，對配線的工作也十分感興趣。因此，當動工時，我忘掉了灰塵、汗水以及呼吸困難，使工作得以順利地進行著。當我配完線路從天井裡探出頭來的一刻，那種清爽的感覺猶如從地獄登上天堂一般。

　　那種滋味令我永難忘懷。尤其是爬出天井時，有一種不可名狀的喜悅與愉快的感受油然升起，這的確是種寶貴的體驗。以後當我碰見類似的工作環境時，就會想起這段經驗。

　　當你集中精神埋頭工作時，必定會將各種困難、辛苦拋諸腦後；當你終於完工，必定會感到無比的欣慰。這是辛苦的配線工程給我的啟示。

　　假若因為天井裡奇熱無比，並且堆滿了塵埃，而失去工作的興趣，你必定不能順利地完成工作，而會因此感到焦躁不安，最後可能會延誤了工作的進展。

　　無論工作如何艱苦，只要盡力埋頭苦幹，必能忘卻一些枝節瑣碎的事，而提升工作效率。這種專心工作的決心會對身心都有極大的益處，是為人處事的大學問。

　　觀察自己的過去，並了解自己的現況，明確地判斷如何處事，這便是了

解命運和創造命運的捷徑。

雖然憑一時的力量不能改變命運，可是，我相信只要克盡職守，必定可以過著美好的人生，你大概會認為這件事簡單極了，然而並不是每個人都能做到這一點。

假若老天賜予你當乞丐的命，你就必須虛心地接受；只要依照我的論調身體力行，便可以成為乞丐頭子。我所要說的，便是必須具備這種膽識。

無論你是適合擺麵攤、當技師或是做職員，都必須克盡職守，努力工作，發揮天分，創造命運。假若你有奪取天下的命運，只要誠心誠意地去進行，必定能達成目的。即使不能，也會造就自己的命運。

在此我要特別提醒各位，希望各位避免詛咒自己的不幸以及抱怨命運不平的愚蠢舉動。目前你能快快樂樂地活在世上，光憑著這一點，你就非常幸運了。

當你受完學校教育，加入所喜愛的行業，並且被大家認可時，那麼你就是公認的合格者。能夠依照自己的興趣做事，這就是機運。

當然，這種工作並不一定百分之百適合你的個性。假如你抱著希望，必然被對方接納。建立適應性是件正確的事情。我們暫且將未來擱置一旁，目前最重要的事情便是適應生活。只要依照適應性，誠心誠意地工作，無論你是否懷有期望，都可顯現出你的天分和命運，這並不是空談，而是得自我的親自體驗。

由於這是根據他個人的體驗所下的定論，所以不一定正確。松下認為假若他有個年齡與各位相仿的兒子或孫子，他必定會將這種親身的體驗，一五一十地告訴他們，並且說：

「你必定有自己的想法。假若你認為我說的話有些道理，並且能引起共鳴，那麼我希望你能去嘗試一下。」

擁有膽識，生存在自我的適應中，快快樂樂地完成一天的工作，他認為這就是勇敢的人。有一種人會因芝麻小事而影響思考力，另一種人則抱著完成任務的決心。前者是毀滅命運，後者是遵循命運，並且受到命運的禮遇。你所選擇的，必然是後者。

視自己為經營者

每個員工都是獨立的老闆，同事就是你的顧客，最大的客戶是董事長。

松下擔任松下電器公司的董事長（會長）已有一段很長的時間，因為年事已大，所以退居第二線，擔任後方勤務的顧問工作。無論當董事長或顧問，各有其職責，他常自問是否怠忽職責？當然，做人嘛，總免不了嘗到人生的酸甜苦辣，但無論如何，不能因厭惡而放棄了職責，這是他一貫的作風。

松下曾和他公司的職員談話，大意是說：各位都是松下電器公司的成員，如果，你認為自己只不過是受雇於公司領取薪水的職員而已，這種想法是不夠的。這究竟是怎麼個說法呢？雖然現在開小商店的人很多，報酬也會很多，可是從事業的振興與社會的發展來說，應該多數人集中在一起，大規模地製造東西，這才有將來性，才有國家的發展與國民的幸福。

現在由於大企業化，有時需要一萬、二萬甚至三萬人集合在一起工作，組織的大規模化也正表現了社會的發展。

從這種現狀來看，在一個大公司服務的職員，想獨立做事業不是件容易的事情，如果大家都想像舊時代要成立分號、分店，這便違反了社會的進化，失去了時代性。但大家在一起工作，也產生受薪階級的劣根性，「我只是做我領到薪資的工作範圍就可以」，是很可惜的想法，應該改正過來，應該自認各位都是獨立經營公司的老闆。

很多人都在公司或工廠服務，領取薪水，這些人該進一步認為自己是在公司、工廠中做自己的事業。如果是公司職員，就是在經營事業，你就是這事業的老闆。各位正是老闆，如何使自己的商店發展，就要靠自己創造，自己開發，不能只抱著領薪階級劣根性的想法而終其一生。各位都是獨立自主的人，能共同經營事業組織公司，是很有意義的。

人人都是獨立的老闆，以「電話總機」從業員為例，她就是自己在經營電話交換的行業，工作若成功，不但可使客人歡喜而感謝，本身也會得到喜樂，從此對自己的行業、企業甚或事業感到尊嚴，若不如此，而永遠認為自己是受薪階級，自視處於貧困而淒涼的處境，那將是十分可卑的。

因此，某某君應自認自己是松下電器公司的老闆，為了發展自己的事業，對於自己管轄內的事情，要常常用心去設計、計劃，促進發展，這樣生活才會有充實感，以這種心情來工作，我想必能勝任愉快。

在公司內你的客戶是誰呢？你的主管、你的同事就是你的顧客。經營小商店如果有客戶上門，我想主人至少會說：「請坐。」而後提出商品說：「這東西如何……」「現在正打折，非常便宜。」「謝謝你。」等話語，我們何不對我們的同事做類似這樣的服務呢？反過來說，你也是你同事的顧客，在一個公司中，很多這種獨立體，如此一來，上班制度就會改變，最大的顧客就是董事長，正因為他會買我們最好的東西，所以才是董事長，也許這是非常自私的說法，可是我告訴公司的同仁，不妨試試這種想法，之後，會引起許多同仁的興趣與關心。

服務於公司的各位同仁站在這個立場，各位所做的工作，不是受雇領薪的工作，而是經營自己的事業，享受報酬，以這樣的想法來看事情，你本身的重要與價值就會顯現出來。

自己陸續提出自己的構想與創意賣給同事、課長、部長，當推銷時，你一定會說：「這是好成品，一定對你的好處。」「真的這樣好嗎？」「的確如此，請試用看看。」就以這樣的態度與同事、主管相處，「那就試用一次看看吧。」就這樣你的創意便被採用了，自己的事業，就此得到實質的發展。

這不僅是與自己有關，甚至於會影響到整個公司，佛教中說：「一人出家，功德通天。」就是說一個人出家修性時，連其親戚亦能得道升天，這種說法的真確性，尚待考證，今天可說是一人的覺醒，社會也會為之高升的時代。這樣一來，無論就個人的責任，身為社會一分子的責任，身為公司一員的責任，甚至於擁有這位職員的公司其對外的責任才能達成。

就像決心學習柔道，當然不可能一下子就達到八段的高段，但必須先下定學習的決心，勤奮地苦練，才能升到八段，如果沒有決心學習，則到死也學不了柔道，哪還談得上升段，只要決心做下去，多少會有改變的。

調動員工的積極性

　　領導者再強，但員工冷淡，仍難推動工作，必須設法使每個人自認是負責人。

　　這是四十年前的事。當時松下和某信託株式會社的社員阪口保友是很好的朋友。有一次，阪口先生來拜訪松下，並說：

　　「松下先生，現在，在東京，由敝會社經營的一家工廠有待重新整頓，你是否願意來整頓它？」

　　原來是為推銷他的工廠而來的。他又說：「這家工廠非常有發展。如果松下先生能買下來，一定會成為非常有前途的會社，無論如何請來看看。」然後他又花了將近三十分鐘介紹他那家會社的內容，並不厭其煩地說服我，告訴我如果買下那家工廠，對松下電器公司將會有什麼益處等等。

　　雖然他是那麼年輕，松下卻被他那種熱誠的談話深為感動。於是心意有些動搖，就說：

　　「你的話我非常了解，既然你如此誇獎我，我就買下這家工廠吧。」

　　「松下先生真的要買了嗎？」

　　「是的，我決定買下了，但是我有一個條件。」

　　「什麼條件呢？」

　　「事實上我的會社也正在擴張中，所以人手不足。如果你能加入松下電器公司並擔任這工廠的經營者，我就買下這家工廠，你認為如何？」

　　阪口先生卻在松下說完話後就一口拒絕：「松下先生，這是不行的，因為我現在是我服務的信託公司的社長，要我辭去不做是不行的。」

　　「你說你是社長，實際上你不是社員嗎？」

　　「我的身分當然是社員，但我一向都是以社長的心情去做每件事。社長是不能跳槽的。」松下聽他這麼一說，就覺得他非常了不起，能以這種氣魄做事實在很不容易。

　　因此與其說想接管那家工廠，倒不如說是希望獲得阪口先生這樣的人才。不過，不挖別的會社的人才是松下的原則。如果自己公司重要的主管被

挖走了，不也會很慘嗎？所以我堅決反對挖牆角，自然也不會去動別家會社的人才。但是，松下還是想要這個人，也實在很喜歡這個人。

因此松下希望能夠正式地請阪口先生到我這裡來做事，而不私底下把他挖過來，也就是說他能光明正大地以社員的身分來松下公司。於是松下就找阪口服務公司老闆的好朋友商量。

「說實在的，你朋友會社裡的這位社員我非常喜歡，但我一向不挖別家會社的人才，所以是不是能請你幫個忙，請他們把這個人讓給我？」

沒想到他馬上就答應了。

「您的意思我非常明白，您的會社和那間會社將來合作的機會很多，所以這個人不是剛好可做你們之間的聯絡人嗎？這對雙方都有好處，我立刻替您去說說看。」說著他就去進行了。「不能挖那個社員去，不管松下先生說什麼，我都不接受。」社長這麼說著。

如果松下就此打退堂鼓的話，這個故事也就沒有下文了。幸好，替松下傳話的人是位非常成功、偉大的人，他熱心地向會社的社長遊說：「你就讓他到松下先生那邊去做事吧，這跟到松下先生公司去當養子的道理是一樣的，若能這樣，你的會社將會大有發展，而松下先生的會社也會越做越大，將來若有必要互相提攜合作時，這位社員不剛好可以幫我們說話嗎？為了你的會社，也為了我，請答應松下先生的要求，這就跟做一宗大買賣的道理是一樣的。」最後這位社長點點頭，並且很正式地向松下表示：

「松下先生，原本我很不願讓這麼好的社員離開，但現在就如你所願吧。」

「這真是太感謝你了，我很高興能擁有這位職員。」

於是阪口先生就進入松下的公司當部長。

日後阪口先生正如我期待的非常活躍。二次大戰後，由於社會混亂，會社不得不縮小經營範圍，這時候阪口先生向松下提出辭呈，想開始創造自己的事業。於是松下對他說：「你一定會成功的。我很想把你留在會社裡，但現在占領軍訂下許多法律，要把松下電器解散，我也不曉得將來會變成什麼樣子，你若有抱負就應該在此時開始行動，我很贊同你去施展自己的抱負。」

於是阪口先生獨自經營了一家證券會社，真正地當了社長，並且經營得非常成功。可惜他在 1964 年就去世了。爾後公司由他的兒子繼承，成為一家國際證券公司，並大有發展。

回顧往日生活的種種，當我們在工作時，心中是不是也燃著一股像阪口先生那樣的氣魄呢？當時阪口先生只是課長室的一名職員，卻不以為自己是職員，而以社長那樣的心態來工作。如果你只處在被動的地位，就很難對自己的工作產生興趣，以致精神或肉體上都很容易感到疲乏。結果工作的效果既不彰，自己的潛力也無法發揮，更遑論成長了。像這樣日復一日地混日子是很不幸的事，也非常浪費人生。

所以，人生最大的幸福就是對自己的工作感興趣，體會到工作的價值感。若想如此，最重要也是最基本的，就是要擁有像阪口先生那種主動的氣魄。

身為公司、家庭、學校，或任何團體的一分子，在日常生活裡，我們是不是有那種「自己就是社長的」氣魄呢？

事業就是信仰

工作是社會所賜的，所以要敬虔服事來報答，否則從事任何工作都沒有價值可言。

有一次，松下到東京辦事，利用閒暇到銀座一家常去的理髮廳理髮，年齡和他差不多的老闆米倉先生親自替松下理髮。他一面熟練地理髮，一面說：

「前些日子，我贈送理容公會的會員包袱巾。在包袱巾上面印上「事業即信仰」四個字。意思是說，人對自己的工作和職業都必須有信仰才行。不然，絕對不會有幸福。

「我自己都保持這個信念埋頭工作。我今年已經七十歲了，仍然能出來為大家理髮，實在值得慶幸，在心中都為此合掌叩拜。如此一來，顧客也會高興。譬如說，連松下先生到東京來的時候也會光臨敝店。因此實在沒有比對自己工作有信仰更值得慶幸的事，我才把『事來即信仰』印在包袱巾贈送給同行。」

松下聽到了很受感動，覺得他不愧是個見識很高、很達觀的人。

實在很有道理——專心致志地工作，對工作有信仰，光臨的顧客都是神、都是佛；自然會以合掌膜拜的心情好好服侍客人。客人也會因此非常高興，生意當然就大為繁榮。真令人有「路就在近旁」的感覺。

我們似乎都是以自己的意志去選擇職業，靠自己的力量去工作，其實這都是因為社會有需要才會成立的。換句話說，並不是你在做，而是社會讓你做的。

比如：要有人想在街上輕易地找到人擦皮鞋，擦皮鞋的行業才能成立。要有人想把頭髮修剪得容光煥發，才需要專門理髮的人，不然根本不會有理髮的職業產生。因此任何工作都一樣，社會不需要的行業是無法成立的。

想到這點，不禁會產生一種極大的安心感與感謝之忱。諸如，這工作並不是只靠自己小小的意志去做，而是社會所需要的。所以只要照社會所要求的，坦率而誠實就好。工作是否能發展，由社會來決定，自己只對社會所要求的時時檢討，避免犯錯即可。除此以外都不必去操心等等，就可獲得一種安心的境地，同時，也會產生「社會能給我這種工作，實在值得慶幸」的感謝之忱。「事業即信仰」的心境和這些觀念是一致的。

因此，無論從事何種工作，必須從這基本的職業觀去處事。如果只是不得不透過自己的職業求生存，力量就稍差了一截。應該是：我的職業是社會送給我，要我做的，所以必須有服務社會、貢獻社會的心態，不然這工作就完全沒有存在價值。

先自知後立志

了解自己以後，才能確立正確無誤的工作目標。

猶豫不決，是由欲望而產生的。想做這個，又想做那個，希望面面俱到，才會猶豫不決。這時只要把這些遲疑不定的想法拋開，問題就解決了。所以要冷靜地考慮自己的才能，選擇適合本性的工作。這是非常重要的。

然而自己很難了解自己的才能；當然也有人具有自知之明，但不知道自己的人終究很多。這時候，就要聽自己所信任的人的意見了。對於自己不懂

的事，都要誠心誠意地請教前輩。年輕人有所不了解時，要請教父母；父母不知道的事，還要向父母的朋友請教，然後冷靜地加在考慮，一定能找出一條可行之道，決定下來，就能產生希望。

回顧自己過去半生，松下很少有猶豫不決的經驗。因為一件工作接著一件不斷地做，這一次這樣做，下一次要那樣做，這樣是好還是壞？適合於自己嗎？認為適合自己的就做，不懂的地方就請教別人。被請教的人是第三者，沒有利害關係，所以看得清楚，會提供客觀的意見。把這意見仔細分析一下，覺得應該完全按照這意見做時，就照著做。覺得對於這意見不十分明瞭時，就再度請教，如果聽到三次相同的意見，那麼不管怎樣，也會覺得：好，就這麼做吧。

否則，不論自己一個人如何傷腦筋，不懂的事依然不懂；所以有許多可依賴的前輩，實在夠幸運。不過前輩的意見若是強調野心或欲望，這種忠告就不能接受了。

不但如此，認為年輕人非抱著理想或希望不可；對個人的欲，則要有某種程度的抑制。

當然對利害關係做某種程度的考慮，是情有可能的，但如果完全被利害關係左右也不行。任何人做一件工作，都會先想到薪資或待遇問題，應該先仔細考慮；最適合自己的是什麼？選擇學校？或畢業後選擇工作的場合？進入大公司，不見得就幸運，這要因人而定。有的人在大公司很稱職；有的人在中小企業，反而會有更好的發揮，獲得珍貴的經驗，變成一個成熟的人。

這可從松下本身的經驗說起。他從前任職的商店，規矩非常嚴格，這商店的規矩，培養了他做生意人的精神。所以在就業之前，對自己就應該有充分的了解。

先衡量自己的能力，設計長遠的目標；而根據現有的基礎，制定短期的計畫。

西元 1876 年，美國亞馬士都大學的校長威廉克拉克博士，應聘到北海道剛創立的札幌農校，擔任教務主任。他和學生共同生活，教育他們達八個月之久。培養了佐藤昌介、內材鑒二、新渡等傑出的教育家。克拉克博士在任

滿離校時，給學生們留下了一句名言：「年輕人要立下大志」。

我們生命中，必須立下志願，才會有奮鬥的目標。否則渾渾噩噩地過日子，那豈不是白來一生吧？孔子曾說過，他在十五歲的時候就立志向學。日本高僧日蓮法師也在十二歲時，立下志願要成為日本頂尖的人物。他們都是在年輕時就立下志願，而終身為目標奮鬥，終於成為人上人，不但使生活變得有意義，同時也提升了生命的價值。相反的，一個不知道自己一生中將做什麼事的人，不但不能體會人生的快樂，也會失去生存的意義。

即使是乞丐也會發下宏願，努力乞討，以求致富。所以，一個領導者更不能沒有志願了。領導者把自己的志願向部下公開，並鼓勵部下共同朝著既定的目標奮鬥，便能產生一種無形的力量，使事業順利進展。所以我認為，領導者可以把自己的志願，轉化成部屬的目標。

當然志向並非要越高越好。因為所立下的志願若超出自己的能力，或脫離了現實範圍，那就成妄想。所以，我們應該先衡量自己的能力，設計長期目標；而根據現有的基礎，制定短期計畫，一日一日地逐步去執行，才能達到理想。

克拉克博士給札幌農校的臨別贈言，真是語重心長。在企業的經營上，我們可以換個語氣說：「經營者要立下宏偉的志願。」

生存在自我的適應中，快快樂樂地完成一天的工作，我認為這就是勇敢的人。有一種人會因芝麻小事而影響思考力，另一種人則抱著完成任務的決心。前者是毀滅，後者是遵循命運，並且受到命運的禮遇。你所選擇的，必然是後者。

趁熱打鐵

為了培養實力而提早踏入社會，並盡心於適合的職務，才是最佳求生之道。

最近，注重文憑的風氣非常興盛，甚至有人認為沒有文憑就是落伍者。就職、升遷，甚至結婚，都必須持有文憑。依照松下的觀點，是否能進學校

進修，這是上蒼的安排，也是既定的命運，松下並非鼓勵各位不要上高中或大學深造，他認為這才是社會的正確作法。

一般而言，除了從事學問或是參與特別的研習之外，有很多人為了培養實力而提早進入社會，吸取經驗。同時接受基礎教育，等到進入社會之後，專主致力於適合自己的職業。這才是最有效的求生之道。

松下曾經遇見了這樣一個年輕人。

這位青年只有 17 歲，家境非常富裕，在高中一年級時，便希望將來能成為一位旅館從業人員，因此他說服了希望他進入大學就讀的雙親，並與教師磋商之後，進入了某家旅館，擔任洗盤子的工作。

松下便問他，為何不等念完大學之後，再進入這個行業？他說：「我認為等到大學畢業之後，再從事這種工作就太遲了。假若思想成為一個旅館從業人員，必須從洗盤子、服務生以及清潔工等工作入手，當然還包括學習烹飪。」

一個 17 歲的年輕人，竟然能對自己從事的工作抱有這種信念，我感到非常驚訝。而且不論他的言行舉止、穿著以及得體的應對，都足以獨當一面。他已深切地領會出一個旅館從業人員的祕訣了。

後來松下從那位青年身上所學到的，不只是實習旅館從業人員問題而已。無論任何職業，趁著年輕時累積各種經驗，是非常重要的。俗話說：「打鐵趁熱」，便是要我們趁著年輕時多加鍛鍊，以便能夠迅速地牢記要領。

身為社會的一員，出人頭地的先決條件，便是培養實力。因此，除了研修專門學問的人之外，大多數的人都必須盡快地選擇適合自己的工作，然後像那位實習旅館從業人員的青年一樣，專心致力於自己的工作，這才是明智的作法。

因需要而做出的事情，才具有實用性。因為它是必要的，所以可以從中獲得真正的經驗。透過每天的生活體驗，可以從工作中發現新的問題；經由不斷地思考而創新，然後利用閒暇，吸取必要的知識。

假如能夠作到這一點，對你而言，不僅效果卓著，而且命運之神也會對你展露笑容。

　　無論你是否受過學校教育，如果能累積這種人生體驗，並且加以培植，便能擁有實力，成為這一行中的翹楚。這樣不只是獲得專門知識的問題而已。因為在你日夜精進當中，不僅可以獲得高深的教養，具備濃郁的人情味，而且可以為自身帶來幸福，為社會大眾造福。換句話說，就是可以促進社會的繁榮。

　　盡到自己的本分，就是對國家社會最好的貢獻；只講究批評，是不會有成就的。

第二章　完善自我

謙虛的心

　　越高的山，谷越深。你當它是廢話，它就到此為止，你當它是道理，它便因你的虛心而開啟生機。同樣聽人家說話，可能有二種反應。一種是：「說的真不錯，有道理。」另一種是：「廢話連篇，不知在講什麼。」當然，因談話的內容不一樣，反應也不盡相同；可是我認為還是前者較好。

　　你把它當做「廢話」，就沒得說了，到此為止。可是認為「有道理」，就會將對方說的，引用在自己的人生或工作上；有時候會觸動靈感而獲得新的念頭。無論如何總是會對自己有幫助的。雖然是一件小事，但人生或事業成功的關鍵，往往就在這裡。

　　經營公司也是一樣，看了人家的公司，會覺得「經營得不錯」的人，就會吸收對方的經營方法，用來發展自己的公司。也可能誠懇地去請教：「貴公司的經營很成功，有什麼祕訣？能告訴我嗎？」對這種虛心求教的人，除非特別機密，對方都會坦白回答你的。

　　所以說，無論做什麼事情，「虛心」很重要。虛心就是謙虛的心，對任何人的意見都能接受的心。當然不能迷失自己，讓人牽著鼻子走。要一方面堅持「主體性」、「自主性」，一方面虛心接受人家的意見，才能走向成功的路。

　　松下開始做生意時，幾乎什麼都不懂。開發了一件新產品，往往不知道該定價多少？那時他的辦法是跑到零售商那裡去請教。因為他認為如何定恰當的價錢，去問常與消費者接觸的零售商最清楚。

　　到零售商那裡，出示他的新產品，問他們「像這樣的東西可以賣多少錢？」他們都會坦誠地告訴我行情是多少，照他們的話去做都沒錯。不必付學費，也不要傷腦筋，他想沒有比這個更划算的。

　　當然，不是什麼事情都這麼簡單，可是這是基本的原則。能虛心接受人家的意見，能虛心去請教他人，才能集思廣益；比一個人獨自暗中摸索要少出錯，也有好的智謀，所謂「三個臭皮匠勝過一個諸葛亮」就是這個意思。

　　路上開著多少公司、商店，有的經營得很好，有的生意蕭條。我們常看

到同一個行業，同樣的規模，但是所表現的成績往往相差很多。

細微的原因，往往會造成業績上很大的差跑，所謂「差之毫釐，繆以千里」，就是這個意思。當然，有些是因為經營方法不當，有些是因為懶散、不認真，所以業績不好。但大體上，所有的經營者都是以專家身分來經營事業，投下了所有的精神和時間，應該不會差到哪裡去的。

從表面上看，就可以看出哪一家公司的經營不行，實在太差勁了，我們不提它。普遍從外表是很難判定它經營的好壞，相差都是一點點。然而，就是那一點點的累積，造成後來很大的差距。

比方說，有兩家公司都透徹了解企業對社會的責任而認真經營。可是雙方「透徹了解」的程度有細微的差別，遇一同樣的事情，想法就不太一樣。一個是想：「這樣已經很好了。」另一個卻想：「也許還不夠。」

認為已經很好的，遇到顧客埋怨就會反駁說：「天下哪有十全十美的？我們已經盡全力去做了。」

認為還不夠的，就會虛心接受顧客的埋怨，認真檢討過失，改正缺點。這些都會表現在商品和技術上，影響銷售甚至整個的經營，成為優良業績的最大本錢。

開始時相差一點點，但經成年累月累積的後果實在太大了，所以負責經營的人，對這一點必須有充分的認知。經營不順利的，要積極去尋找差距在哪裡，虛心地檢討反省；經營順利的也千萬不能自滿，更要提升警覺，加倍努力。

別人只看了你的業績而隨便誇獎一句：「你的公司經營得真好。」這種話聽多了，自己也會覺得：「可能還不錯。」於是全部鬆懈下來，致使原來比其他公司稍微好一點的那個優勢也失去了，公司也開始走下坡路了。這樣值得嗎？

進步是沒有止境的，也沒有最高境界。不管你的經營有多好，總是還會有缺點，還有很多待改進的地方。所以千萬不要自滿，要虛心檢討，力求更大的發展。同樣的，這個世界上，沒有十全十美的人，更不會有全知全能的人，雖然智愚善惡的程度有差別，但每個人都有他的長處和短處。

　　既然每個人都有缺點，而又必須聚在一起共事，為了減少摩擦和錯誤，就必須取長補短。身為領導者若能設法彌補自己的缺點，虛心請教發揮別人的長處，那麼整個公司雖不能做到完美無缺，至少也能將錯誤減少到最低限度。

　　一個企業家之所以能飛黃騰達，自有他的條件。在招攬人才時，要能夠掌握他們的長處和缺點，積極地活用長處，而透過自己或其他部屬的長處彌補缺點，使得公司員工在互補作用下，充分發揮優點和特長，公司的業務自然能順利地推動。相同的道理，一個領導者也不可能是完美無缺、全知全能的，所以不應對自己的缺點加以掩飾，而應盡量讓部屬知道。應要求屬下針對自己的不足提供適當的幫助。

　　不管是社長、部長或課長，一旦知道部屬的缺點時，就應想法加以彌補；同時也要將自己缺點讓部屬知道，由他們來彌補。俗語說：「越高的山，谷越深」，意謂優點越多的人往往缺點也越大；所以越是優秀的主管幹部就越應留意自己的缺點，並且大膽讓人知道，才能有改善的機會。

　　日本汽車業三年間成本降低 30%，品質卻相對提升，因為他們有不可思議的鬥志。

　　在日本舉行的東京奧運會曾博得外國人士相當好的評價，其中最讓人感興趣的還是女子排球賽，同是四戰四勝的日本隊與蘇聯隊的冠亞軍爭霸戰真是太精彩了。

　　兩隊都充滿鬥志，拚命奮戰，處處表現幾乎非人力所能及的特技，觀眾大為沸騰。不久，日本隊開始發揮堅忍的耐性，逐漸把分數拉開。結果從第一局開始獲勝，接著第二局、第三局連戰皆捷，終於獲得奧運會的排球賽金牌。

　　松下以前觀賞過一部《鬥志的紀錄》，是日紡排球隊練習的情形。她們為接球而撲倒，立刻爬起來去接，而球還是一個接一個不斷攻過來。看起來真慘，像在鞭打自己去跟球搏鬥似的。一隊女選手在大松教練的指導下，使盡所有體力專心致志練球的情景，非常令人感動。

　　碰巧幾天後，松下看到 NHK 電視臺所播出的《現代的映像》，試跑車節

目，是討論某一家汽車製造公司的職員們為了開發新製品，以何等精神去設計、試做、試車，從他們的工作態度上，松下感到與日紡排球選手相同的認真，氣魄與堅忍，既驚訝也很欽佩。

如眾所知，日本的汽車製造業正面臨完全自由化，國際上的競爭非常激烈。要提升汽車銷售量的最重要關鍵，就是在最近的國際汽車大賽中贏取第一。因此該公司計劃開發一種新車去競賽，最高時速竟然高達 250 公里；而且必須在 3 月之內試作三部。這節目就是從這道命令下達設計部門時的鏡頭開始。

對設計部人員來說，最高時速 250 公里的汽車設計是從未有經驗過的。3 年前的目標只不過是 170 公里而已，所以這次設計必須克服許許多多的困難。

他們費盡心思，認真去解決這課題，最後終於完成了。但是試車結果，仍然無法超出 240 公里。大家就追究原因並重新設計，但賽車的日期已經迫在眼前，只好不眠不休地拚命趕了三天三夜。雖然由三個人輪流駕駛，但也根本談不上睡眠。他們都充分了解，不這麼試車，就無法在國際競爭中獲勝。

我從這電視節目看到一個企業努力到這種地步，才了解日本的汽車製造業界在這三年之間，成本降低 30%，品質卻能提升 30% 實在是理所當然的。同時更了解，與日紡排球隊一樣，以「天下無難事，只怕有心人」的信念去做事，確實具有極大的力量，這精神非虛心學習不可。

雖然這麼說，我絕對不認為人有必要從事長時間的工作；要學的是他們認真堅忍的精神。社會一般的傾向，已在漸漸縮短工作的時間，我們應該充分有效利用閒暇。同時不能忘記凡事都要抱著百折不撓的精神去完成。

現在預料各方面都將更加困難。希望大家都能以堅強忍耐的精神去著手，才能一一克服那些困難。

我們常會有「那個人是屬於大器晚成型的」之類的話。意思是說，他現在雖然並不怎麼樣，但日後總會成功吧。說來讚美的意味並不多。可是我卻認為所謂「大器晚成」具有更重要的意義。

同樣站在新的立場工作，有人能立刻得到要領而靈巧地掌握。這實在是很難得。但這種人往往在中途就做不下去，甚至退步變壞。

　　與此相反,起先摸不清情況而不順暢的人,他多方請教前輩或主管,同時自己也認真用功,並繼續保持這種態度,大致都會獲得很大的成果。

　　人都是經由許多人的幫助與指導才逐漸成長的。比如雙親、師長、朋友等的指導,在適當的時機適宜地施予,才能完成一個人的正常成長。

　　可是,更重要的,就是對這種幫助與教導要自動去學習吸收。

　　大多數人從學校畢業後進了社會就失去進修的心,這些人以後都不會再有什麼進步的。反之,學生時代即使不顯眼,但到社會後仍然勤勉踏實地盡本分,自動學習應學的事,往往都會有長足的進步。

　　不僅是個人,公司也一樣。在各方面都能不斷向別人學習,自己也擬出新方法,並一一實行,這種公司必會日日進步,生氣蓬勃地一直發展下去。

　　目前一般被稱為優良公司,大部分都是屬於這一類。現在的員工,除了女性之外,大部分都不願只做二三年的短時間,而是要做三四十年以上,也就是把這分工作當作一生的工作吧。對自己這種一生的工作,大家到底以何種態度去應付呢?如果因為目前的工作進行得很順利就感到很放心,每天悠哉安逸地過日子,那麼目前的情形就不一定能維持很久了。失敗的日子一定不遠,很快就會落伍的。

　　與此相反,能把這份工作當作一生的工作而埋頭苦幹,不斷進修、不斷創造新的東西,始終能「活到老學到老」,他的進步一定是無止境的。這種大器晚成型的人就能日日以清新愉快的心,有效果地做自己的工作。這樣自然就有希望,不至於失去理想,當然也不懂得疲倦了。

　　而這種人對自己的工作會有一股拿生命作賭注的熱忱。他把自己的使命刻在心裡,為了達成使命,甚至願意捨命去完成。

　　這裡所說的捨命,並不是要真正把生命丟棄,而是指讓自己強而有力地賣命。能這麼徹底地想,他才能找到真正的成功之路。

　　這不是龜兔賽跑的故事。但這種一步一步努力踏實向上虛心學習的大器晚成型方式,對公司與個人,確實是成功的關鍵。

溫飽思飢寒

謙虛的心同樣能讓人自我鞭策。

夏日陽光普照，但別忘了做好防颱風的準備。

景氣好，生活富庶，如果能夠長久這樣，直是求之不得。然而，天氣總有颱風下雨的時候。就景氣而言，有時好，有時蕭條，不可能永遠是和平與繁榮。這就是人生、就是社會。

一旦社會安定，景氣好轉，每天過著安穩的生活時，往往把社會的本質遺忘了，把人生應有的態度置之腦後。這是人之常情。

倘若可以長久如此，也是無可厚非。然而，總有一天，颱風將會襲來，不景氣的熱潮將會湧到，置身於那種境地，仍然可以保持泰然自若的心境嗎？我們必須隨時準備足以應付急變的心境，這就是「治而不忘亂」的心境。

而焦慮不安會使人自我鞭策、考慮周詳，唯有如此才能開新境地。

雖然有人說：「孩子無憂無慮，真好。」其實那只是程度的問題而已。孩子也有孩子的煩惱，也有他們的不安。等到長大成人，到社會從事各種職業以後，煩惱與不安也將多得遠非孩童時代所能比。這是理所當然的。

松下的公司經營獲得了今天人們所說的成功。由表面看來，他似乎充滿著信心，無憂無慮地工作著，其實完全不是那麼回事。

他在這五十多年間地遇過許許多多的困難，每一次內心都非常不安與動搖。說得更極端一點，這五十多年，他每日都是在連續的不安中度過的。

但他雖然時時都在不安與動搖中，但他卻具有能抑制那不安與動搖的一面，克服它們，完成今天的工作，產生明天的新希望，從此找到生活的意義。他這五十多年就是這樣度過的。

因此，從結果來說，他的不安與動搖反而促使自我鞭策，對事物重新慎重考慮，從而產生大的成果來。如果松下沒有任何不安，說不定就沒有今天的松下電器了。

如果過於神經質地考慮，以致被不安壓垮征服，就無法完成任何事。反之，無論什麼事都感覺遲鈍，無任何不安，也無法產生任何成果。

因此松下認為最理想的是，面臨危險時，雖有某種程度的不安，但能夠毅然決然去面對、去克服。也只有如此，新境地才會為你展開。

現在的社會情勢瞬息萬變，非常不穩。我們的生意或工作態度也將隨著時代變化。例如一個商品到昨天為止還頗受好評而暢銷，只因競爭對手出售更好的商品，或者今天已經不再流行；又如公司導入電腦之類的最新機件，昨天以前的工作方式，今天就完全改變了。

面對這種千變萬化、令人措手不及的新轉變，仍能完全無動於衷，不感到任何不安的人，可以說擁有幾近鬼斧神工的絕技。但既然都是屬於人，縱或有程度之差，也不可能完全不受影響。

我們大可不必為自己是不是很神經質而憂慮，這才是正常的。身在變化激烈的現代社會中工作而沒有任何操心事，就像一個人毫不在意地穿過汽車川流不息的馬路一樣，必定會立刻被撞死。

但如果因為不安而怕得不知所措，也無藥可救了，就像被汽車嚇得縮在一邊，連馬路也過不了，以致無法走到目的地。

世上若真的沒有任何動盪不安，似乎很幸福、很理想。但這樣一來，人就會不知不覺地變得麻木，自己的實力與潛能也不可能發揮進步。因此，當你經營公司時，你可以盡量地操心。想到這一點，我們就能了解「不安也有益」，而以開拓挑戰的心懷去面對每一天。

做個平凡踏實的人

某報社的人問松下：

「松下先生，過去您認為最艱苦的工作是什麼？」

要是一般人，這時都會侃侃談起自己的奮鬥史。松下不擅於談這種奮鬥史。他的記憶中，沒有什麼這樣的印象，所以不得不極含糊地回答：

「每次碰到那種情形，雖然會覺得很凶難，卻沒有為此煩過心。」

所以對方也聽得迷糊。雖然覺得有些過意不去，但松下並非要炫耀而故意這麼回答的。

關於松下的過去，已經有許多人從各種角度評論過，其中甚至有些帶有傳奇性的趣味，他本人又不敢當，又啼笑皆非。但這可能也是因為他過去的經歷，變化多端，多少有些小說味道的緣故。可是松下本人卻不認為松下過去有什麼特別的驚險奇異；只是做了應做的事，不應做的事不去做，可以說是平凡地走過平凡人生的平凡人。

例如：松下對小學念到中途就退學到大阪當學徒一事，從來就不覺得苦惱，只是奉父親之命而已。松下自己當時也認為照家庭的環境看，這麼做是不得已的，於是小小的年紀就毅然決定輟學。不在母親的身邊當然很寂寞，起先每晚都在床鋪上暗自流淚，非常難過。但日子一久就淡忘，而自然地融在事事都很新奇的生活中。

在自行車店當學徒時，因為每年都有新學徒進來，一年以後，他也成為師兄。這麼一來，過去松下負責的掃地，也可以命令新手去做。如：「你把那邊掃一掃，」很是舒服，覺得非常光榮、愉快。

這樣過了 3 年，松下已差不多是二掌櫃的代理，也帶有兩、三個部下，覺得「這下子，我也有出息了嘛」而感到很滿足。每爬上一個階段都覺得無上光榮，所以說天真，也實在太天真了。

他辭去自行車店轉入電燈公司，也不是對未來有什麼特別的看法。若要找出理由，只是有個直覺：「今後將是電氣時代。」但老實說，當時並沒有想到那麼遠大，只是偶然看到電車才想起電燈公司；而且，自行車店一年只有中元節和過年才放假，而電燈公司卻每月有二次假日，如此而已。當時他的閱歷還是很淺，根本不懂得如何選擇職業；只是覺得在想換換職業的時候，忽然出現電車，好像是一種命運。

他在電燈公司，工作也極愉快。在凍得耳朵像被揪下來似的寒風中，天還未亮就得起床，哈哈雙手到外面去作配線工事，並不覺得怎麼苦。

他是滿 20 歲那年結婚的。當時身體很弱。電燈公司是日薪制的，所以請假一天的話，一天的生活就會發生問題。為了避免讓生活發生困難，他曾考慮開一家「加年糕的紅豆湯店」（松下喜歡吃甜食也是原因之一），萬一他病倒，這種事他妻子也可以代勞。不知是幸或不幸，「紅豆湯店」並沒有開

成功。但也因為如此，他就想自己製作當時在考慮的電燈插座，於是就開始自己獨立創業了。

開始做生意以後，當然也發生過太多的波折，但全面看來，結果還算順利，並沒有什麼特別艱辛的記憶，除了戰後那段混亂期。

當時他不但負上龐大的債，資產又被凍結。不過這是因為日本戰敗，沒話可說。雖然拚命地工作，想早日還債，但因種種限制，公司和他都動彈不得；而且即使賺上一百萬元，一百萬元都全被扣稅，一毛錢也無法留下。他不但感到困難，甚至感到一種公憤——如此下去，實在無法重建日本。這樣不行，為了復興強化日本，大家務必從根本改變觀念。由於這種公債，才開始研究創設 PHP 月刊雜誌。後來，限制解除，經濟情勢有了改變，公司也得以順利復生、發展。所以，松下也覺得這並不是什麼大不了的。

這樣的人生，經過小說家的手後，或許每一段都會變成驚險刺激的故事。可是他自己認為，自學徒時代到今天為止，能按部就班，腳踏實地地順利走過來，也只是運氣好而已。

他正是在人生潮流後推引下，依靠自己的意志，順服在命運強大的力量下，安然達觀地奮鬥才獲得了如此大的進步。

自己忍耐，鼓起勇氣，相信一定能度過難關，就真能轉禍為福。

在過去的經驗裡，認為非常重要的一件事，就是告訴自己，自己的運氣是很好的。其實是好是壞，根本無法判斷，但你要認為自己的運氣非常好。

如果站在客觀的立場來看，松下運氣可以說是不好。由於家庭、環境的關係，他連小學都沒念完，就去一家商店當學徒，從早到晚擦地板、帶小孩，或者幫店裡工作，非常忙碌。通常，這種年齡的孩子都還在上學，所以可以說是運氣不好。

但是為什麼一直認為自己的運氣很好呢？因為他在 19 歲的時候，離開了商店，暫時在水泥廠做工。當時工廠在大阪的出島，每天必須坐船去上班。有一大，因為某些原因，他掉到海裡去了。

他拚命在水裡掙扎，當他浮到水面的時候，船已經開走了一大段距離，如果船就這樣開走，他就會成為大阪灣的一個垃圾而已。他卻非常幸運，這

艘船居然回過頭來，然後把他拉上去，而且當時是夏天，如果是冬天的話，他恐怕早已凍死了。

除了這個例子，剛開始做生意時，曾有一次騎腳踏車和汽車相撞，當身體飛到空中掉下來的時候，正好電車開過來，在他周圍的目擊者恐怕都已閉起眼睛，但是電車在距離一公尺外的地方緊急煞車，而且他被撞倒，飛到半空中，摔下來時竟沒有受傷，但他的腳踏車被撞得亂七八糟，這只能說是他運氣太好了。

23 歲的時候，他在大阪電燈公司服務，不幸患了初期的肺結核病。當時得了結核病的人，10 個中有 8 個是活不成，他有兩個哥哥也是因患了肺病，而離開這個世界，所以他也等於被判了死刑一樣。

當時，他覺得反正要死，索性繼續工作下去算了。有時他也休息一會兒，然後又繼續工作。不可思議的是，他的病並沒有惡化，反而漸漸康復，所以他覺得他的運氣實在太好了。

但是一般人通常持相反的看法，認為掉到海裡，和車子相撞以及生病，都是運氣不好。

可是他並沒有持這種悲觀的看法，相反的，他認為自己的運氣很好，這是對自己的一種說服。所以當小學徒的時候，他也學到很多社會上以及生意上的事情，而這些經驗在他自己做生意之後，幫了很大的忙。因為這種信心對心靈是很強大的支持力。

不論在工作上或其他事情，遇到困難時，能夠相信自己運氣很好，覺得自己一定可以度過難關，甚至轉禍為福，創造更好情況，那麼任何的困難，都可以迎刃而解。由於他有了這種想法，所以能夠解決各種困難，達到今天這個局面。

說明自己忍耐，鼓起勇氣，相信一定能度過難關，就真能轉禍為福。

不論在工作上或其他事情上，遇到困難時，能夠相信自己運氣很好，覺得自己一定可以度過難關，甚至轉禍為福，創造更好情況，那麼任何的困難，都可以迎刃而解。由於他有了這種想法，所以能夠解決各種困難，達到今天這個局面。

配眼鏡的啟示

即使沒有顧客光臨，也要準時開啟服務，因為做生意不只是為了賺錢而已。

每個生意人都想賺錢，這是天經地義的事，可是滿腦子都是生意經，這只是一般人的想法。松下曾接到一封從北海道的札幌市寄來的信件，內容大致如下：「我是一位眼鏡商人，前幾天，在雜誌上看到了您的照片。因為你所配截的眼鏡不太適合臉型，希望我能為您服務，替您裝配一副好眼鏡。」

松下認為這位特地從北海道寫信給他的人，必定是位非常熱心的商人，於是便寄了一張謝函給他。後來他將這件事情忘得一乾二淨。由於應邀到札幌市演講，不久他終於有機會一遊北海道。在他演講完畢之後，那位寄信給他的眼鏡商人立刻要求與他見面。這位眼鏡商的年紀大約在 60 歲左右。臨別時，他對松下說：「您的眼鏡跟那時候的差不多，請讓我替您另配一副吧。」松下聽了著實吃了一驚。

他被他的熱誠所感動，於是便說：「一切就拜託您了，我會戴上您所裝配的眼鏡。」

那天晚上，他在旅館的大廳跟四五個人洽談商務，那位商人再度來找他，並且不斷地找話與他聊天，大約花了一個鐘頭，才完成測量臉部的平衡，戴眼鏡的舒適感以及檢查現在所使用眼鏡度數，並且言明 16 天之後將眼鏡送來。臨別時，他對松下說：「您所帶的眼鏡好像是很久以前配的，說不定您現在的視力已經改變了。假若不麻煩的話，請您駕臨本店一趟，只要花費 10 分鐘的時間就可以。」因為 10 分鐘並不妨礙他的行程，於是他跟他約好在回大阪之前，去他的店鋪拜訪。翌日，臨上飛機場之前，他來到了他的店鋪。

當他走進一瞧時，真是嚇他一大跳。那間店鋪位於札幌市類似銀座或是心齋橋的繁華街道上，站在店鋪之前，宛如置身眼鏡百貨公司的感覺。當他被招待進入店內之後，店裡大約有 30 位客人正看著大型電視機，耐心地等待著，這裡一切的檢驗裝置，都是世界最精密的產品，真是令他嘆為觀止。這的確是間不同凡響的眼鏡行。

　　尤其讓他佩服的是，那些只有在 1920 年至 1930 年代才看得見的年輕店員的舉止，當時店內大約有 30 位客人，可是，看他們那種敏捷的動作，以及待人周到的禮儀，的確讓人心服。那位老闆如松鼠般在店內四處穿梭不停。

　　不錯，這的確是做生意必須具備的作風，松下從內心不禁對他欽佩萬分，於是走近他的身邊說：「你的事業這麼繁忙，竟然在看到雜誌之後，馬上寫信給我，我認為您的用意不只是為了做生意，到底有什麼原因呢？」

　　老闆笑著對他說：「因為您經常出國，假若戴著那副眼鏡出國，外國人會誤以為日本沒有好的眼鏡行。為了避免日本受到這種低估，所以我才寫信給您。」

　　聽了這番話後，松下對他的銅臭味一掃而空，更開拓了視野及思考能力，直覺地認為他是世界一流的眼鏡商。就這麼回去，似乎說不過去，於是他將一架新型的手提收音機留下來當禮物。相隔 10 年才有北海道之行，卻訂製了三四年未曾變換的眼鏡，而且懷著不得不饋贈禮物的心理，這種巧妙的突破常理的生意手腕，你認為如何呢？

　　很明顯的，松下非常欽佩那位商人的堅定信念，並且感謝他教導他這招做生意的祕訣。他已被他那種大公無私的觀念和熱誠所折服。當他也持有這種想法時，覺得自己彷彿年輕了 10 歲一樣。

　　追求利益並不是做生意的最終目的。開拓視野，摒除銅臭味，以誠待人，努力工作，這是做生意的不二法門。在此松下要談了談他個人對金錢以及對事物的觀感。

　　大約在 30 年前，他曾經歷了以下的事情。當時為了決定納稅額，稅務人員奉派到鎮上的寺廟裡工作。他也來到那間寺廟申報，並且核定納稅額。當時他告訴稅務人員他做的是小生意，營利額只有這些，因此很順利地通過核准。

　　他將營利額一一呈報上去，300 元、100 元、2,000 元……以後逐年增加為 1 萬元、2 萬元等。即使是現在他也不敢偽報。假若金額太大，不只是呈報上去就算了事，稅務人員還會親自到辦公室去調查。

　　每當碰到這種情形，他就會想：「我誠實地呈報，難道吃虧嗎？」因此在

調查前的前兩三天，他會感到十分困惱。可是到了當天，他又想著：「不，無論賺再多的錢，它本來就不是我的，它是世人的錢，不妨隨他扣吧。」

因此從他創業以來，從來沒有偽造營業額的念頭。假若認為金錢跟事物都是自己的東西，就會產生奇怪地欲望。如果將它看成是寄存在身邊的東西，就不敢隨便地使用了，只有有效地使用金錢，讓金錢回歸社會，才會減輕責任，且使我們所擁有的社會更加欣欣向榮。

心靈富裕

精神、物質不平衡的現象，不能算是真正的繁榮。真正的繁榮，應該是物質與精神並重，相輔相成，互相調和，即心物合一的繁榮。物質方面富裕了，心靈上也應該富裕才行。

所謂心靈上的富裕，應該包括知道萬物的價值，有感謝萬物的心。而且，不只祈求自己一個人富裕、幸福，也祈求全人類富裕、幸福、共存共榮。有了這種心靈上的富裕，則不論物質多麼豐富，也不至浪費它，人們也不至受它擺布了。

那麼，要創造心物合一的真正繁榮，最主要的條件是什麼？松下想不外乎具有「率直的心」。

率直的心能使人光明正大、強壯聰明。事實上，有了真實之心，便能懂得事物的真相，由此也可產生心靈上的富裕，而物質上的繁榮也較易獲得。

像這樣具有能懂得事物真相的率直之心，正是招來心物合一的繁榮最重要關鍵。

松下電器的事業使命在於防止貧窮。使命的感召，使所有員工勤奮工作，而這種精神正是松下電器公司發展的總動力。

松下電器公司的事業使命是在防止貧窮。從前的日本很貧窮，在神社鳥居（日本神社參道入口處的門）的旁邊，經常有不少的乞丐在那裡討東西，其中也有患有痲瘋病的可憐人。當時松下電器公司還是一個小工廠，但是決定負起向貧窮挑戰的使命，表面上松下電器公司是電器具的製造所，但是私

下的名稱則是擺脫貧窮的事業。

由於這實在是一個有意義的工作，所以才拚命地做，而發表這種使命觀時是在 1932 年的 5 月 5 日。從創業的西元 1918 算起已經過了 14 年，才確立事業的真正使命。

經由這種使命的感召，當時 1,000 名左右的員工都很振奮，大家認為必須努力工作，而 7 點下班後，仍然有不少人加班，那些都是住在公司宿舍的見習職員，即使勸告他們早點休息，他們繼續做下去，這種情況經常發生，而且持續了四五年。

由於有這種工作精神，松下電器公司今天能夠發展，可以說是理所當然的，也就是這樣，才有今天的松下電器公司。

而且松下認為做生意的最終目的，是為顧客服務，而不是只追求利益。

松下至多每隔 10 天或兩個禮拜，便要約定時間上理髮廳。這是一件很久以前的事了，東京的一位理髮師曾提醒他：「你的頭是國際牌產品的代表，必須好好地整理一番。」從此以後，無論事業多繁忙，他都會遵循這位理髮師的囑咐，保持整理頭髮的習慣。

即使沒有顧客光臨，也要準時開店服務，因為做生意不只是為了賺錢而已。

在歐洲的一間日本大使館裡，有一位看守使館的老人。使館裡的人為了酬報這位盡忠職守的老人，希望安差一個輕鬆的工作給他。可是，他本人首先提出異議：「我是否有什麼差錯，所以你們要我辭去長久以來的看門工作？」

使館裡的人大吃一驚，馬上向他解釋原因。可是老人卻固執地不願採納他們的意見，並且說：「我每天辛勤地工作，並以看門的工作為榮。雖然我能更換另一個工作，可是這份榮耀卻會喪失。為了維護榮譽，我寧可辭去工作。」

這位老人強調的是這種對工作所持有的牢不可破的使命感。這種對任何工作都能盡忠職守的人，實在令人敬佩。

有位老婆婆獨自在人煙稀少的山丘上過活著。她每天早起，按時開店，

並且隨時備好茶水，等待著穿山越嶺的旅客。

偶爾會有兩三個旅客光顧店面，但是有時也可能整天不見人影。可是，這些都無關緊要，老婆婆仍然每天準時開店，備好茶水。

不久，越過小丘的旅客自然的養成了在這間茶店喝茶的習慣，因為在這裡休息是種樂趣。

老婆婆為了回報這些旅客，即使在身體不適的清晨，還是照常地開店做生意。因為旅客已將這間茶店視為目標，並且因為沒有脫離目標而感到放心與喜悅，心中對老婆婆深表感激。這就是老婆婆感到最高興的事情。

她不只是一位靠端茶來賺錢的老太婆而已，洋溢著誠實精神的服務，才是這位老婆婆最能勝任的工作。那位老婆婆跟每位旅客交換了溫暖的默契，為了履行這份契約，在她有生之年，必定每天都為我們誠摯地服務著。

在那邊等待旅客，端茶賺取金錢，只是一種生活的方式，這位老婆婆絕對沒有這種庸俗的想法。在她的想法中，她所經營的茶店並非她個人所有，而是給上下山的旅客建立一個目標。而辛勞被肯定，是無以倫以的喜悅。也是比賺錢更大的喜悅。

對自己生產的商品，在社會上有何種地位，我們應該保持高度的關切。松下以前曾直接參與生產的時候，每次將新產品向代理商展示時，只要他們看過後對他說：

「松下先生，這是您苦心研造出來的產品，對嗎？」松下覺得這就肯定了他的苦心，他會高興得想把產品免費贈送給他。

這種意識，並非是因為產品賣了高價，或是多賺點錢產生的，而是對他幾個月的辛苦製造出來的產品給予肯定，所產生的感激心理。

這種感謝的滋味，是將至誠的心血，投注於製造產品的人，才能得到的。而且全體員工都能做到。享受這種感激之情時，也就是松下電器真正發揚生產報國精神的時候，因此，也就獲得了社會信譽。

真誠可化解一切

最能打動顧客的，不是商品，而是認真與誠懇。

松下說，他深刻感受到每天能精神飽滿、全心全意地工作，是非常幸福的事。玩賞嗜好，享受閒暇當然重要，但能每天愉快地工作，卻比什麼都可貴；而且會有許多人跟著獲得好處，而得到這些人的歡迎與感謝。

有段時間松下聽到顧客之一的經銷店說，松下不小心做出零件不良的製品，很不巧地讓他拿到。

而那些顧客是松下電器製品多年的友好支持者。為此，他非常失望，並認為：「這種不良商品也出貨，真要不得。非嚴重警告不可。」於是特地到松下電器公司來。

可是他到公司實地一看，才知道所有的員工都非常認真努力，也很誠懇地接待他；對那不良商品的對策，也很認真嚴肅，彷彿是自己事似的。於是他心想：「大家都這麼認真專心，偶然出現一個不良商品，我也不必發脾氣。」

他不但不生氣，對松下電器公司反而更具信心，很放心地回去了。

按常理，顧客發現有不良品時，他會非常憤慨，並決定：「今後絕對不再買他們的商品。」可是他卻說：「人不是完美無缺的，所以無論怎麼謹慎認真，偶爾也難免出錯。」他不僅諒解了那錯誤，還下決心：「我們也不能輸給松下，非竭力推銷商品不可。」

這就是全體員工忠誠的結果。因此，松下公司應該趁這機會，好好檢討出現不良品的原因，全力防止再有類似事件。同時松下也很感謝所有員工認真誠懇的態度，才能感動顧客，加深他對公司的信心。

從這件事，使松下深深感到這個「誠」字的重要性。不單是對工作，對家庭的美滿、社會的福利，都有極大影響。充滿誠意而認真的行動，一定會打動人心，產生意想不到的美好結果。

當然鍥而不捨的誠意，有不可忽視的說服力；但是，你須不斷地強調與解釋事情的可行性。進行一件事情的順利與否，往往決定於許多重要的因

素。其中松下認為誠心誠意的態度，最為重要。即使在面臨非常困難的問題，如果仍能保持誠懇的態度，這個困難往往就能迎忍而解了。

在 1964 年，各行各業都面臨了非常嚴重的不景氣，松下電器公司在聽取全國各地經銷商的情形後，認為如果不設法謀求解決，一定會更加嚴重，於是經過種種的檢討，終於決定把目前的銷售流程更改得更合理。因為我們認為新的制度，對消費者更有利，而且在人事上也便於管理。

而這個經銷計畫是要在各個店實際執行。所以松下請大阪地區的 1,200 家經銷商家在一起，由他就新的經銷制度，加以詳細說明，並且請他們協助實施。結果他們的反應相當不好，幾乎都持反對的意見，而且責備地表示：從我父親那一代起，就跟那些經銷商往來，所以和他們的關係非常密切。而依據新的銷售制度，必須以地區來決定銷售的經銷商，那也就不得不停止和原來老公司的交易。這樣在人情上，難以交代，所以強烈反對。

一些較大的經銷商都提出類似的意見。他們反對的理由都很正當。因此松下非常困擾。但是明顯的事實顯示。如果實行新政策，將會利大於弊，所以他繼續向這些反對他的經銷商說明：「或許你們認為維持現狀很好，但是以目前的現狀而言，是會妨礙遠端的目標。但如果實行新經銷制度後，全體員工的福利會因此提升。尤其像你們有這麼好的經銷店，將會有更大利益。所以請你們能支持我的意見。」

就這樣，他花了 3 個小時的時間說明這種制度的優點。雖然，當時他因患感冒，身體不適，但他仍覺得必須盡全力說明，直到他們都了解為止。因為，為了松下電器公司的前途，他一定要實施這項新制度。結果有半數的經銷商，被他的誠意說動了，於是以鼓掌的方式表示贊同，同時願意嘗試這個新的制度。但他的理想，是希望的有的人都能同意，所以對半數表示沉默的經銷商，繼續說明：「這並不是松下公司本身的工作，而是每一個人的工作，假如諸位不能以身作則的話，那麼這個工作無法完成。」「正因為這是一個重大的工作，所以，我希望能獲得大家的一致贊成」。他又花費一個小時的演講後，終於獲得全面一致的贊成，整個會場籠罩在鼓掌聲中。於是松下心中鼓起了無比的勇氣，他想，如果這個新的銷售制度，在大阪能夠實施，那

麼在神戶、東京一定也能夠做到，結果，事實證明了他的想法。就這樣，新的銷售制度，在全國各地順利實施，各經銷商的業績也逐漸提升了。

所以松下覺得凡事都要秉持著誠懇去做，就一定能成功。善意的說服力，有不可忽視的力量。所以雖然各經銷店都曾經強烈地反對，但是，最後新的銷售制度仍然走上了軌道。松下認為他這種鍥而不捨的說服，是使這制度能夠推行成功的主因。

充分了解人情的微妙而善加利用，即使是「壞消息」，也可使人覺得事情合理。

當他人與我們討論事情時，假如他的態度傲慢，或者有敷衍的情形，那麼即使是對我們有好處的事，多半我們也會拒絕對方，這是人之常情；相反的，即使對自己沒有好處或者是不利的事情，如果談此事的人很有禮貌，而且非常誠懇，往往會使你願意嘗試去接受他，這也是人之常情。說實在的，人是一種很奇怪的動物，我們必須了解這一面。在日常生活中，適當地加以活用，這種訓練是必須的。

從前，松下曾聽過一個故事：大約是明治政府統治不久後，就開始課徵所得稅。在這以前，是以地租為主，沒有所謂所得稅。但明治政府因國家開支漸多，除地租之外，也須有其他稅入，所以決定向民間徵收所得稅。在大阪也設立課徵所得稅的機構。

首先，決定向有錢人課稅。但是，政府是否將此事公開，並通知有錢人？事實上，並非如此，那麼到底如何做呢？

大阪有一地方，叫作宗右衛門町，這個地方，一直到二次大戰之前，還是屬於風化區。在此有一家最大的酒家，叫作富田屋，是個水準很高的地方。有一天，稅務署的人將有錢人都請到富田屋招待。

這些富翁們被招待到這個地方，心中雖然高興，但又有些不安，紛紛猜測還有什麼下文。因為當時的官員和民間還是有距離，所以這些有錢人，都規規矩矩地坐在席上。此時，稅務署的署長走出來，但他並未坐在上座，反而坐在末座。他說：「自從明治政府開始統治，國家各種施政事業的推展，需要很多費用，因此官方已經決定向各位徵收所得稅，希望各位多多協助。」

　　這個人雖然態度誠懇，帶來的卻是件壞消息，因為它增加了大家的負擔。他把話說完，緊著就是宴會。雖然桌上擺滿了各種山珍海味、醇美好酒，但是大家一想到要課徵所得稅，都感到不安。此時又叫很多美女來斟酒，大家才逐漸放鬆心情。

　　「好吧，一點點稅金不算什麼，繳給政府好了。」

　　慢慢有人這樣想。

　　松下當時聽了這個故事，很佩服從前的官員居然也會運用技巧，並沒有以壓迫的方式強迫老百姓繳所得稅。如果是以強迫的方法，一定會引起反感，反而達不到預期的目的。

　　以時代而言，當時還是官尊民卑，相當封建的時代，只要一張指令，就可能命令百姓去做。但是官員卻以拜託的口氣來說。

　　這不是很技巧的作法嗎？換句話，大家都認為，對方是官，一定會亂下命令。事實上，大家都受到很好的款待，都不好意思拒絕。這種做法是充分了解人情的微妙，並能善加應用。對今天的公務員或者是老百姓而言，能夠充分了解這種人情的奧妙，推展自己的事情，也是一件重要的工作。

　　松下曾講過這樣一個故事。日本江戶時代，江戶的花街柳巷──吉原，和京都的島原、大阪浪花的新町一樣，是武士與商人的一大歡樂街，非常熱鬧，就像歌謠所唱的「白日如天堂，晚上如龍宮」，極受當時公子哥兒的喜愛。

　　吉原有多達數百名的藝妓。其中屬於最上等的藝妓叫「大夫」。在大夫之中，一位具有10萬石諸侯地位的「松之位」藝妓，就是名播當時的「高尾大夫」。「松之位」具有相當大的權威，因此，「高尾大夫」所接的客人都只限於諸侯或富商巨賈，是一般武士或商人高不可攀的一朵花。大夫不愧其權威，往往極嚴格地自我修練而精通各種藝技，很懂情趣，又會作詩，有很高的教養。

　　帶著穿戴華麗的隨從，在街上遊行的行列，就是所謂的「道中」。大夫道中的情景可真是豪華絢爛，總是招來許多人觀賞，尤其是這位高尾大夫的道中。

　　有一天，一位在染房作工匠，名老久的年輕人，為要一睹風聞已久的高尾大夫風采，探出身子靜心等待。不久耀眼的道中行列出現，高尾大夫用大夫獨特的內八字慢慢走向這邊。不久，她的美貌容姿就近在眼前了，使老久看得目瞪口呆，一動也不動。他的同伴看了就敲他的肩膀說：「老兄，你在發什麼呆？你愛上那大夫了？」並笑著說：「既然愛上，不妨去找她呀。她雖然是有地位的松下位大夫，但畢竟是個妓女，只要有錢任何人都可以跟她做上一夜夫妻呀！」

　　聽同伴這麼一說，老久才甦醒過來，認真地問：「那大約需要多少錢？請告訴我，如果用金錢就可以解決，我一定要試一試。」同伴回答說：「老久，這可不是小數目，我看，15 兩黃金總要吧。」「15 兩黃金？」這要儲蓄多久呢？」「作染房工匠，總得 3 年吧。而且還要繫緊腰帶，拚命工作才能勉強存足。你如果願在一夜把那 15 兩用光，大概就沒有問題吧。」同伴半嘲弄地說。可是老久聽完就暗自下定決心，開始省吃儉用，拚命工作。

　　3 年之後，老久果真儲蓄了 15 兩黃金。雖然是在任何人都可以自由召大夫的吉原，但以他染房工匠的身分來說，還是吃不開。因此，他就請他在老闆家進出的醫生當「捧場的人」才如願以償，終於跟高尾大夫相會。臨別地大夫說：「請再光臨。」他竟然回答：「我得再等 3 年才能再來一次。」通常即使不想來，一般應酬也都說：「我會再來。」然而老久卻老實地回答：「再等 3 年才能再來……」大夫覺得奇怪，再三追問後，他才說：「老實說……」。高尾大夫聽了大吃一驚。為了想跟她共度一宵，竟然苦幹了 3 年，被他的誠實、純真感動的她說：「我這裡的年限一滿，就嫁給你。為了表示我會守約，我將儲蓄的 30 兩黃金，交給你代我保管到那時。」於是將 30 兩黃金交給他。

　　當時的大夫都以高尚的地位為傲，對象為諸侯或巨賈為多。然而這位高尾大夫卻被染房工匠老久的誠實所感動。聽說，後來順利滿工的她果真和老久結婚，夫妻二人同心協力，創立了全江戶第一的染房。

　　以上就是有名的「染房高尾」大概經過，不知各位讀後作何感想？也許有人會認為，好不容易那麼辛苦才攢下來的錢在一夜之間就用光，實在「好無聊」。但松下卻覺得他把別人認為無聊的事認真貫徹到底，實在有氣魄、

有膽量。人生有超越得失的一面，對自己所決定的，即使賭注一命也要勇往邁進，又有什麼不可呢？

15 兩黃金對諸侯巨賈或許只是小意思。但對老久來說，他以三年的堅忍，用血汗油垢才儲蓄到寶貴的 15 兩，而為了他所熱衷的，竟把這 15 兩一夜就花光。

另外的啟示是，「能打動人心的，畢竟是誠實」。金錢固然重要，但最能感動人、抓住人心的，還是誠實。抓住高尾大夫心的，也是老久的誠實。

在誠實往往被輕視的世態中，我們對老久所表現的可貴誠實，應該好好再思考一下。

第一篇　人生的韜略

第二章　完善自我

第二篇　用人之指南

第一章　選才納士

每個經營者都渴望得到人才，但人才的尋求，往往是可遇不可求的，除了積極尋求人才的努力之外，還需要點「運氣」。

順天知命

每一種行業、每一家公司的負責人，都希望能網羅到一流的人才，來幫助自己拓展業務。但除了一小部分非常幸運的主管，可以招聘到好部屬之外，大多數都很難如願。所以，大家都感嘆人才難求，並且把失敗的責任，歸咎到沒有很好的人才上。然而，這個理由到底對不對呢？關於這個問題，松下舉織田信長和豐臣秀吉的故事當例子，說明問題的重點。

大家都了解，織田信長是一個不識字的武夫，他能夠掌握到當時日本的政治大權，完全是豐臣秀吉在幕後策劃的功勞。坦白說，織田信長如果沒有得到深謀遠慮的秀吉，只憑他的勇武，爭取天下是不可能的事。但是，上天巧妙地安排，使他們兩個人——一個有力量，一個有智慧——結合在一起，而終於創造了偉大的事業。

可是，豐臣秀吉在沒被織田信長提拔成策士以前，只是一個替人搬運草鞋的勞工，你認為信長真有那種超凡的識人之明，能意識到秀吉有過人的智慧，而予以器重、厚愛嗎？往後，豐臣秀吉一生中對信長忠心耿耿，盡心盡力地籌謀策劃，終於把信長推上霸主的寶座，難道也是秀吉預知信長最後必然成為天下領袖，而甘心臣服效命嗎？其實，這些都不是凡人所能先見的。我想應該是命運的暗中主宰吧，而命運的操縱力，顯然超出了信長和秀吉的個人意志，所以才能安排這樣巧妙地結合，使他們共同創造出驚天動地的事業來。

用這個例子來譬喻商業的經營。固然每個經營者都渴望得到人才，但是人才的尋求，往往是可遇而不可求的。絕不是以經營者強烈愛才、求才的心意就可以辦到的。除了積極尋求人才的努力之外，還需要靠點「運氣」吧。

沒有受過多少正式教育，才華也不怎麼高的，經營事業的過程中，更顯得求才若渴，惜才如命。可是這個心願一再遭受挫折。我們不能單憑外表去

第二篇　用人之指南
第一章　選才納士

　　觀察一個人，往往才識是要經過三五年，甚至於更長的時間去磨練、考驗，才能慢慢地顯露出來。所以，求才千萬不能操之過急。只要我們有判斷人事的能力，其餘的，往往就要靠命運或運氣去安排了。

　　經營者只要把持著這種順天知命的態度，才能心情平和地去面對複雜問題，否則，都將招致無謂的苦惱。古人所謂的「盡人事，聽天命」，大概就是這個道理罷。

　　得到和自己心意相投的人傾囊相助，當然是件值得欣慰的事；相反的，如遇見觀念作風和自己格格不入的人，卻也無需懊惱。一般來說，在十個部屬中，總有兩個非常投緣的；六七個見風轉舵，順從大勢的；當然也難免有一兩個抱著反對態度的。也許有人認為部屬中有持反對意見的，會影響到業務的發展。但在松下看來，這是多慮的。適度地容納不同的觀點，反而能促進工作更順利地進行。

　　照理說，若十個部屬中有六七個能和自己心意相投，共同努力，那是再好不過了，工作也都能順利推動。而實際上這是很難達成的願望。不過話又說回來，除非是自己的經營方式和處事態度太不得體，否則，十個部屬中有六七個人反對自己的情形應該很少，碰到這種情形，就要深切反省自己了。在正常的情況下，能有兩三個人配合工作，業務就能推動。

　　可能人人會認為這種想法太消極，但這些都是松下數十年來用人所得到的經驗。

　　除了這個結論外，松下還覺得，既然用人，就必須充分地信任，然後才能獲得對方全心全意地效忠。人才固然不可強求，獲得人才也得靠運氣，可是，唯有經營者以最誠懇的態度去不斷訪求，細心去「愛才」、「用才」，運氣才會到來。

　　而且只要求職者有誠心、肯苦幹，不一定非用有經驗的人。

　　依經驗來看，挖牆角可以召集到人，可是反過來想，如果你被挖牆角，那你會作何感想？公司幾萬人中，當然有辭去其他公司工作志願到公司裡來的，可是公司一向都不採取主動地挖牆角。

　　第一個原因，被挖牆角的人不一定是優秀的人，當然可信賴的人的確不

少，可是還是有些不可靠的，所以還是不做的好。

那麼如果有人想從事新的工作，那怎麼辦？這個問題也不難，只要這個新人人品好，你就讓他去學習，不必用有經驗的人。「這工作想請你做，你肯做嗎？」「我來試試看。」「但你沒有經驗與技術，你可到有技術的地方去學習。」「到哪裡去學？」如果對方這樣說，你可以代替他尋找學習的地方。正式請求他們教他，當然有時會碰到有些不願教人的，但也許會有人說：「好吧，我願意教他，反正這種工作，我們公司與你們公司距離又那麼遠，我想彼此不會影響的。」如此就能得到一些技術。還是會有這種堂堂正正學習的機會，所謂「有志者事竟成」、「敲門即可為你開」，不必擔心，問題是在於你是否有肯做的決心。

求適用之才

小才大用，大材小用，都不是理想的用人準則，唯有適才專用，才能使人發揮了的極致。

最近人手非常缺乏，很多公司和商店都在煩惱人才難求。

松下於 1918 年開始做生意，所幸那時擁有適合的人才。當時在學校前三名的優秀學生是不會到松下電器公司來的，如果他們來了，松下也會感到困擾，因為沒有合適的工作給他們做。所以到松下店裡來工作的人，大部分都是來自普通小學校，很少是來自高小，甚至想要找中學畢業的人才都需費一番工夫。到了 1927 年，松下才開始網羅專門學校的人才。也就是說，做了 7 年生意，才第一次雇用二名從專校畢業出來的學生。

所以，我雇用的人才都要適合工作的需求，這樣才能把生意做起來。因此，不管哪一家公司或商店，都應尋求適合自己立場、經營狀態的人才。

雇用太優秀的人有時會有些麻煩。當然他們也是勤快的工作者，但大都會抱怨：「這麼無聊的工作，一點樂趣也沒有。」但不這麼自負優秀的人，就會常心存感謝，滿意自己擔任的職務和工作環境而認真工作。所以有時雇用太優秀的人反而不好。

有一句話說：「適合身分」，就是以公司經營政策為前提，雇用身分適合的人。若你也能熱心地去尋求這些人，就不會覺得人才難求了。

世上沒有十分圓滿的事情，只要公司能雇到 70 分的中等人才，說不定反而是公司的福氣，何必一定要去找 100 分的人才呢？

在美國的工廠，作業員的薪資都是採用按時計資的制度，而且也都以女工為多。女工大部分是中年婦人，約在四五十歲左右，而不像日本都是 20 幾歲年輕小女孩，很少有 20 多歲的女工。服裝也是形形色色沒有統一，體格有高有矮，看來手指頭好像也不太靈活，讓人覺得這怎麼會有高效率？

在日本無論是任何工廠裡，年輕女工們都是秩序井然地工作，這是很大的差別。可是當看完美國工廠的最後結論是，無論工作情況如何，效率卻相當高。

為何會有如此的高效率呢？用那些高齡而手指不甚靈活的人來工作，會有這種高效率，查究其原因，乃是美國的管理職人員（領班）把計畫做得非常好。這種計畫幾乎是連盲人都可順利地工作，設備方面也一再為工作方便而改善。但這些管理職員的人員卻很少，就是由少數的佼佼者訂立計畫、改善計畫，因此能夠獲得高效率。

日本公司的共同特點，是管理職位的人員非常多，因此常有三個和尚沒水喝的現象。在美國如果那些佼佼者所設計的東西錯誤了，這個人馬上會被撤換。這點他們是很嚴格地執行的，因此每個人做事都很認真，這樣才能培養更多的佼佼者。

日本對這方面很寬大，很寬大的原因，多半是認為這樣也不致於影響到公司的經營。美國因競爭激烈，過於寬大的公司甚至可導致倒閉，這就是有必要就能逼出東西來的道理。所以那些佼佼者必能在其位，而數量不必多，作業員就是年長了一點也不影響其效率。

求才忌

吸引求職的方法，不是高薪，而是企業所樹立的經營形象。

目前所有中、小企業的煩惱，在於不易吸收人才。甚至於大企業也有同樣的隱憂。就以現在的日本來說，大都缺乏勞動人口。這是政治作風或社會各種問題所導致的。

雖然人口並不少，但社會的風氣，卻使遊手好閒的人多，勞動的人少。如果不探求這根本的原因，那麼羅網人才的問題就無法解決。

因為這不是馬上就能解決的事。首先不妨考慮如何去錄用員工。在日本，國中或高中畢業後就業的人，有好幾萬。但一家商店往往不需要那麼多人。因此，如果有意錄用，就不可能找不到人。

但如想雇用合適的人才，就必須使你的商店有吸引人的魅力。但在今天，高薪已經不是吸引求職者的唯一方法。身為店長，必須能使你所認識的親朋或學校的老師們，會向應屆畢業的學生說：「我覺得那家商店的老闆不錯，你不妨到那裡工作。」或「那家商店的老闆娘待人不錯。……」否則，要找到你所需要的員工，實在很困難。

日本最大的缺點，就是不重視人才，或者無計畫地聘用許多人手。這也就是缺少人才的主要原因之一。這點與政治也有關係，但不便在此申論。以經商而言，唯有培養這種吸引人的魅力，才能逐漸地爭取所需要的人才。

家庭企業的重大危機，就是隨意安插外行的家人擔任重要的工作。

由於經濟界的不景氣，一家和他們公司有生意往來的批發商，遭到空前的危機。當時 200 家的連鎖店，除了少數未波及以外，其餘都出現了經營危機。

因此藉這次機會和批發商的老闆商討，一方面聽取他的要求，另一方面率直地提出我的看法，並且採取種種對策來應急。

這家批發商和他們做生意有　段相當長的時間，社長也是位經驗豐富、熱心勤快的人。儘管如此，經營還是出現了危機，所以他就選探討他的經營方式，找出原因。

「社長，你認為導致貴公司業績不好的原因是什麼？」

「我一直非常努力地工作，但業績始終不理想。我也不清楚為什麼會這樣。」

「據我的看法是因為有一個人妨礙了工作，所以不管你如何努力，工作還是無法推展，如果你再不注意，就很難有再站起來的一天。」

「這我倒沒注意，那人是誰啊？」

「是你做常務董事的兒子。」

經松下這麼一說，他顯得非常吃驚。於是松下又更進一步說明：

「當然，你的兒子並不是有意要這樣做，他也是為了店務而全力以赴，但他一點都不懂經營的訣竅，由他來當常務董事這麼重要的職務，只是妨礙工作罷了。」

「真的是這樣嗎？」他感到十分納悶。

「所以，要使貴公司能重新振作，就必須讓你的兒子到別的地方再去學習3年。」

這位社長顯得非常困惑，但經過考慮後，決定照松下的話去做，讓他的兒子到別的地方去工作，並在這期間重新規劃店務，積極改頭換面。這個兒子出外工作後，經過3年的鍛鍊和學習，再回到公司時，已經是一位非常優秀的商人了。

像這樣讓自己當常務董事的兒子出外謀職，也許有些不合禮數，並且一般人也不太會接受。當初松下的建議完全是為了他的店務，誠心誠意地希望他能有好的業績。而且他也接受了我的看法，並證明我的建議並沒有錯。所以我想只要是正確、誠摯的建議，就算一時覺得有些唐突，也會被人所採納的。

松下曾經勸告過一位當會長的人：「你最不對的地方就是叫你的朋友進你的公司當主管。」他請他的朋友當公司的常務，這一點松下深覺不妙。他應該事先向他的朋友說：「你進來我的公司工作，是否能有當我員工的意識？如果你有這種意識，我是非常歡迎你的。但是如果你只是想來幫忙的話，你最好不要進我的公司，我希望你在公司外幫助我就好了。」如果不事先講明的

話，他就會成為一個在你公司內的「朋友」，而不是你的員工了。一旦產生這種結果，當彼此的意見對立時，因為你要顧慮到朋友之道，所以本來應該嚴正地告訴他的事，就說不成了。甚至於你要想下決斷時，這位常務不同意就是不同意，於是往往會發生不必要的對立。

由於深深感覺這種弊害，所以提出了忠告。對包括自己在內的人事調配，應該要用心考慮才可以。

富有愛心者，優先錄用

計較薪水、職位的人才和默默耕耘進修的庸才，對公司而言，哪個才可貴？

一位剛從學校畢業，進入公司的職員，從就業那天起，他的生命就有了明顯的改變。以前他一直在進修學問，在經濟上不但沒有收入，還要支出，不管是學費或課本文具，都是仰賴父母，自己並沒有獨立的能力。可是當他進入公司以後，他有了一份以自己勞力換來的薪水，至少在生活上可以獨立了。

另外，他的學習和進修並沒有因就業而停止，只是換個形式繼續進行著。除了以過去學習到的能力參與工作外，現在更以公司職員的身分，接受主管和前輩的指導，繼續充實自己。和過去比起來，更應該充滿興奮。至少過去在學校進修，得付錢給學校。現在在公司進修，卻反而可以賺到錢。

有些人自命不凡，以為自己從學校畢業後，已經是「十項全能」了，認為公司是在消耗他們的才智，所以不但要拿錢，並且斤斤計較薪水的高低，絲毫不肯退讓。有這種觀念的人和默默進修的人比起來，對公司而言，何者可貴呢？答案當然非常明顯。一個到公司之後仍肯努力進修的人，不論是公司內的主管，或者公司外的客戶，都會非常賞識他的。

如果公司的員工都懷有上進的心，這個公司一定會做出好的產品，公司也會迅速發展。同時讓顧客感受到「這是一家向上的公司」，人們自然會產生「買這家公司的產品非常可靠」的信任心理。

第二篇　用人之指南
第一章　選才納士

公司本身應具有使員工安定向上的條件，不過公司的力量往往很小，不可能面面俱到都考慮到，所以一定要加強每個員工的向上心，一齊奮發上進，才能進升產品品質和服務水準。相對的，公司所能提供給員工的福利，也自然增加了。

最後是彙集這些有利的條件，爭取社會大眾的支持。一旦社會大眾都願意給予公司鼓勵和支持，並成為這家公司的顧客，這家公司的業務必然就能不斷成長。相對的，也能給予員工成就感並增進工作意願，形成發展的力量。如此良性循環，公司生存發展的條件也會越來越好。

經營者必須承認，公司所擁有的力量，一部分要靠社會支援才能產生。如果忽視這種力量，公司便無法擁有眾多的員工，並長期經營下去。因此一個剛進公司的職員，要學習的事固然很多，但最重要的，還是先要尊重公司的傳統，喜愛自己的工作，並且試著從工作中去貢獻社會。

松下有個朋友，他的兒子大學畢業後進入一家公司服務，對公司的環境非常滿意，便向他父親說：「爸爸，我的公司真的很好，很有前途，所以我每天都會全心全意地工作，請您放心。」

松下的朋友聽了當然也很高興，就對他及其他朋友說：「我兒子服務的公司，一定是一家優良的公司，所以我兒子每天在那裡工作得很有勁。」

「是哪家公司呢？」松下想，聽到的人一定會這樣問，並且連帶地想到：「以後就買那家公司的產品吧。」

因為兒子的工作使雙親深感安慰，雙親再把感受轉告朋友，使大家得到一個深刻的優良形象，最後就影響到這家公司的產品銷售。這種微妙的連鎖促進作用，至今仍令我印象深刻，久久不能忘懷。

這個例子應用在推廣國家的對外關係上，也是一樣的。假如在海外的日本人，都能表現出謙虛有禮、樸素勤奮的美德，不但會使外國人信任日本人，連帶地也會使日本這個國家受到信任，因為人們一旦對日本人產生好感，也會使日本全國在各方面受益。相反的，只是由於一個人的不當行為，也會使國人遭受批評：

戰前，松下有個朋友因為貿易的關係經常出國，有一次他回國時對松下

說，他直到不久前才深切知道日本的好處。

松下問他為什麼有這種感覺，他說人在海外才會深深體會到的。當他在海外看見日本的太陽旗時，會情不自禁地流下眼淚。尤其是在外國的重要通商港口，看見許多出入的商船都懸掛著日本旗幟，更會情緒激動地想念起故鄉，霎時，日本一切的好處都湧現出來了。

確實，我想這種心理不只日本人有，全世界各色人種都是心同此理的。這是人之常情，又包含了祖國之愛，以及對自己國家和社會的敬慕之情。

一個員工對公司難道不該有這種國民對國家的愛和赤忱嗎？我想，員工如果只是把公司當成「混日子的地方」，心裡頭只會盤算自己的利益，勢必會產生種種問題，公司也無從發展了。

社會上每個人的想法都不一樣，但必須有相互禮讓、容忍及彼此幫助的精神，因為只有這些共同的精神，才能創造共同的繁榮發展。

公司對社會若沒有服務的觀念，被人看穿以後，就難逃失敗的命運。與其被人輕視而致失敗，為什麼不建立起為社會服務的經營理念，製造更有價值、更高品質的產品、來完成「改善社會生活」的崇高使命呢？

公司的經營者，一定要把這種態度，讓員工明白了解，公司的經營才會有追循的目標。既然公司生存的條件如此，那麼公司中的員工，也就非持有與公司相同的服務精神不可了，不然公司的使命還是無法達成。

公司的會長、社長、各部門管理階層，以至所有資深職員及新進人員，一定要有為同一目標而共同努力的體認，團結合作，否則這家公司必不可能完成有意義的工作。

人無法單獨生存，所以愛自己，更要愛別人，才能共存共榮。

人是無法單獨生存的。如果能領悟這個道理，就會有同舟共濟的精神，謀求和別人的共存共榮。重視自己，更要重視他人；愛自己，更要愛他人。

國家也是一樣。今日世界上，自己一個國家是無法單獨生存的；領悟了這個道理，就會去謀求與他國共存共榮，這才是真正的愛心。熱愛自己的國家，也關心他人的國家。熱愛自己、更熱愛工作，熱愛公司這樣的人當然要優先錄用。

第二章 造人先於選物

關於人的素養，縱使賢與愚有所差別，也不過是一線之隔而已。實際上不管怎麼聰明的人，總不會超越神佛的智慧，怎麼樣魯鈍的人也不會比犬貓差勁，重要的只要是人，都具有一經磨練，便會發出光亮的素養，因此人的智慧，差別極微。

誇耀自己的賢明，蔑視別人的愚笨，真也是「五十步笑百步」的行為，其實是沒有什麼值得誇耀和蔑視，各色各樣的人，同在人類僅可掌握有限智慧中，過著各種生活，當然難有十全十美，大都賢中帶愚，愚中撫賢，如人之手指各有長短。

我們人類，都是有如鑽石的原石一樣，是要經過琢磨才會發出光亮，而且由於研磨方法，與切割技術的不同，發出的燦爛光彩也有所不同。人類既和鑽石原石一樣，無論賢與愚，巧與拙，經過磨練都會閃爍發光，這就是人與鑽石原石才有的優異素養。因此育才造人的基本要件，首先就要對於「人」的本質，有充分及完全的了解，然後考慮研究用什麼方法，使其發揮各種優異的素養，加以施工雕琢。否則即使到處是璞玉，時時都有可造的人才，也難能使之成器，稱貴人間。

用心培養優秀人才

因而我們要優秀人才很難「撿到」，也很難「控制」，最好自己用心去培養。

水戶光國在幼年時，所住的諸侯官邸附近，有一個刑場，有一天，在該處斬決一個罪犯，頭顱被砍下以後，高掛在樹上示眾。當天晚上，光國的父親命令他說：「你去刑場把那個罪犯的頭顱拿回來。」

大家聽到光國的父親居然下這道命令，都免不了為他擔憂。因為刑場四周的樹木長得很茂盛，十分陰森。可是光國卻毫不畏懼，馬上回答說：「知道了，我這就去」他匆匆地趕到刑場，在黑夜裡摸索，終於找到了人頭，但因它太重，所以只好把它拖著回家。當他父親看到這種情形，覺得自己的兒子有這麼大的膽量，十分高興。

　　以一位父親用這種方法來試探兒子的膽量，似乎不太合乎情理，但古時的諸侯，就是經常用這種方法來訓練自己的繼承人。

　　每一個人都要經過訓練，才能成為優秀的人才，譬如在運動場上馳騁的健將們，一個個大顯身手，但他們之所以有驚人的體能和技術，並不是憑空得來的，而是嚴格訓練的成果。不只在生理上，甚至在精神方面也要接受嚴格的訓練。又如，禪宗戒律非常嚴格，一般人都吃不消。可是修行很好的和尚，卻一點也不以為苦，仍然能夠處之泰然。

　　所以，只有在人心甘情願接受嚴格訓練時，才能達到理想與目標。相反的，若一個人有再好的天賦資質，但不肯接受訓練，那麼他的素養也就將無從發揮。

　　所以，一個領導者想使自己的部下發揮與生俱來的良好素養，就必須實施嚴格地訓練。但還要留意訓練的方法，如果把古時候的訓練方法，運用到現在，恐怕就會遭到反效果。因此，考慮到方法的適用，也是領導者的重大責任。

　　至於說，公司裡沒有可以擔任教育適當的人，這又是一種不是理由的推諉說法，須知經營者或管理者，利用日常工作的教導、磨練這就是教育。並不是要特別開設訓練班，聘請講師來講授才算教育，縱然大型公司沒有專職的教育訓練人員，定期或不定期，經常召集員工受訓，開辦研修會施教，但基本主體教育，仍然是在工作現場，由主管透過工作施教。研修會等不過是輔助性質的教育措施而已，中小企業的經營範圍，都在主管者的視野之內，任何舉動可以直達基層，所以員工在工作上的勤惰，接待客戶的機竅，甚至接聽電話的態度，在都可以實地加以指導，這種活生生的教育，是何等的有用及實在，並非沒有舉辦研修會，沒有創設訓練班，就不是在實施教育。

　　具有政治學識的人，並不一定能勝任愉快實際於政治工作。懂得修理管理學的人，也非定能負起實際經營的責任。所以要適合擔任該項工作知識，及有該項工作實務經驗，才可以委以經營重任。學校教育只是研究某一學科，再將所學傳授給學生就不虧職守，教育的目的也就達成。但是學生則需要具有該學科實地應用的能力，也就有如醫師須具備臨床經驗，診察治療才

能得心應手。企業教育就是要教育員工,學習醫師那種臨床修持。

松下電器的人事基本方針

- ◆ **徹底灌輸松下電器的經營基本方針**:此項方針在前文內曾反覆述介,不再重複。

- ◆ **必須了解良好的經營,其基本在於「人」**:一切良好的經營首在於人,為本書主旨經一再強調,敬請體會。

- ◆ **辦理人事業務,必須本於誠意與愛心**:一切有關人事業務之籌辦與施行,必須秉持一貫的誠意和愛心,因為有誠可服人,有愛可感人,這是很重要的,討好性的施小惠,應付式的敷衍,不過是博取一時的歡心,都不是真的誠意和愛心。為被教導的人之將來著想,該嚴即嚴,該料正即料正,對其不理解的事物予以充分說明,使之徹底領悟,欣然接受,經常以諄諄善誘方法,促其進步向上,這才是真摯的誠意和愛心。

- ◆ **不以權力役使部下,應以尊重使人信服**:居於領袖名位的人,很容易以職務及權力來面對部下,然而以權力役使他人,很難使人心悅誠服,不能得到真實的合作與幫助。反而因陽奉陰違在工作推行上產生阻力,所以在職責上互相體認,互相敬重,互相信賴,才是促使部下推展行動的原動力。

- ◆ **培養人才,必須對其有所要求**:有名俗語「必要是發明之母」。有需求之必要,才會去發明滿足所需求的東西。所以居於領導地位的人,不忘經常對部下要求目標。讓各人在其工作職位上,積極專心去研究,產製符合主管要求目標的產品,很多物品都經由此途徑而發明,主管人員應懂得啟發。

- ◆ **授與許可權,使其負起責任**:各公司負責人應該信任部下,讓其在工作職位上,得到適當的許可權,對自己的工作產生信心,也相對的負起應有的責任,因為獲得授權的人,必然會感激主管的信任,為圖報知遇之恩,對於所承擔的工作必能全力以赴,但仍應在大原則上加以指導,細

節問題則應該避免干擾，若不如此會扼殺其積極獨創的努力，難以發揮個性，甚至產生依賴心。但是仍然要注意的是：雖已授與許可權與責任於部下，目的仍在鼓勵其主動作業。倘若遇有可能不切合公司重要目標，雖在職權範圍內主管可以裁處或制止，最好仍要其報請核定時再予裁處，這樣才可以表示主管的謙虛與穩重。

◆ **良好的經營，在於促使全體員工團結一致，戮力以赴**：此種團隊精神的獲得，為良好經營所必須具備，理由載明於有關篇章，不再重複。主管教導培育部下，應把持的態度和私心，已概如上述，根據松下先生為主管所下定義是：「所謂主管者理論上，在公司是社長，在一般行號是店長，在事業部就是部長，在課就是課長，以下類推。也即是該工作部門的負責人。」

首選人才的意識

名刀是由名匠鍛鍊而成的。同樣的，人才的培養，也要經過千錘百鍊，要先從人的意識領域培養。

今天，在松下電器的各家工廠，隨處可見這樣的看板：「造物之前，首先造就人才。」

1956 年，松下電器辦了一期人事主管研討會，與會者是各部門的主要負責人。松下蒞臨講話，並直接發問：「你在拜訪客戶時，如對方問你，松下電器是製造什麼產品的公司，你們如何回答？」

業務部的人事課長 A 君，恭恭敬敬的回答：「我會告訴他，松下電器是製造電器產品的。」「錯了，像你這樣回答是不負責任的！你們整天都在想什麼？」松下的訓斥響徹整個會場。難道真的錯了嗎？難道松下電器公司不是生產電器產品的嗎？與會者都莫名其妙、遭訓斥的人事課長更是搞不懂哪裡說錯了。

松下臉色很難看，拍著桌子怒氣沖沖的說：「你們這些人都在人事部門任職，難道還不懂得培育人才是你們人事主管最主要的職責嗎？如果有人問松

下電器是製造什麼的，你們就要回答說松下電器是培育人才的公司，並且兼做電器產品。你們都嚴重瀆職！經營的基礎是人，對於這一點，我不知講過了多少次。在企業經營上，資金、生產、技術、銷售等固然重要，但人卻是這些東西的主宰，歸根結柢人是最重要的。如果不從培育人才開始，那松下電器還有什麼希望？」

像這樣的問題，松下還經常提問剛進來的員工，如果回答不是「造人先於造物」，松下便把該員工的主管召來，當眾罵個狗血淋頭。

松下 1926 年就提出了這個觀點，到現在已經 30 多年了。可見，松下的「造人先於造物」的思想還沒完全滲透到員工當中，這是松下發火的原因。這時，松下有了想法。要把，「造人先於造物」的經營方針明確地提出來，一直貫徹不止。

松下的心血沒有白費，他「造人先於造物」的方針讓他成為世界經營之神，讓松下電器享譽全球。

松下認為事業是人為的，而人才的培育更是當務之急。也就是如果不培育人才，就不可能有成功的事業。製造電氣器材是件重大的工作，所以松下平時就有先培育人才這種意識，無意間這種觀念脫口而出，於是這種觀念一時蔚然成風，大家都認為「松下電器是培育人才的公司」。雖然當時公司在技術、財力、信用各方面都很薄弱，可是這種「造就人才」的風氣，竟成為推動公司發展的原動力。

松下公司財力不足，技術水準不夠，沒有基業，也無任何信用。但在以前的人才方面，卻有它獨到的一面，雖然是一個小員工，也能發揮才能。當時的顧客就有「別家公司輸松下電器公司，是輸在人才運用」的這種說法。

由於當時有這種眾志成城的觀念，進而成為推動人才成長的極大力量，終於締造了今天的松下電器公司。

不過年來年往，由於戰爭、事業的起落，隨著時勢的轉化而有所改變，這也是時勢造成的在所難免的事。但是，不論如何，這種培養人才的強烈意願，松下相信是正確的。因為它既能貢獻國家，促進社會的安定與發展，更可增進從業員工的福利。

及早培養人才

　　一般的做法是公司成立，才登報找人或重金挖牆角，而有家旅館卻在開業前兩年，就自己訓練了一批員工。

　　服務，對商業的重要性，已強調過好幾次。前幾天有位社長曾表示：「我們旅館，在開業以前，已做好周詳的準備工作，不管是在建築設備或用具上，都下了一番功夫。但對員工的培育，才是我們的工作重點。這些人都早在 2 年前，就開始接受訓練。所以開業以後，並沒有太大的差錯，不過我還是有點擔心。

　　聽了這番話，內心會感到非常的佩服。的確，若只有華麗的設備，而缺乏熱忱服務的旅館，是不會讓顧客滿意的。唯有周到的服務，才會讓顧客感到舒適而再度光臨。

　　因此，對於員工的及早培養，以達到服務顧客的目的，是每家公司應有的常識。若沒有做到這點，就應反省自己的經營政策。

　　最近，「服務」成為經營企業的重點。不管哪一行業，都在原有的制度上，加強服務訓練，這絕對是必要的，但如果服務人員的訓練不夠，不僅不能建立良好的服務體制，反而會有事倍功半的情形發生。

　　讓顧客感到滿意而高興的服務，就是要擔當服務工作的人，能夠代表公司說適切的話，做適切的處理。因此，對這些人員的培養，是要花下心血的資本的。也可說是經營企業時，首先要考慮的因素。

　　「事業的成敗，取決於人」這句話的確不錯，任何事業，只有在獲得適當的人才後，才有發展。即使擁有光榮歷史和傳統的企業，如果不能得到真正了解它傳統的人，也將逐漸沒落。經營的組織或方法當然很重要，但是推動的仍然在於人，不管組織如何的完備，引進的方法如何的新穎，如果沒有合適的人才，企業不僅不會有成果，也無法達成它對社會的使命。企業能否對社會有貢獻，是否能夠繼續成長和繁榮，可以說完全取決於人。因此，經營事業時，首先必須考慮的，就是如何及早培養人才。

培養人才的方法

　　經營者如何培養人才呢？當然有各種具體的方法，但是最重要的是，確立「這個企業的目的以及如何來經營」這些基本的原則，也就是必須有正確的經營理念和使命感。公司的經營理念和方針如果明確，經營者和管理監督者，就能基於這種理念和方針，達到有效率的主管；員工也能遵照這種理念和方針，判斷是非，人才自然容易培養。如果沒有經營理念和方針，領導者的政策缺乏一貫性，易於被情勢或感情左右，當然不容易培養出真正的人才，因此，經營者若想得到人才，先決條件，就是具有確實的使命感和經營理念。

　　另外，經營者還應該經常向員工解釋他的經營理念與目標，使他們能夠徹底了解。經營理念如果只是紙上文章，將是毫無價值的，必須使它存在於每位員工心中，融為一體，才會產生效果。因此利用各種機會，重複向他們說明，是有必要的。

　　身為經營者，不僅要灌輸經營理念給員工，還必須讓員工有實際了解經營的機會。換句話說，經營者必須以身作則，藉日常作業，逐漸啟發員工對經營理念的了解。

　　經營者不能憑自己的愛惡糾正或責備人。因為，企業既然是以貢獻社會為使命的公器，所從事的都是公益事業而不是私事。唯有從公益的立場來看，違背社會大眾利益的事，才能加以譴責。如果經營者能從大眾利益著眼，不因個人的感情因素，而隨意糾正和指責，被責備的人才能夠覺悟和成長。反之，放縱員工，既不糾正其錯誤，也不加以責備，似乎對員工很好，而且，也替經營者省了很多事。但是，這麼一來，會滋長得過且過的苟安心理，使員工不自求成長，所以，絕對無法培養出人才。

　　另外還有一件很重要的是：經營者應該充分授權給員工，使其能夠在自己的責任和許可權內，主動、進取，勇於負責。培養人才的目的，是造就經營管理的人才，所以不要只知發號施令，這樣只能培養一些按照吩咐工作的人，無法激發員工的管理能力。必須毅然決然地授權給他，這樣的話，他才

會自己多下功夫想辦法，盡量發揮他的才能，而他的才幹和管理能力，自然會隨著成長。松下公司的各個部門，就是以這種用人觀念為基礎來建立人事制度的，因此培養出不少傑出的人才。這實在是松下切身的經驗。不僅各部門是一個獨立的經營體，對於每件工作，他也都抱著這種想法，並且向他們灌輸這種想法，這就是松下的經營方法。

當然，即使已盡量將工作授權他們，還是必須嚴格要求的，如果不這樣，而讓各部門自行其是，公司將很鬆散。必須先定下公司的整體性目標，然後再將許可權交給各部門。談到這裡，再度證明公司的經營理念極為重要。遵照公司的經營理念，每個人自主地去工作，才能獲得進展。

另外在培養人才方面，還有一點必須特別注意：光是教人把工作做好和培養職業技能，是不夠的。這些固然重要，也是公司人才不可缺的，但是，身為社會的一分子，他還必須是一個堂堂正正的人，能夠勝任工作，卻缺乏優良品德的人，仍然不是稱職的現代生產從業人員。員工在公司、社會裡，必須彼此能攜手合作，特別是今天許多企業已國際化，這一點更顯得重要。

當然，培養和教育一個人的學識、品德，本來是家庭和學校的責任，但如今企業所擔任的角色，也非常重要，而且有越來越重要的趨向。總之，企業在培養人才時，不僅要培養一個優秀的職業工作者，也要使他成為堂堂正正的社會一分子。

提升向心力

讓員工了解公司的創業動機、傳統、使命和目標，如此才能培養員工的向心力。

松下是以個人企業的形態開創了事業，所以，起初像採購工作，也全部

自己包辦了。因此，常需要接觸許多公司行號的推銷員。

這時候，決定採購與否的條件，除了貨品本身品質的好壞、價錢的高低之外，推銷員對自己公司的批評如何、對自家公司喜愛的程度怎麼樣，也是一個決定的因素。

例如：「我們公司啊，問題多著。」這般宣揚自己公司缺點的，即使是極有名氣的公司，或者產品還不錯，也實在提不起精神來購買。反過來講，儘管是小學徒，只要熱誠推價：「我們公司上下都如何如何認真……」就算貨品未必十全十美，也多半會有「試它一次看看」的心情決定買了。

或許這是人之常情，但對經營有這樣的想法，大概也錯不到哪裡去。員工若向外宣揚自家公司優點的，一定是有發展潛力的公司。反之，到處向外人批評公司缺點的，當屬沒有什麼前途的公司了。

至於員工之所以會向外述說公司的壞處，多半是公司對員工的訓育不夠。其中也許有為了發洩私人不滿而數落公司的人；但主要原因，是經營者沒有讓員工了解公司的優點，缺少讓他們以當這家公司員工為榮的溝通。

任何公司都不可能十全十美，多少會有些缺點。重要的是身為公司的員工，發現公司有缺點時，不向外宣揚，而是向內部反應，促進改善。要每一個員工都能做到這一點，經營者必須先把公司的主旨讓大家明白。

譬如：公司的創業動機，公司的歷史、傳統與使命，如何貢獻社會？有什麼成果？……經營者本身先確切認清之後，隨時教育，教導員工。

即使是規模很小的商店，只要能把上述事項貫徹到每一個員工內心，他們不但不會在外面批評自己公司的缺點，反而比老闆更會吹噓優點，而且業績都蒸蒸日上。

忌「紙上談兵」

缺乏實際經驗，參加再多的研習，也只是紙上談兵而已。

沒有果斷的決心為基礎，即使研究出許多經營方法，也只等於是畫餅充飢而已。

如果一位游泳選手，為了學習游泳的高度技巧，光聽了三年的課，難道就學會游泳了嗎？不一定。聽了三年奧林匹克選手訓練營的教練所開的課程，一下水便沉入水中的人，必不在少數。要游泳還是要先泡在水裡，起碼要喝一兩口水，體會過那種痛苦的過程，所用的講義才能派上用場。如果沒有這種實地訓練，三年游泳課程與講義，都不會發生作用的。

如果沒有經營的經驗而參加研究會，那就與那些聽三年名教練的講課，而不會游泳的人一樣。游泳實際上應展開與水的搏鬥，才能學會的。會游了以後，才能體會講義的奧妙，而後才能成為一位游泳的名將。

研究講義及實際的工作，應該要如何結合，這也是個重要問題。對於日常的工作應全神貫注，甚至於有為其犧牲性命的覺悟，否則單單來聽講義，也是沒有用的。

對日常工作能付出全部心力，而後互相交換意見，這樣才能真正吸收成為自己的肌肉、自己的血液。

做人的尊嚴

培育人才，不只包括知識的灌輸和技藝的傳授，同時，也要教導部屬了解做人的尊嚴。

吉田松陰在 23 歲那年，因為偷渡而被捕入獄。那時，監獄裡共有十一個犯人，松陰很快就和大家打成一片，並把監獄當作是互相教育的場所。他非常得意地為同囚的犯人講授四書五經，同時也要求擅長詩歌的、書法的，也都出來教導大家，出現了活潑的朝氣，也使犯人產生了信心。這件事後來被諸侯知道了，就把他們都釋放了。

這些人被關在監牢裡，不但沒有喪失志氣，反而找機會教育自己，這絕不是平常能見到的情形。而松陰就是不願看到夥伴們垂頭喪氣、毫無朝氣的表情，所以希望能貢獻一己之力，使他們再度認清做人的價值和尊嚴。他的這種行為，深獲世人的讚賞。

松陰在出獄之後，創辦了一所私塾，在明治維新時培育許多有志之士，

創下了**轟轟**烈烈的事業。從這一點看來，松下的成功，絕不是偶然的。

在他的私塾裡，並不是只培育如高杉晉作那樣的名門子弟，也有伊藤博文和山縣有明這種低階級的武士。在封建時代，這種武士是不被重視的，可是後來他們都能成為國家的高級官員，享有榮華富貴的生活。固然是他們的素養好，但最主要的還是松陰的教育方法得當，才使他們的潛力得以發揮。

松陰在監獄時，作過一首詩：「在做一件事之前，雖然可以預知其失敗的後果，但仍勉強去做，這是人類高尚精神的表現。」由於他的愛心，不論是對犯人，或身分低微的人，他都分別指導他們，使他們能覺悟到做人的價值。

領導者培育人才，教育他們了解做人的尊嚴，應該優先於知識的灌輸或其他技藝的傳授，這點是領導者必須銘記在心的。

精神和常識的教育

對員工精神和常識上的教育，是身為經營者的責任。

為了迎接新年，工廠在早晨就開始打掃整理環境，到了十一點左右，松下到現場觀察，發現成績很好，可是員工廁所卻沒有打掃，松下注意很久，還是沒人去做。M主任不指示員工打掃、U姓的老職員也不動聲色。只看見他們兩人待在檢查室，氣氛有些不自然，M主任與U姓的老職員好像有些不愉快。因為當時勞動工會頗為激烈，這種主管與工會會員間的問題，影響到工廠裡來了。

廁所是每位員工經常使用的地方，每人都有份，是該安排這個人打掃？還是命令那個人負責？不論如何，廁所是非打掃不可的，如果不打掃清潔，怎樣迎接新年呢？於是他心想叫他們兩人打掃吧，不過他們可能會有抱怨，不如自己動手。一下了決定，他就拿起掃把準備去打掃，這時有個員工看不過去，就說：「我來打掃好了。」然後提了一桶水來，但是其餘的員工，卻都茫然地站著。這時松下突然覺得這樣子不行，因為對員工施予精神上、常識上的教導，是他的責任。一個擁有70名員工的工廠負責人，在眾多員工面前，打掃員工廁所，這成什麼體統？而且員工只茫然地站著，不加以援助，

或者他們是明白事理，卻又不好意思在眾人面前幫忙打掃。那麼我雇用這批人有什麼用？

應該要好好地教導他們才是，縱使遭到全體的反對，也在所不惜。在那種情緒對立逐漸尖銳的時候，松下盡量避免講些傷感情的話，但是連這種起碼的工作都不能支配，那這個人還有什麼可取之處？只因為他不願意做，就不聞不問，像這樣狹隘的心胸，能成就什麼大事？這就是缺乏教育指導的結果。這時松下才深深感覺到，一切的責任，都該由他自己肩負，所以以後無論事情大小，都要加強教育指導。

無意間，由打掃廁所得到的經驗，使他獲益良多。

正確的價值判斷

不僅要培養員工的專業知識，也要訓練他們做正確的價值判斷。

如果一家商店、公司想發展業務，進而貢獻社會，就需努力地訓練、培養員工。唯有進入這種有遠見的公司服務，年輕的員工才會有光明的前途。而公司也應該本著這種觀念，不斷地培養員工商業上應有常識。

但是首先必須站在商人或身為社會一分子的立場，正確地做價值判斷。因此，公司應該培養能在各方面作正確判斷的人才。

如果能適當地判斷，即能正確地認識自己。不能認識自己的人，當然無法判斷事物的價值。這樣的一群人，等於是烏合之眾。相反的，如果在任何方面、任何時間或地點，都能相當正確地判斷事物，那麼任何事都能順利地推行，自然容易促進國家社會的繁榮及和平。

不過，培養員工作正確地判斷，不是件簡單的事。全知全能的神，能具備先知先覺的見解。但凡人卻無法以無誤的見解，來判斷事物真正的價值。

但是只要隨時養成正確判斷價值的意識，就會有準確地判斷。這樣，做事時就能盡量減少失敗。所以，在平常應該多參考別人的意見，和自己的想法做比較，而想出更好的方式，做最妥善的決定。所以，我們應該不斷地努力，相互討論、研究、如何才是正確的價值判斷，至少也要能提升員工判斷

事物的能力。這樣不僅提升個人的工作層次，更會會合整個國家社會的力量。

細心

　　細心，似乎是無足掛齒的末節，其實是非常緊要的關鍵，足以影響大局。

　　雖然我們都了解，體貼細心是一件重要的事，但是確切地實行，卻非朝夕間的訓練所能磨練出來的。

　　以前，松下有事打電話給某一個公司，對方接電話的人說：「董事長到遠地出差，兩三天內不會回來。」他以為對方不在，無濟於事，正想掛上電話，但對方接電話的人又說：「請等一下，您如果有急事的話，我想辦法和他聯絡。」他問：「你能和我聯絡嗎？」她說：「是的。」他說：「那麼請轉告他，今天晚上打電話給我。」

　　結果，我要找的人，的確在晚上打電話來，所以能夠盡早地把事情解決掉。如果在他打電話時，對方的人不說「我跟他聯絡一下」的話，是不能那麼快地把事情處理掉的。

　　以上所說的，看起來是雞毛蒜皮的小事，但是松下認為這個公司的人員，能夠迅速處理這件事是頗不簡單的。他相信他們的董事長，對於日常與人相處和電話接答的細節，有著嚴厲的要求，所以盡職的人員也能遵照他的訓示，做了臨機應變的措施。在日新月異的現代世界上，如果人們犯了一天的差錯，可能招致不可挽回的局面，所以這種體貼而用心的表現，看起來似乎是不足以掛齒的末節，其實是非常緊要的關鍵。

　　松下認為照應了這種細節，會給周圍的人一種安心感，由此產生對你的信賴。「那個人工作能力強，而且是能信賴的人。」這種評價，雖然也基於頭腦靈活、手腕不錯的優點上，但是更重要的，是從重視細節養成的信賴。

　　會處理困難的事，但對細節卻處理不當，絕不是好事。我認為此一件平凡事的處理，來得更重要。平時能把細節處埋妥當，這種表現會帶來別人對你的信賴感，以這種信賴感做為根基，然後發揮你的經驗和才能，是推動業務的好辦法。

　　這不限於新進人員。松下所信賴的部門負責人，都會向松下報告細節的，不管是好消息或是壞消息。如果業務順利的話，每一個部門的負責人實在不必一一報告發生過的事，但他們知道我的心意，就以肝膽相照的關係，不管好消息或是壞消息，都一一向松下報告的。

　　所以不要忽略細節，不要馬馬虎虎地處理日常的事，以便取得人家的信賴，成為公司不可缺少的人。這種事情說來容易，實施起來不簡單。為了要隨時能有效地聯絡，平常的員工訓練是最為重要的。

　　培育人才，應抱持著以國家社會利益為前提的廣義觀點，才能培育出真正優秀適合企業界及社會的人選。

培養好國民

　　企業除了爭取利潤、培訓員工的知識和工作效率外，還應重視禮義與應對，因為企業學扃負替社會培養好國民的責任。

　　松下曾經說過培養人才的重要性：「任何企業如果無法有效地負起替社會培育人才的使命，本身的業務也無法獲得推展。」

　　「培育人才」這四個字，到底怎麼解釋好呢？有人把它定義得很狹窄，認為它只不過是為公司培養一些會做事，需求又少的人員。雖然這個想法是許多人普遍的觀念，嚴格地看，也不能說錯。但正如我在許多場合一再表明的，我認為企業是社會大眾的公器，企業必須透過業務來造福社會。從這個角度來看，企業培育人才，也就是間接地替社會造就有用的人。我想唯有從「替社會培育人才」的觀點上來說，才最能表現「企業是社會公器」的使命價值。由此可知，企業確實是培育人才的場所，而人才的培育，也正是貢獻國家社會的重要任務。

　　這個觀念應該是很清楚的。因為任何企業的員工，必然也是社會的一分子，所以，一個公司的模範員工，必須是優秀的好公民。在公司內與同事合作無間的人，在鄉里必然能和親朋鄰里和睦相處；能為公司的目標奮鬥的人，也一定會為社會的繁榮而努力，在公共場所的表現會完全合乎公德要

求；在選舉時，關心政治，憑自己智慧的眼光，投下神聖的一票，盡到應盡的義務。這些都是好公民的風範，也是企業能培養出好員工好公民風範的例子。我們怎能忽略呢？

所以，有些企業以為培育人才，是塑造任勞任怨，多做少求的機器人，這種眼光是很粗淺的。因為，培訓的目標，如果只是效率和知識，那麼誰也不敢保證他們能為社會中的出色人才，說不定還濫用知識能力，危害社會呢。所以培育人才，應抱持著以國家社會利益為前提的廣義觀點，才能培育出真正優秀，適合企業界及社會的人選。

想培育一個真正優秀，受社會歡迎的人才，除了重視專業的知識、工作效率以外，尤其要注意品德修養，品德的隱治也到了相當程度。投身企業以後，應以這些為基礎，配合各種進修和訓練，才可成為一個十全十美的好公民。但是，這個責任很難由企業單獨承擔，還是必須以家庭教育和學校教育為基礎，才能獲得顯著的成效。就如同一些經營者，除了注意所經營的商店外，更要注重店員的修養。就像松下年輕時，在腳踏車店當學徒，老闆一再嚴格要求他的禮儀和應對態度，那是他當店員的基本條件。松下一直認為那段學徒生活所受的訓練，實在是一段難忘而影響深遠的社會教育。

目前學校教育普及，國民教育的年限也延長了。所以有修理企業認為品德教育和社會教育的責任，應由學校擔負。再加上工商技術的快速發展，更促使經營者把人才訓練的重點，轉移到專業技術訓練上來，這雖然不無道理，但松下並不認為是好現象。

最近企業界遭受許多意見與批評。雖然有的是個人的偏見，有的是惡意批評，但有些也確實提示了當前企業經營者，在經營及人才培育方面的缺失。松下相信有批評才會有進步，企業界在面對輿論的批評時，應該深切地自我反省。遭受這麼多評論的主因，還是日本企業界不重視人才品德的修養，才使企業的形象一直無法端正。

所以我們應該以批評為警示，並且牢記培育人才的重要性與方法，努力為社會造就更優秀、更傑出的人才。不要眼光短淺地認為賺錢才是企業的目的，要能貢獻國家社會，而負起更積極的意義。

以人性為管教的模式

　　到了畢業的季節，常常發生畢業學生暴力事件。前些日子報載，一些平日被老師責罵的學生，為了發洩心中憤怒，臨畢業之際，搗毀了剛落成的體育館玻璃窗以及播音設備；又有中學生為了一點小事，同班同學大打出手，很多人受了傷；或有的學生在畢業典禮的當天，把老師叫出來痛打一頓。

　　當然這種不良學生的案子，所占的比例是很小的，可是這種事似有年年增加之勢，現在社會上看到這種報導也不以為奇了。而事實上，這種報導對實際發現的案件數來說，可能只是冰山的一角。這種現狀能不令人憂慮嗎？

　　如何「造就人才」常常被人討論，這是很好的現象。國家的繁榮，國民的幸福，甚至世界的和平，其基礎在於造就人才，培養正直的人。

　　美中不足的是，雖然強調「人才的造就」，但卻沒有一個被一般國民所了解且接受的標準，所以只能依各人或各團體各自的想法，零零落落地造就人才。不僅是人才造就問題，以全日本各種事情的運作來看，也沒有明確的目標。過去有個「富國強兵」的國策，一切政治、經濟、教育、都依此目標積極推行。現在松下並不是要談「富國強兵」是否妥當的問題，而只是說當時全國上下，有一個明顯方向的事實。目前就是因為沒有所謂國策的明顯方針，所以無論政治、經濟或教育等方面，都不能有統一而有效的施政成果。

　　同樣的，如果沒有明確的造就人才方針，不管如何大聲疾呼要造就人才，也不能產生具體的成果，所以應該訂定明確的目標，依此正確地引導青年為學做人，而給與適當的磨練。

　　前面提到教養管教孩子，在這裡更強調為造就人才，該如何管教孩子呢？尊敬老師、聽從父母、愛社會國家，這是古往今來，無論哪一個國家都這樣做的，是做人共通的基本道理。所以此處所談的人的教養，是沒有新舊、不分國別的，是人類共通的生活態度。

　　對人性加以調教，猶如豎立支持幼苗的支架，由支架的幫助，樹苗才能順著一定的方向成長；人也必須接受正確的管教接受前輩們教誨、訓示，始可成為社會上有用的人。樹木在幼苗期間，是必定要有支架的，同時這個支

架一定要綁緊到某種程度才可以。

在美國或歐洲，對孩子的管教都是很嚴的，如果小孩踏入了禁止入內的草坪，不要說父母，就是路過的人發現，也會嚴加注意，訓斥一番。他們已養成一種毅然的心胸，就是做為一個成人，應該把孩子正確的管教好。

平常當孩子們跌倒時，大人也不去扶他起來，無論孩子如何哭叫，都只靜靜地等他自己爬起來。孩子違反了父母的交代，或做了壞事，絕不輕易放過，必要徹底地追究，打他屁股，讓他明白他的作為是錯的。

在這樣嚴厲的管教中，孩子們自然養成自主獨立的精神，並能辨別自己的權利與社會的責任。成人以後，更讓他自己判斷，自己去行動，由於已養成了身為一個社會的行動能力，讓他自由就沒有問題了。為了能夠如此，在他們國家，這種管教的模式已經成為傳統或習慣了，所以孩子們無論在家庭、學校、社會，都處身在這種人性管教的教育環境裡，這是造就人才的第一先決條件。

所以，日本首先要確立人性管教的模式，再考慮能否充分實踐的方法；也就是孩子該如何、學生該如何等等，具體的理想標準應先確立起來，才能從管教談到「造就人才」，這個標準就是「學生守則」。

日本在西元 1873 年，由文部省訂立了「小學生的心得」。這一年是學制發布的第二年，當時就已制定「學生心得」，裡面規定了到校以前該做的事、在教室裡的學習態度以及日常生活的注意事項，共分為十七條，訂得很詳細。雖然這是 90 年前的事，至今社會環境變遷了，生活習慣也改變了，專案中有不適用於今日社會的，不過我想其精神至今還是非常受用的。

這「小學生的心得」，以後被各縣市政府改訂成「學生心得」，但現已銷聲匿跡，實在可惜。

重複一次地說，把「學生心得」這種具體的管教模式，明確地訂為一國之教育方針，在日本是很重要的。這樣在學校、在家庭，都可統一地基於這個模式，做有效果的管教工作。雖有明確方針，如果管教不嚴，也是沒有用的。人性管教模式訂定以後，有效地利用賞罰的方法，加以嚴厲的管教，孩子們才會發育成長為一個有用的社會人。

照這樣去做，畢業時的暴力事件現象，也會減到最低程度。所以重新提到管教問題，是看到了最近青少年的情形，深深感到管教的必要性，同時想到形成今天的情形，責任完全在於家長、教育家及我們全體成人們。

民主主義不是自由放任主義，而是透過兒童時期的嚴格管教，才能體會出「自由、平等、博愛」的精神，因此人性管教的實踐，是「造就人才」的基礎。

希望大家再度以自信、勇氣、責任，積極地為教養孩子們培養人才而努力。

活用知識

知識就像弁慶的兵器，要碰到人才，方能發揮它的威力。因此培養人才，比傳授知識重要。松下的故鄉在和歌山縣，和歌山縣出了一個名人叫弁慶。原本他並不知道弁慶是和歌山縣的人，去年碰到和歌山市市長，他問：「松下先生，你知道弁慶是哪裡人嗎？」

「我不知道，是不是京都人？」「不是的，他是和歌山縣的人。」

這時松下才知道他原來是和歌山縣熊野市別當家的人，弁慶這個人在歷史上，算得上是一個偉大的人物。

據說古時候，比睿山與江州怕三井寺雙方感情不睦，雖然都是宗教團體，可是仍會有吵架的事情。那時候弁慶將比睿山的銅鐘拖到三井寺，被人喻為大力士。當然故事是真是假，沒有親眼目睹，不得而知，不過聽說鐘邊磨損得很屬害，是由於拖地而走時與路面磨擦的痕跡，這個鐘他倒是看過。

在那鐘的旁邊，放著弁慶的七種兵器，掃刀、大刀、鋸子……各式各樣的兵器共七種。單單其中掃刀一項，重得松下連提都提不起，他卻持有七種。必要時，他就可以隨心所欲地揮舞它，真是豪傑中的豪傑。

松下當時感受到的是七種兵器，都是上上之品，但這些兵器得由弁慶這個人，才能發揮其價值。不要說是七種，只有一種，就累得喘不過氣，哪能面對敵人作戰。

從此聯想到在我們身上具有的知識，就像弁慶的兵器。知識並不是人，

就像七種兵器並不是弁慶一樣，今天的科學與知識，就像弁慶所持有的掃刀、大刀、槍等兵器，這些兵器都很笨重，假如弁慶沒有使用這些兵器的話，是發揮不了什麼效用的。相反的，如果社會不培養弁慶這樣的人，而只是設立很多大學，這有什麼意義？

因此今天兵器已備齊，然而不能讓它好好地為國家社會做有效地貢獻，那這些知識又有何用？

知識分子常自陷於自己知識的格局內，以至於無法成大功立大業。

汽車大王亨利‧福特（Henry Ford）曾經說過這麼一句話：「越好的技術人員，越不敢活用知識。」

福特是在企業經營上，屢次發明增產方法的人。他為了增產的事，和他的技術人員研商時，他的技師往往說：「董事長那太難了，沒有辦法的，從理論上著眼，也是很不通的。」而技術越好的，越有這種消極的個性。因此令福特大傷腦筋。

福特實在說出了一種真理。

在日本常聽人說：「白領階級是弱者，」這句話。其實好好想的話，所謂「白領階級是弱者」這句話是可笑的，學歷十分良好，而有豐富的知識的人，不可能是弱者。實際上如果沒有一定的知識水準的話，辦不了的事著實很多。但為什麼那麼多人說知識階級是弱者呢？這是由於自陷於自己的知識格局內，而不能活用的關係。

在面對一個工作時，一個人如果對有關知識了解不深，他會說：「做做看。」於是著手埋頭苦幹，拚命地下功夫，結果往往能完成相當困難的工作。

但是有知識的人，常會一開頭就說：「這是困難的，看起來無法做。」這實在是畫地自限，且不能自拔的現象。所以有「知識階級是弱者」的說法。

知識分子以員工的身分，必須在互相合作之下工作，所以對這個缺點要好好注意。今日的年輕人，多受過高中、大學的教育，所以有相當的學問和知識。由於現代社會的變遷，分工很細，公司的工作專案也越來越繁雜，所以年輕人具備高程度的學問知識，在一方面來說，是必要而且是很好的事。但重要的是不要被知識所限制。也不要只用頭腦考慮太多，要決心去做實際

的工作，然後在處理工作當中，充分運用所具備的知識，這樣的話，學問和知識才會成為巨大的力量。

尤其是剛從學校畢業的年輕人，最容易被知識所限制，所以要十分留心這一點 —— 發揮知識的力量，而不是顯示知識的弱點。

選擇適當的人選

報載某商店的金庫被人用瓦斯熔接器割開，將全部的錢財盜取一空。金庫的門至少要一個到 1 個半小時才能熔斷，這不是一個人的能力所能辦得到的，至少要有兩個或者 3 個人。除了熔接器和炸藥之外，還必須具備使用熔接器的知識。這又不是使用斧頭和鐵鎚所能辦得到的，必須應用相當的知識，借助機械和科學的力量才能夠將門打開，把錢偷光。這雖然是最近發生的事情，但絕非臨時起意，而是早有預謀。

光有知識是不夠的，重要的是如何去應用。要教人去應用，便離不開人心，也就是良心二字。一個人如果心術不正，一定會想些歪主意害人，有了知識反而會助長氣焰。

所以傳授知識應該選擇適當的人選，否則若是傳授給壞人，他會做出什麼壞事業根本無法預知，因此盡可能不要把知識傳授給壞人。果真如此，那麼竊盜就不容易遁形了。

知識的傳授本來是一件很好的事情，人如果沒有新知，無疑會造成生活上的缺憾，然而松下還是認為應該慎重選擇教育的物件。應重視因材施教和內心教育的態度。

第三章　縱手馭才

實力＞資歷

　　不管他的年齡、經驗有多少，只要是人才就該重用，否則是自己的損失。長江後浪推前浪，莫讓前浪阻後浪。

　　美國人心的動向不會與日本相差太多，人情也會相差太多，可是對人才的活用這一點，美國較有理性。美國人對於同事的升遷沒有像日本那麼在意，這點差別，也許與美國的繁榮有很大的關係。

　　現在的年輕主管，過了 10 年 20 年就會年老，那時不管他的地位是社長或會長，論實力已比不上 40 歲有才能的人，假如由他們來取代其職位，更能促使公司發展。但是日本的情勢、人心動向，各種因素錯綜複雜，使得取代工作不一定能順利，但千萬記住，如果可以替代的話，對公司仍是好的。

　　可是在日本，人事的替代反而會引起議論，因此雖想換人，但是仍不可能換。由 60 歲的人來當會長較合適，但他必須承認，40 歲的年輕人中，實力高過會長的大有人在。因此，要決定一件事時，該聽聽年輕人的意見。「最近發現這種問題，若是你，你怎麼辦？請不要忌諱地告訴我」，「不忌諱地說，我想這樣……」，於是這個人的想法，便由會長的口中發表出來。照我本身的體驗，我也常碰到不懂的事，那我就會請教年輕人的意見。當然也有人會認為一切照他的意見，頂不是味道的，但這時候你可以說：「經各方面考慮的結果，某君的意見是最好的，大家以為如何？」如此集思廣益，一定會有好結果的。年長的會長，應吸取年輕人的智慧，巧妙地推行工作。雖然年長但仍能自己判定最好方法，使工作順利的會長也是有的，但畢竟並不太多。因此，年輕人的意見還是很重要的。

　　不管他的年齡、經驗有多少，只要是人才就該重用，否則是自己的損失。在用人時年輕人是不容忽視，某個事業部的主管是個六十多歲的有經驗者，又是一位佼佼者，可是業績始終就是弄不好。後來由於某種機會，這個人調了職，而由一位 40 歲左右、年輕又有新知識的人來接替他，這個事業部卻有了顯著的起色。事業部的業績因這個年輕人發揮了他的實力，而有巨大改變，這可說是實力的差距使然，因此不能說年輕就沒有實力。

　　要站在最高位置時，經驗是很重要，進公司只三四個月是沒有辦法勝任的。但是，進公司 10 年、20 年，到 40 歲前後的員工，只要他有好的素養，有強烈的經營信念，體力上也未衰退，對工作當能駕輕就熟，所以可以期待他創下輝煌的成果。

　　日本公司，常常把有實力的人排在第三四位，讓他不能充分發揮。不僅產業界有此現象，其他地方也有存在著這種情形。從國家繁榮的觀點上、經濟上以及人才運用上而言，都是很大的損失。

　　美國這種提拔年輕人的情況也不十分理想，可是與日本相比就進步多了。對於提拔年輕人就任高職位的問題，是非常值得注意的。

　　智力及體力是年輕人最大的本錢。以長者的閱歷配合年輕人的幹勁，必能成就一番事業。

　　年齡的增長是無可奈何的事，雖然經驗較為豐富，可是體力較差，智力也會衰退，這是不可否認的。談到體力問題，有一年，美國赴日本參賽的游泳選手團，平均年齡是 18 歲，非常年輕，但是，實力卻非常強；日本在游泳的方面的成績向來是挺不錯的，但這次美國的成績特別好。以游泳項目來說，十七八歲的人體力最為旺盛。但一般來說，30 歲可說是體力頂峰時期，智力方面，松下認為以 40 歲為最高。體力、智力，過了這個階段就會慢慢走下坡，當然也有一些例外，但大體上是如此的。

　　雖然過了 40 歲以後，智力會逐漸減退，可是這些人卻仍可保持他的地位，甚至還可以擔任更高的職位，這是因為社會結構的因素所促成的。因是前輩的關係，年紀較長的人較被人尊重，因此使他被推上更高的地位。

　　四五十歲，甚至 60 歲，從事需要高度智力的工作，並有很好績效的人也很多，實際上還是需要年輕人給他支援的協助，才可能達成的。

　　國家遇到困難，公司遇到困境時，要靠年輕人的力量才能突破這些難關，即使是老年人在其位，實際工作還是得求助於年輕人。美國的甘迺迪總統的年齡是最理想的人選，德國的前總理，也有相當理想的表現，他們的成功，是他們個人的能力，加上年輕人的力量所得到的結果。

滴水穿石

滴水穿石，這就是對工作有熱忱者最好的寫照。

戰國時代，各國求才的風氣很盛，所以有才學的志士，只要肯去遊說諸侯，大部分都能得到重用，其中最有名的，就是佩帶六國印信而能號令天下的蘇秦。蘇秦，是一位出身貧窮的平民，但是卻有偉大的抱負和理想。在他的時代，諸侯兼併，出現了齊楚燕韓趙魏秦七個國家，其中以盤踞在西方的秦國最強，不斷攻擊東方各國，大有統一天下的局勢。所以蘇秦開始遊說六國，希望六國的國君採用他的學說，聯合抵抗西方的秦國，起初諸侯對他的主張並沒有多大興趣，但他毫不氣餒，仍不屈不撓的四處遊說，最後，他的熱忱終於感動了燕國的國君，任命他當宰相，並以此為基礎，提倡「合縱」政策，使六國國君都先後採納了他的意見，由他一個人兼任六國的宰相。

儘管秦國的勢力再強大，但在蘇秦主持「合縱」的 15 年中，也被逼得無法動彈，可見蘇秦的策略有其成功的一面。

蘇秦的成就，除了他的周詳計畫和高度的說服力以外，主要的就是他對政治的一股狂熱。那時候交通不便，想到各國去遊說，確實很不容易。他單為了想見燕君一面，就苦思籌劃了一年多，還沒有十足成功的掌握。這情形如果換一個意志不堅的人，可能會因為失望而作罷。可是蘇秦卻懷抱著無比的熱忱及持之以恆的決心，全力以赴，所以我常認為他的成功絕非偶然。

其實，不論做什麼事，一定要有決心和熱忱才能辦成，如果是存著試試看的心理，往往不容易成功，因為當事人會缺少精神壓力而激不起潛能。如果能堅持著工作熱忱，就能發揮個人的潛力與智慧，而把事情圓滿辦妥。

對工作不熱忱，就會顯得無力、懈怠，而且無法得到別人的肯定與信賴。

很多人都曾替松下做過事，真正合他意的是熱心的人。例如：有「無論如何也要上二樓」的強烈熱忱的人，就會想到利用梯子，在考慮如何達到目的時也就等於在攀登梯子了。如果只在底下觀望，猶豫不決，就不會想到梯子。當然，有時是因為聰明才想到，但若只是想想而並不熱中，就無法抓到要領的。所以關鍵在於是否熱心。如果對工作不熱忱，就會顯得無力、懈

怠。人貴在熱忱。各位所習得的技術、知識，在熱忱推動下，也會漸漸施展開來。

　　松下這樣說並不是叫你們不顧妻兒。不過，事實上，這類人還是有的。在妻子眼中看來或許不是好丈夫，但其實這類人心裡還是念記著妻兒的。他們在熱忱驅策下不斷工作，獲致很高的評價。「暫時回家一趟。」「什麼事？」「內人有點感冒，我送藥回去。」「好吧，你去吧。」──不能不答應，這種情形不由得讓人覺得可憐。好好思索工作的熱忱，如何適當地掌握分寸。

　　不論才能、知識多麼豐富，一個缺乏熱忱的人就如同畫在牆上的餅，絲毫沒有功用。反之，儘管才能、知識不是最棒，卻肯拚命工作，並有強烈的熱忱，那麼，從他身上會不斷產生成果，即使他本身產生不出來，別人也會幫助他。」那個人很熱心，如果條件差不多，向他買吧」、「他好像沒注意到這一點，我們來提醒他」──此類意想不到的支援和看不見的幫助會自然來自各方面，不但可以彌補他在才能、知識上的不足，而且使他得以順利完成任務。就如一塊磁鐵吸住周圍的鐵粉一樣，熱心會吸引四周的人，也影響四周的情勢。

　　各位都知道，松下本性喜歡做生意，是一個全心全意投入生意而不會疲累的人，然而二次世界大戰後，他卻對生意開始厭煩了。因為，每次認真地考慮到重建復興的事，正想好好工作一番，就會受到種種限制，甚至於連自己的善意也被曲解了。這種社會情勢使他產生不滿，以致幾乎失去工作的喜悅。可是後來心機一轉，又恢復從前的松下。對自己能再投入喜愛的事業感到無比歡欣。從這種熱情中迸發出來的活生生的氣息，是有一股強大吸引力的。

　　因此，他日常的做事方法和言行，可能有較嚴厲的批判，但其實他心存使命，並喜愛那個人。一個人如果沒有這種氣魄，是無法認真工作的。從這種鞭策中，人才會受到鍛鍊，才會明白工作的真髓。偉人傳記或成功者的故事裡出現的主人翁，都過的是這種人生。沒有激烈的態度、認真的氣魄形之於外，則什麼事也做不好。因而也就不會有繁榮、豐富的生活。

　　在松下電器公司過去的發展史上，好像也有過被認為近乎粗魯的責罵方

式，但他們都能體諒，從中受到陶冶，年輕人都奮發上進了。它促使一個人產生不可思議的力量，並獲得成果。這樣不但他本人有顯著進步，整個公司也欣欣向榮。工作場所也洋溢專心認真的氣氛。

用人之長

只要多費心思，因才運用，就能創造出一個充滿朝氣的人事環境。

了解每位員工的長處與短處，可以取長補短，提升工作效率。

人非聖賢，各有優點，也各有缺點，縱使特別優秀的人，也有他的缺點存在。所以互相了解優點和缺點，對於人與人的和諧相處，是很重要的。

如果常以這樣的心態，觀察同事的優缺點，對於公司整體的進步與發展，是很有必要的。為什麼呢？因為共同在做事，知道了某人的長處與短處，就可以幫助他發揮優點，避免因為缺點而影響工作。像這種取長補短的作法，不僅可以提升做事效率，更能促使各自有所進步。經營者應以七分心血去發掘優點，用三分心思去挑剔缺點。

目前，每家商店或公司，都很認真地吸收和培養人才。但實際上，人才並不易培養，這也是經營者的煩惱之一。到底怎樣才能培養人才呢？

也許每一個人的想法不盡相同。但就松下自己而言，是盡量發掘員工的優點而不計較其缺點。雖然，難免會因過度注意優點，而有讓無充分實力的人擔任重要職位而失敗的經驗，但他覺得這無所謂。

如果在用人之時，盡挑毛病，不僅無法放心，甚至會患得患失。這樣，不但會減低經營企業的勇氣，更無法徹底地發展業務。

幸而松下不是這種人，因此他會想到：「這個人很有才華，他不但能勝任主任或經理的工作，甚至把整個公司交給他經營也不會有問題。」然後有信心地任用他。如此自然就能培養出一個人的能力來。

因此，在上位者要有用人的勇氣，必須盡量地發掘並善用部屬的優點。當然，在發現了缺點之後，也應該馬上糾正。以七分心血去發掘優點，用三分心思去挑剔缺點，就可達到善用人才的理想。

分工合作

　　再能幹的主管，也要借重他人的智慧和能力，這是公司發展的最佳道路。

　　雖說有實際生活的體驗，但從另外一個角度來看，松下自認是公司最差勁的一個。因為，他年紀最大，無論體力或記憶各方面，都無法和員工們相比。以這種遜色的條件而希望獲得領導的成果，除了接受員工的教導從事工作外，沒有第二條路。

　　所以，當松下電器公司要找尋一條應走的更佳道路時，即使他找不出來，管理階層也會替我找出來；即使管理階層找不出來，他的部屬也會找出來。無論是何人找出來，那一定是松下電器公司應走的最佳道路。然後接受它，並當做公司和自己的方針去執行。連一封信都不會寫的他，今天依然能擔任公司的會長，而且不曾犯過什麼大錯，這的確是松下電器公司 2.5 萬名同事的聰明才智所賜。

　　聚集智慧相等的人，不一定能使工作順利，往往只有分工合作，才會有輝煌的成果。

　　武田信玄當政的時候，從來不在自己的領土內建築城池。他相信：「人心就是最好的圍牆，也是最堅固的城池。如果民心不穩固，再高的城牆都沒有用。」這種觀念確實難能可貴。也正因如此，武田信玄比別人更能使部下發揮工作能力，他在用人的時候曾經說過這樣一段話：

　　「我讓部下互相配合。例如：馬場信房是一個沉默而人格高尚的人，要和喜歡誇口而做事敏捷的內藤昌豐互相配合；而山縣昌景性子很急，做事很衝動，像他這樣的人應該與遇事皆能三思而行的高坂昌信互相配合。如此一來，事情必可圓滿解決。」

　　總而言之，在用人時，必須考慮員工之間的相互配合，如此才能發揮個人的聰明才智，這也是人事管理上的金科玉律。一般所說的適才適用，就是把一個人適當地安排在最合適的位置，使他能完全發揮自己的才能。然而，更進一層地分析，每個人都有長處和短處，所以若能截長補短，就要在分工合作時，考量雙方的優點及缺點，切磋鼓勵，同心協力地謀求事情的發展。

　　人與人之間的合作，經常可以見到彼此存有排斥對方的嫉妒心理。例如三個非常優秀的人共同做一件事，卻往往無法順利完成。原因就是不能協調。此時，如果把其中一個人的調走，結果往往在很短的時間內，就能超過三個人一起做的成果。同時，調至新工作的人，也會有非常的表現。我想，大家都有這種經驗。

　　把智慧相等的人聚在一起，不一定就能順利地進行工作。反而一群能分工合作，各自發揮自己聰明才幹的人，更會有輝煌的成果。這就是人與人要相互配合的證明，身為一個領導者應該了解這一點。

各逞其才

　　每一個經營者都希望部屬能充分發揮智慧和工作效率，但從部屬的立場來看，更應懂得如何運用經營者的力量使工作更順利推展。

　　松下的一次人事調動，曾經引起社會人士的關切，成為談論的話題。當然，原因不外是松下在日本有深厚的基礎，業務特殊，而這次人事調動又似乎不合常理。但是，這次人事的調動完全是著眼於公司的未來──也就是考慮將來的任務和使命。

　　大家認為最不可思議的是山下先生超資出任社長，山下先生就任社長時說：「『顧問』也是公司的重要成員，不能顧而不問，應該時時刻刻為公司效勞。希望社長能集合各部門的部長和顧問，讓他們了解公司的經營方針與目標，摒除不正確的私念。」

　　一般人一旦受聘為公司的社長後，就難免會有官僚作風，擺出一副高高在上的資態，自以為神聖不可侵犯的認為：「公司既然聘我當社長，就是要我負責整個經營決策。在我職權範圍以內，不但會長不能濫加干涉，就是公司顧問，也不可任意查詢。」可是，山下先生卻完全沒有這種驕狂自滿的官僚作風，相反的，還提議應該讓顧問們發揮參與貢獻的功能。

　　松下最欣賞的是能和大家充分合作的謙虛精神，譬如：有人向松下提出建議，而不自作主張，是尊重主管的作法；而當指揮部下時，則採取信任態

度,讓部下充分成長。一個公司的成長茁壯,單靠一個精明幹練的長官是不夠的。真正的用人之道,應該像山下先生一樣,不僅要知道如何運用部屬,還要尊重主管的才能和經驗。

從經營中小企業起慢慢掙扎,到創造今天這樣龐大的事業,在創業初期,公司從採購到銷售都靠松下一個人。後來慢慢上了軌道,規模也日益擴大了,無論是內部行政或外務問題,都日趨繁雜,所以松下只好聘雇了一些人才來輔助蒸蒸日上的事業。當時松下對他們說:「你們必須全力發揮專長,貢獻力量,當然,也可以充分利用主管的能力,把事情做得更合理化。」而部屬都能遵照辦理。

譬如:在當時有位負責採購的職員曾說:「老闆(由於那時公司還小,他們都稱松下『老闆』,而不是『社長』),我想拜託您一件事。」松下心想他一定有很疑難的問題,必須要他解決。他說:「目前我們正和零件廠洽商採購的事,我想有90%的機會可達成目標。可是由於我剛踏入社會,人際關係不夠,對方可能會懷疑我的代表性,認為我不能替公司決定。所以希望老闆您能親自出面,把事情作個原則性的裁示,至於其他交涉的事務,再由我負責商談。我想這樣不但生意可以談成,也可使相互間的關係更加穩固。

聽了他的請示之後,松下立即答應陪他到零件工廠拜訪,並且對負責人說:「根據敝公司的採購員說,貴公司預備和我們合作,不但條件適宜,價錢也很低廉,所以本人僅代表公司向您表達最高的謝忱。我想日後必然會和貴公司密切合作,增加採購量,到時候還要請您多多幫忙、指教。」由於零件廠的老闆也了解松下的誠意,很高興地說:「我們就一言為定吧。」合作生意的事就在這種愉快的氣氛下談成了。

像這種事情,在松下多年的經營經驗中,真是不勝枚舉。不管在內部管理或銷售業務上,部屬都有利用主管來配合業務推動的必要。松下的主管就是因為對此有深切的了解,並積極利用主管的長處來完成任務,所以事業才能迅速地發展,像這種相互配合的方式,不僅部屬會樂於奔命,主管也會有「親自出馬」的成就感,於是能培養起融洽的氣氛,很多困難業務就能輕鬆解決了。經營的方式很多,但由部屬洽談到某一個程度以後,再由主管裁決、

成交的方式，確實是一門新穎的學問。

其次，重要的是每個人都要在職位上把才智貢獻出來。凡是公司的職員都應該群策群力為公司效命。個人的建議，要隨時向主管反映，由主管審核採納。而在這關係上尤應講究「服從」，如果部下在建議被批駁之後還一意孤行，主管又浮躁專制的話，那公司就不會有前途。所以部屬一定要心平氣和接受上級的裁示，因為公司的成立、茁壯完全決定於相互配合的程度，服從是造成協調的基本要素。

可是也不能因「服從」而演變成被動，員工如果養成被動的習慣，不但無法充分貢獻自己的力量，工作效率也會降低。所以，真正的服從是有限度、有條件的，先決條件是主管對部屬所提出的建議是否慎重考慮過？是不是濫用情緒地批駁？有沒有特意去製造一個讓部屬勇於提出建議的環境？並常常能感到成就的氣氛？

再其次，部屬遇到煩惱和擔心的事，不要自告奮勇地自己去承擔，如果有一個值得信賴的主管，就應該據實請教。或把煩惱交給主管。領導者就是煩惱的承擔者，當他們發現部屬在工作中遭遇困擾，就應表示：「原來你是為這事在煩惱啊？算了，把這件事情交給我，你安心去做其他的工作。」像這樣讓部屬能夠從煩惱中趨脫出來，專心工作，那效率自然提升，成就也會輝煌。

這是積極的做法。替部屬承擔煩惱應該是主管的責任。社長是公司中承擔煩惱的中樞，部屬隨時把煩惱和他商量，而社長也有責任協助部屬解決困難。如此就能消除工作上的挫折和停頓，使每個人都能順利的得到成就和喜悅。

主管都希望自己的部屬能充分發揮工作效率，也都衷心的盼望能適時適地的把智慧經驗表現出來，為公司效勞。可是從部屬的立場看，更應懂得如何運用主管的力量，這種價值也不比發揮自己的潛能差。真正賢智的領導者，是要使上下各得其所，各盡其才的。

人事調動

　　不要每個人都精幹，這樣容易造成排斥對立，反而會破壞績效。

　　三個能力、智慧高強的企業家合資創辦了一家公司，並且分別擔任會長、社長和常務董事的職位。一般人都以為這家公司的業務一定會欣欣向榮，但沒想到，反而卻不斷的虧損，讓人覺得很不可思議。這家公司是一個大裝配廠的衛星工廠，隸屬於某個企業集團。虧損的情形被企業集團總部知道之後，馬上就召開緊急會議，檢討研究對策。最後的決定是敦請這家公司的社長退股，改到別家公司去投資，同時也取消他社長的職位。有人猜測這家虧損的公司再經這一番撤資的打擊後，一定非垮不可了。沒想到在留下的會長和常務董事兩人的齊心努力下，竟然發揮了公司最大生產力，在短期間內就使生產和銷售總額都達到原來的兩倍，不但把幾年來的虧損彌補起來，並且連連創造相當高的利潤。

　　而那位改投資到別家關係企業的社長，自擔任會長後，反而更能充分發揮他的實力，表現了他經營才能，也締造了不錯的業績。

　　這是件很值得研究的例子，三個人都是一流的經營人才，可是搭配在一起的結果，竟然慘遭失敗。把其中一個人調開，分成兩部分，反而都能獲得成功，這是不是十分奧妙呢？這個事實到底能給我們什麼啟示呢？

　　依松下看來，關鍵在於「人事協調」上。換句話說，過去的失敗是由於三個人的個性和作風無法配合得宜，習慣上，我們承認多數的效益，因而有「集思廣益」和「三個臭皮匠，勝過一個諸葛亮」的說法。也就是指人多好辦事的道理。所以，原則上認為採用一個人的智慧，不如綜合多數的觀點。然而，每一個人都有他的智慧才能、思想和個性，如果觀點不一，或個性不合，往往容易產生對立和衝突；這樣一來，力量就會分散抵消。所以人多反而會互相牽制，還不如一個人埋頭苦幹來得踏實。正如前面的例子，因為把社長調動了之後，許多原來對立的經營觀點，都能獨得協調統一，因此，就能發揮力量，分別創造出優良的業績了。

　　像這種情形，不只是經營者，更可能發生在每個人身上。以企業而言，

111

任何部門如果出現了這種人事調配不當，多頭馬車而無所適從的情形，必然會使員工的情緒低落，而無法發揮工作效率。相反的，如果人事調配得當，優、缺點互補，大家就能愉快地同心協力，發揮驚人的績效了。

所以，用人的時候，應該考慮人事調配的問題，使大家步調一致，安心工作。當然，人事調配並不是簡單的事，由於每個人都重視自己的意見和觀點，相互排斥的現象時時都會發生。人際關係即無法密切配合，政策就很難貫徹了。這點，在人員編組的時候，應該首先列入考慮，萬一彼此有了摩擦，也才會互相容忍，相互協調。

怎樣達成人事協調呢？首先，我認為不一定每個職位都要選擇精明能幹的人來擔任。或許這個觀點很難理解，可是，我們可以想像，如果把十個自認一流的優秀人才集中在一起做事，每個人都有他堅定的主張，那麼十個人說有十種主張，根本無法決斷，計畫也就無法推動。可是，如果十個人中只有一兩個特別傑出，其餘的才識平凡，這些人就會心悅誠服地遵從那一兩位有才智者的主管，事情反而可以順利進行。

現在很多公司都擁有一流大學的畢業生，應該是得天獨厚，但業績並不如想像中的好，反而是只有幾個平凡員工的公司做得有聲有色。其中原因當然很多，但我想人事協調的總是最主要的因素。

一加一等於二，這是人人都知道的算術，可是用在人與人的組合調配上，如果編組恰當，一加一可能會等於三、等於四，甚至等於五；萬一調配不當，一加一可能等於零，更可能是個負數。所以，經營者用人，不僅是考慮他的才智和能力，更要注意人事上的編組和調配。

我們常聽到「適才適用」這句話，其廣義的解釋也應該包含「人事協調」在內。

信任員工

對待任何人，首要是信賴，並且要抱著寧願讓對方辜負我，我也不願意懷疑他的誠意，如此可能更會贏得別人的效勞。

委託任務的祕訣在於依賴和重視被委任者的能力，使得他能夠盡全力發揮所長。

時常有人對松下說：「你很會用人，告訴我一些祕訣吧。」松下並不覺得自己真的善於用人，所以無法確切地說出什麼祕訣來。但是松下卻知道別人為什麼有這種看法。

對於如何用人，各人有各人的看法。或許有人認為，只有擁有傑出的智慧以及能力的人才會善用人才。所以要依賴別人，或徵求旁人的意見，並不倚仗權勢下命令，而是誠懇地跟對方商量。這樣一來，對方當然不便拒絕，反而樂於協助。可能就是因為這樣，這些人才覺得會用人吧。

用人要因人而異，有些人本身能力很強，不必請教他人就能妥善地處理事物。這種人作起事來當然是比因被命令而做事的人更有效率了。

但是缺少這種獨立作業能力的人，或許按照方法去做。每次松下觀察公司內的員工時，都覺得他們比自己優秀，這可能是由於松下沒有什麼學歷，才會有這種感覺。但是，信任這些年輕人，松下常對他們說：「我對這事沒有自信，但我相信你一定能勝任，所以就交給你去辦吧。」對方由於受到重視，不僅樂於接受，而且會努力去做。結果，一定能把事情辦成。

這是用人的一種模式。引用這種模式，松下幸運地成功了。他想這也就是他用人的祕訣吧。用他，就要信任他；不信任他，就不要用他，這樣才能讓屬下全力以赴。

互信互敬

劉邦和項羽爭天下的時候，最後，項羽的力量非常強大，劉邦只是屈居關中的一個小諸侯，但由於他的軍師陳平善用計謀，所以勢力漸漸擴大。可是項羽也有一位屬害的軍師范增，陳平為了對付他，就故意放出謠言說：「軍師范增和一批重要的部將，都只是在表面上聽從項羽的命令，暗中卻和劉邦有來往。」

這些話傳到項羽耳中後，他果然中了離間之計，開始懷疑，並派人暗中

察探范增等的言行。而這種不信任部屬的作風，使得部將們一個個背叛而投效劉邦，最後項羽終於走上失敗自刎烏江的結局。

劉邦得天下後，曾經分析自己獲勝的原因說：「我有蕭、張、韓三賢，而項羽只有一個范增，但又不肯相信他，讓他有充分發揮實力的機會，最後當然是會失敗的。」

用人固然有許多技巧，而最重要的，就是信任和大膽地委託工作。通常一個受主管信任、能放手做事的人，都會有較高的責任感，所以無論主管交代什麼事，他都全力以赴。相反的，如果主管不信任屬下，動不動就指示這樣，指示那樣，使屬下覺得他只不過是奉命行事的機器而已，事情成敗與他能力的高低無關，如此對於交代的任務也不會全力以赴了。

領導者都知道信任別人對工作會有所幫助，但卻很不容易。主管在交代部屬做事時，心中總會存著許多疑問，譬如說：「這麼重要的事情交給他一個人處理，能負擔得來嗎？」或者想：「像這種敏感度很高、需要保密的事，會不會洩露出去呢？」所以領導者常會有這種微妙的矛盾心理。

而更微妙的是，當主管以懷疑的眼光去對待部屬時，就好像戴著有色的眼鏡，一定會有所偏差，也許一件很平常的事件會變得疑團叢生了。相反的，以坦然的態度會發現對方有很多可靠的長處。所以信任與懷疑之間，就有這麼大的差別。因此對待任何人，首先就要信賴，並且要抱著寧願讓對方辜負我，我也不願懷疑他的誠意，如此可能更會贏得別人的效勞。現代社會最大的缺點，就是人與人之間普遍缺乏互信互敬的胸懷，因此導致許多意識上的對立，甚至行為上的爭執，造成社會秩序的混亂。領導者如果能培養起信任別人的度量，不但可以提升做事效率，還可以為這個冷漠凍僵的人間，增添許多光明與和諧。

事半功倍

孔子時常稱讚他的學生宓子賤是個了不起的大丈夫。有一次，子賤奉命擔任某地方的官吏。當他就任以後，卻時常彈琴自娛，不管政事，可是他所

管轄的地方卻治理得很好。那位卸任的官吏覺得不可思議，因為他每天即使從早忙到晚，也無法將事情納入軌道。於是他就請教宓子賤說：「為什麼你能治理得這麼好？」子賤回答說：「你只靠自己的力量去進行，所以十分辛苦；我卻是借助別人的力量來幫我達成任務。」

像這種情形，在現代的社會中也時常可以看到。比如說，在事業經營方面，有的人可以輕而易舉地獲致成功；有的人雖然賣力地工作，甚至贏得旁人的同情，可是成績並不見得理想。原因無它，就在於能否巧妙地運用他人的力量而已。」

連孔子都稱讚宓子賤這個人，可見他的才華是不容置疑的。就是讓他親自去做，也一定可以做得很好。普通的人如果擁有這種才華，必定會趁機炫耀一番，以便能表現自己。

可是，個人的力量畢竟有限，就是花費許多時間，也不一定能做得十全十美，一方面要利用他人的力量，另一方面卻連細節都要加以干涉，員工必定會覺得繁瑣，因而失去工作意願，結果必然是事倍功半。

人，一旦委以工作，必定會生出責任感，想運用自己的主意和方法去達成目標。所以身為一個領導者，只要能掌握大綱，提示基本方針即可。至於細節問題，則讓員工放手進行。這樣不僅個人的智慧得以自由發揮，而且大家同心協力地工作，成效也會更加顯著。

當然，如果領導者心中毫無點墨，只是一味依賴他人，這種作法也不正確。必須掌握工作要點，而將形式上的工作委託他人。那麼儘管付出的辛勞不多，卻能獲得很好的成效。

充分發揮員工潛力與特長

對於新進的員工，勇於公開技術，有助於向心力的養成。如何煉製原料成產品的方法，各工廠都視為機密，但松下認為應該公開。對於剛上班的員工，也能公開產品的製法。某些同業，認為他這種公開祕密作法，太過草率，他卻不以為然。他的看法是：「不必杞人憂天，如果事先交代清楚這是機

密，那麼這個新來的員工就會感受主管的信任，而不會向外透露消息，更不敢隨便背叛東家。事業的經營，完全是在人為。為了業務發展與造就人才，應以互相依賴為基礎，不可為了區區一點祕密，而影響業務的發展。當然，這樣的做法，需要事先做好調查，認為這個新員工可以信任才可行。」

信任，是使對方潛能發揮的突破口，並且也是使屬下從工作中獲致成就感的祕訣。不管他人是否不厭其煩的要求，「有責任感」是不容易做到的。可是，不能做到也不行。如果大家都不負責任，則任何事情都會中途而廢，因此，總是在於怎樣才能對自己的責任有正確的認知，然後把事情做得近於完美。

1926 年，松下電器公司首次要金澤市在設立了營業所。金澤這個地方，松下從沒去過。但是經過多方面的考慮，覺得無論如何必須在金澤成立一個營業所。這時候發生了一個問題，就是到底應該派誰負責？誰最合適？有能力去負責這個新營業所的高級主管？但是，這些老鳥的人，卻必須留在總公司工作。這些人如果有人離開總公司，那麼總公司的業務，勢必受到影響。所以，這些人不能派往金澤。於是問題便是應該怎麼辦？這時候他忽然想起了一個年輕的業務員，這個人的年紀，剛滿 20 歲。如果說年輕這一點是問題，不錯，的確是個問題。但是，他認為不可能因為年輕就做不好。

於是他決定派這個年輕的業務員，擔任設立金澤營業所的負責人。他把他找來，對他說：

「這次公司決定，在金澤設立一個營業所，我希望你去負責。現在你就立刻去金澤，找個適當的地方，租下房子，設立一個營業所。資金我先準備了 300 元，你拿去進行這項工作好了。」

聽了他這番話，這個年輕的業務員大吃一驚。他驚訝地盯著他的臉孔說：「這重要的職務，我恐怕不能勝任。我進入公司還不到兩年，等於只是個新進的小職員。年紀也是 20 出頭，也沒有什麼經驗。……」他臉上的表情好像這些不安。這也難怪，進入公司才邁入第二年的一個小職員，突然奉命在金澤設立一個營業所，也難怪他會感到困惑。

不管怎樣，松下要他在一個從來沒有公司營業所的地方，去設立一個營

業所，說起來也是一件不得了的事，這意味著他必須負起重大的責任。不過，松下總覺得，即使是這個年輕職員，也必定能夠做到。當然，不做做看還不知道，可是他在基本上對他有信賴感。所以，他以似乎命令的口吻對他說話：

「你沒有做不到的事，你一定能夠做到的。想想看戰國時代，像加藤清正、福島正則這些武將，都在十幾歲的時候，就非常活躍了。他們都在年輕的時候，就擁有自己的城堡，統率部下，治理領地老百姓。明治維新的志士們，不都也是年輕人嗎？他們在國家艱難的時期，能夠適切地應對，建立了新的日本。你已經超過 20 歲了，不可能做不到。放心，你可以做到的。」

松下說了很多這類鼓勵他的話。一會兒之後，這個年輕的職員，便斷然地說：「我明白了，讓我去做吧。承蒙您給我這個機會，實在光榮之至，我會好好去做。」他臉上的神色，和剛才判若兩人，顯出感激的樣子。所以松下也高興地說：「好，那就請你好好去做。」就這樣，他派遣到了金澤。

這個職員一到金澤，立即展開活動。他幾乎每天都寫信給松下。他在信中告訴松下，正在尋找可以做生意的房子，然後又寫信說房子已經找到，像這樣的，把進展情形，一一寫信告訴松下。沒多久，籌備工作都已經就緒了，於是松下從大阪派去兩三個職員，開設了營業所。

即使年輕，經驗較少，好好去做，還是會成功的。年輕人對於所交付的工作，他會深深感到身負重任，因此發憤努力，使得工作得以順利完成。

松下電器公司在各地都陸續設立了營業所，大致上都是以這種方式開設的。在金澤開設營業所時，本來他心裡也覺得主持人稍嫌年輕，但是他相信每一個人，如果認真去做，都一定能達成目標。創立營業所這個工作，是一項非同小可的工作，不過，假如換一個角度看，這也是一項有趣的工作。

總之，松下認為依賴一個職員、部屬，就應該放心地把工作交給他做，這樣能引起被信任者的責任感，且能促使他充分發揮潛力和特長，而有十分理想的表現。

少看缺點

領導者將工作委任給部屬，但在精神上要負起責任，如此不僅能提升工作效率，也是用人的最高精義。

一個專門找人家缺點的人，不但不能放心用人，而且時時刻刻為怕出紕漏而擔心，而苦惱，隨之經營事業的勇氣也必低落，公司發展的希望也就渺茫了。因此處處留心部屬的優點，對於缺點就不必太放在眼裡。某人處事很能幹，手腕很靈活。那人有誠實、穩重的好處。某甲可以當主任，某乙是個經營人才，將業務交與經營應該沒有問題，哪些交由其主管很適當。人必要能這樣信任他人，否則天下間那有可用之才？又有誰可以委任？何況這同時還可以培養各人的處事能力。所以松下的看法是：不論任何工作都可以交給部屬處理。

會挑部屬缺點的人，自身也難有成長，一位經營者常在部屬中，發現他們的優點是很幸運的。因為只覺得自己才是很了不起的人，什麼事業都無法經營，畢竟一個人的能力是有限的，能夠發現部屬優點，才有幫助經營事業的人，究竟在人生舞臺還沒有看過獨角戲的演出，發現部屬的優點，運用他們的優點，才是經營自身的進步與成長，常常挑剔部屬的缺點，只徒增個人的苦惱於事無補。當然優點的認定並非漫無標準，也宜審慎，不過總比擔心人家缺點正面效益大的多。

對年輕而又沒經驗的人，勇於放膽委以重任，這是松下先生的作風。

委託工作的哲學

領導者將工作委任給部署，但在精神上要負起責任，如此不僅能提升工作效率，也是用人的最高精義。

太田垣士郎先生在擔任關西電力公司總經理時，曾對松下說過他處理一件特權的經驗：戰後，電力公司急需重建。那時太田垣先生已擔任京阪神鐵路快車公司的總經理，因為在平時表現了卓越的經營才華，所以在各方殷切

的期盼中,被選任為關西電力公司的總經理。在極困難的處境下,負起重整公司的責任,終於鞏固了長期安定供應電力的基礎。一直到能源危機發生的19年間,雖然經過好幾次物價的波動,但是關西電力公司始終能把持立場,不調整電費,而成為穩定物價的中流砥柱。這份功勞簡直就是一項變不可能為可能的「奇蹟」。太田垣先生就任關西電力公司的總經理時,所處理的第一件棘手問題就是一件難辦的特權事件。當時,電力公司的員工可以免費搭乘市營電車,並且這個特權已經維持相當長的一段時間,所以形成惡例。激起市營電車所屬的勞工協會極度不滿,他們認為:「既然電力公司的人搭乘電車可以免費,那麼電車公司勞工家裡的用電當然也要免費,至少也要半價優待。」兩方面因此常起爭端。

太田垣先生知道這件事後,認為電力公司的員工免費搭車的特權作風的確有欠光明,對社會大眾也無法交代。所以立刻請主管勞工業務的主管來,對他們說:「各位,我們公司員工的這種特權作風,實在對不起付錢搭車的乘客,所以必須立刻取消。」然而,主管們卻一致回答:「總經理,那是不可能的。」

不可能的原因,在於戰後勞工團體的活動太活躍,行動也太激烈。若要解決這個問題,不僅要公司內部工會的同意,同時也必須和市營電車公司取得諒解。而人對已得的利益,是不會輕易放棄的。在太田垣先生之前,電力公司曾幾度考慮取消這種特權慣例,結果都在眾議反抗下不了了之。雖然經過有關人員不斷地解說,但員工只想到不要放棄既得的利益,誰也不肯把道理聽進去。

如果碰見懦弱的主管,這個提案可能又因眾人的反對,而毫無結果了。可是太田垣先生則不然,他果斷地對主管們說:「搭乘免費電車固然對我們公司的員工有利,但是不當的特權誰也沒有理由享受。我認為工會如果執迷不悟,那麼公司就主動地向報章雜誌揭發真相,讓社會輿論來幫助我們向工會施加壓力。你們如果還認為不可能,那麼這件事就交給我親自來處理吧。可是,如果這種勞工事務的瑣事還要勞動我親自解決,公司要你們這些主管有什麼用呢?我看,請你辭職謝罪吧。我這個要求合理嗎?」

　　那幾位主管發覺太田垣先生神色果斷、語氣堅強，又感到辭職謝罪的強大壓力，只好說：「就照總經理所提示的辦法試試看吧。」於是電力公司和市營電車公司取得協議，終於開始強制執行取締特權搭車的行動，最初雖然也遭遇強烈的抵抗，發生許多困難，後來在道德上站不住腳的工會不得不同意付費搭車了，這件懸案才終於獲得解決。

　　松下知道太田垣先生處理經過之後，覺得他真是一位了不起的人，過去認為不可能解決的問題，在他的手中就變得可能。他想原因是勞工主管們太過懦弱，不能執意堅持合法合理的立場。而太田垣先生則能夠抱持著恆心和毅力，貫徹正義而不退縮。所以，他嚴厲地說出：「我來做，可是你們必須辭職謝罪」的話，這完全是合情合理的。這種獨特的作法，如不是身臨其境，是很難體會到其中的道理的。

　　站在分層負責的立場上，主管得把工作委託給小主管是非常重要的，一個人的能力再卓越，也不可能把每件事都獨立完成。所以，如何成功的委任工作，乃是經營者的最大祕訣。

　　松下說的「委任」，就是指任何一件事，都能委派適當的人選去負責。他常認為，企業的目的是要透過生產或服務的活動，貢獻社會大眾，改善共同生活。所以，每個人都應該站在自己的職位上，做自己分內的工作。儘管受委任的人認為某件工作是「不可能」的，但企業經營者如認為這件是對社會有所貢獻的，就要變不可能為可能。

　　太田垣先生對屬下說：「你不行，交給我。」正是站在公司的立場，表明這是非達成不可的使命。至於他說：「我來做，你辭職」，則是為了激發屬下的責任感，使他對工作有奉獻的精神。

　　將事情委任給屬下固然是件重要的事，可是經營者也必須以身作則。即使某項工作已經委任給部屬，但意識上仍要負起責任。就像一個將軍，雖然在後方指揮，但精神上卻必須帶頭衝鋒陷陣。這樣，才能以精神感動部屬，並積極為分擔責任而努力。

　　一般而言，並不只公司的社長、總經理、經理或課長要具有這樣的精神，凡是一個部門的負責人都應有這種認知。當然，在人手不夠時，就一定

要靠自己；人手足夠時，將工作委任給部屬，但在精神上負起責任，這樣，不僅能提升工作效率，是用人的最高精義。

重視人的作用

影響公司或商店的經營成敗，最大的就是人。

在日本，對於人才適合性的要求和選擇，已有相當的認識程度。但意外的是有很多公司的科長、部長甚至社長，都不太合乎這個原則。或許是由於封建制度所殘留下來的陋俗，也或許是照年資來調動人事所致。

在藝能界或體育界，夠不夠資格，有沒有實力，一試便知，但在實業界，卻不太容易分辨。前者可以勝負來判定資格。但在實業界，連一個比賽勝負的場地都沒有，也就很難以成敗論英雄了。比如說公司的課長，都是經過一番資格評定和選擇，才委任於課長的職務。但遇到自己不能勝任工作或犯錯的時候，是不是會對自己的資格適合性，做一番判斷和反省呢？一般來說，若有人說：「請你做課長吧。」大都是會接受。或許也有人會這麼說：「不，以我的能力來當課長是很困難的，我對於目前的工作非常滿意，所以並不接受課長的職務。」但會這麼說的人，是微乎其微。因為在日本認為課長比職員好的想法是很強烈的。

在美國，若有委派較高職務的情況，十人會有九人欣然接受。也有人在考慮之後，會認為這麼高的職務雖然不錯，但以非常適合目前的工作，而且對公司也有較大的貢獻為理由，斷然拒絕。

日本和美國的國情雖然不盡相同，但對於資格適合性同樣應自我檢討，並進一步互相討論，這在人事委派人是必要的。

隨著事業規模的擴大，即或能力儼如超人的董事長，也會覺得以自己一個人的力量無法完全推動企業的經營管理。尤其像在一代之中擴展起來的公司，一切都有依賴創業者的傾向，所以有落入獨裁經營的危機。

松下對這個可能的弊害有所警惕。雖然知道自己的體能足堪勝任，但仍考慮提早從第一線上撤退，以培養後繼者。這想法終於實現，他辭去社長之

職，改任會長。從此不必每天去上班。因為恐怕與新任社長變成雙頭馬車，故原則上會長不上班。反正那是他從年輕時候親手建立的公司，如果每天到公司上班，恐怕他難免會管東管西。但是董事會他仍是會參加的。除此以外，特別必要時，則可以傳叫方式，把對方請來討論。現在回想起來，他這種作法對公司有很大的益處。

不過，真正促使他決心實行這個方法的原因，卻是下面的一段經驗：

松下現在兼任松下電工公司的會長職務，不過長久以來，這公司的董事會，大約三次只參加一次而已。每天從這裡經過，卻很少進來，頂多只在想看看自己的工廠時，進去一下而已。可是，出乎意料之外的，電工公司的主管們個個都非常負責，對自己的工作很熱心。所以他在與不在一樣。從這一經驗中，使他明白辭去社長之職的做法沒有錯，並確信這樣才能夠培養出優秀的後繼者。

從這件事實看來，事業非得要大家都有主動經營的決心不可。不論社長、董事、經理、課長，或每一個員工，都要主動去完成自己分內的工作。因為要做事業，當然就需要負責。

一個部門是否能夠真正順利的經營，雖然一方面在於公司的力量，但部門主管個人的力量更大。如果有一個部門經營不順利，就應該把這個部門的主管換掉。不過，把適當的人才派用於適當的地方，說起來容易，做起來卻困難重重。根據松下的經驗，當還不能確定這個人行不行，多少還有幾分不安時，而目前卻只有這個人可用，就讓他試試看，結果成功的事例很多。人類的能力大約60%能夠根據判斷而獲知，其餘40%，非經試驗是不知道的。

提拔人才要賭40%的運氣。這是關於人方面，但這60%的可能性，松下想也可以利用於其他方面。60%是及格分數，假使收集各種觀點的分數是60%的話，事情就可以做決定了。重要的是，這60%，不是隨隨便便的60%，一定要非常準確，毫無錯誤。

若以這種方式提拔人才，相信這家公司的經營效率必大大地提升。

再來談談經營的最高幹部 —— 董事。一個公司儘管有數十個董事，但通常擔負責任、決定事項的，只有董事長和二三位董事；其中也有所謂公司外

部董事，但這只限於形式上，除非發生嚴重的問題，非麻煩公司外部董事不可，否則一般經營範圍內的事，他們都只是形式上的顧問而已。

　　董事被任用為常務董事的基準，事實上是很難訂定的。不過條件相同時，總是以年資來決定居多。

　　可是當優劣差距很大時，就不該以年資來決定了。關於這一點，西鄉隆盛曾留下這樣的遺訓：「對國家有功勞者應給予俸祿 —— 但不能因有功勞而給予地位。該給予地位者，必定是具有與地位相配的能力與見識者，若將地位給予有功勞而無見識者，國家必致衰敗。」

　　這是談國事，但也可以拿來說有事業的經營。如果個人對公司有很大的功勞，值得讓他擔任公司的主管時，這一點非充分注意不可。有功勞的人應給予俸祿，拿公司來說，就是以獎金來報答。而地位則要給予具有與此地位相配合能力的人。事實上很不容易這樣做。在美國，常務董事的任期大都為一年，所以能夠很合理的改選董事。但日本公司中，常務董事的任期是兩年，因此困擾很多。有時候大家都明白必須改換董事，事實上卻無法實行。

　　不只是董事，凡是有意拓展公司的業務時，人員的調配就非常重要，公司組織的部屬如果沒有新陳代謝，一定會充滿沉滯的空氣。有很多情況都是等到這一部屬的效果低落，才想要尋找別人來替換，但往往這樣已經太遲了，容易把事情拖延下去。企業中用人是否得當，都因經營者的意志而決定，不論這個人好壞，其結果都要由經營者來承擔。所以即使在事情不順利時，松下總盡量避免貶低其人的品格。但對組織的負責人，不管是部長或科長，總要強調對這人的責任感需有充分的了解。

　　說起來容易，要開始一件工作時，見機行事還是很難的。急急忙忙地做時，有時會遭遇失敗，有時是出乎意料之外的成功。他的公司裡，也是常有職員強調其主張，假如不趕緊著手，就會來不及。這時候他會告訴他們別急，假使非聽你的話不可，那麼是不是意味著以後開始做事業的人就不會成功了。反正即使晚一年著手也一樣，100 年後出生的人，同樣有成功的，所以不必慌。

　　問題就在這裡，有時需要急。有時不必急，這是不能一概而論的。以松

下性格來說，他是屬於急性的，但一味地急也不行。最近不知是否年齡的關係，他已沒有以前那種急性了。大致決定的事，如果還不十分完善，他就延期辦理。雖然其中有些事非立刻著手不可，但往往不容易調合大家的意見。因此有時候他認為適度的延期，常常是必要的。除非是緊急的事情，才限期予以決定。恰到好處地決定事情的輕重緩急，已經不只是管理，簡直是一種高度藝術了。

在公司規模尚小的時候，把經營管理的重點放在製造與銷售部門，是理所當然的；隨著公司的規模擴大，人事和經理卻更加重要。透過適度的管理，企業的問題才能充分顯示出來，製造和銷售部門也才能因此保持警覺。這尤其要看收益的情形，才能決定管理的方法。譬如獲得同樣的利潤時，要考慮以這種管理方法所獲利潤，對這公司是否適當，或者以這種管理方法本來可以獲得三倍的利潤，事實上卻只獲得一半的利潤。可是，部門主管認為已經獲取足夠的利潤時，更當徹底評核，加強管理。

從不同的角度來看，沒有賺到應得利潤就等於損失。也就是說，本來可以獲得 1 億元的利潤，卻只賺到 5,000 萬元，所以等於損失 5,000 萬元。對這種事必須提升警覺。如果經理部不以實際上的數字來表現，或經由董事會而表達的話，就無法推展健全的經營，這裡就是事業發展的一個基礎。

委託不能放任

經營者必須對任何事的成敗負責。所以，他既要充分授權，又要隨時聽取報告，給予適當指導。俗語說：「有興趣後才能做得精巧。」松下也覺得原則上，應該把工作交給有興趣的人去辦。事實上，這樣做，效果往往會很好。

當然，如果這個人企圖利用職權謀利，那麼，即使他再三表示願意承辦，也不能答應他。而一旦委任後，若發現他的缺點，經營者立即矯正；在矯正不過來時，則應該及時更換承辦人。

換句話來說，雖然可以委任，卻不能放任。

他認為，經營者應該有任何事的最後責任，還是在自己的自覺。一旦有

了這種觀念，就會隨時關心交代的事情，做得怎樣了。雖然委任了，卻不斷地掛念，因此，會要求對方適時提出報告；若發現問題，則給予適當的意見或指示。這是經營者應有的態度。

當然，一旦委任了，就不應該過度干涉，要寬容到某種程度，這樣才能培養人才。不過，如果發現與要求不符時，則應該確實地提醒。否則等於遺棄了自己所慎重選擇的人才。就經營者來說，這是極為不負責的作風。

另一方面，如果被委任的，是觀念正確的人，他對於該報告的事，一定會詳細報告。不過，也有人會以為「既然交給我辦，那就得一切由我作主」而不提出報告，一意孤行，以致誤了大事。發生這種情形時，就表示根本找錯了人，必須由適當的人接替。

人才運用的妥當與否，足以決定經營的成敗，絕不可粗心。不論用人者或被用者，都應該隨時提升這方面的警覺。松下認為，經營者尤其應該隨時認真地檢討，有沒有切實做到適才適用。站在主管地位的領導者，對於培育人才的重要性，應有所認知和了解，但是實際上能夠完全做到的，並不多。

例如最近日本非常重視，父母及學校教師是否能對青少年，說該說的話，教該教的事。當然其中也有做得到的；但是，也有很多人對於教導青少年一開始就「投降」。因為有時候會覺得，講了他也不聽，所以乾脆不講了。因此雖然是站在主管的立場，卻從這立場下來了。像這樣，對於青少年的指導，恐怕就很難了。

對於青少年而言，如果沒有人給予指導，總會覺得好像缺少什麼東西似的。但如果一天到晚口囉嗦不停，他們也會受不了。

青少年很討厭當眾被罵，但是，如果被罵是有理由，他們還是希望好好地罵他們。

可是大人們常常表面上說，為了尊重青少年的自主性，而不指導他們，像這樣的話，青少年對大人就會感到失望。

為什麼大人不罵青少年呢？一方面是由於大人本身對於事物的了解，不夠透徹，因此對青少年無法做適當的指導。

但是最重要的，領導者對於本身指導青少年的立場，應有正確的認知，

並且覺得責任重大；如果缺乏這項因素，領導者就只是旁觀者而已。

如果身為公司社長，而不自覺主管的責任，那麼管理上，就不會很順利。一個公司的主管，應有非常強烈的責任感，向大家說明：「雖然大家這樣做或那樣做都可以，但我認為這樣做最好。」這是非常重要的。

如果真能做到這樣，大家也就會了解社長的想法以及自己應該做些什麼。那麼大家的智慧和力量，也才能發揮出來。同時，全體員工也有蓬勃的朝氣，而圓滿達成工作目標。

這種說明，是邁向成功的第一步，如果沒有這樣的第一步，什麼事都無法進行，大家馬馬虎虎地過日子。這種情形繼續下去，那麼公司等於停止經營，或根本沒有領導者。

這些問題，對於每一個經營者，或是領導者，都應該好好地檢討。

嚴厲的批評，是因為求好心切，這應該解釋為真摯情感的表現。

松下是喜歡做生意的，縱使全部身心投入其中，也樂此不疲。可是二次大戰以後，對於雖是興趣所在的生意，也覺得有些厭煩了；後來卻心境一變，又再恢復原來的心態了。現在喜孜孜地做著他的生意，熱情中散發著一股強烈的生氣。因此，偶爾會對各位同仁的工作態度或方法，有些嚴厲的批評，這是基於他的使命，也是求好心切所致。實際上如果沒有這樣的氣魄，是不能經營企業的。「好好先生」的作風，只能對近似神仙能力的人有用，對平凡人是沒有影響的。所以一旦熱情激發時，說話就會加重語氣，成為激烈的批評。但這正是他真摯情感的流露。

美國一位大學校長，曾經告訴松下下面這項事實。他研究過曾經在美國非常成功，但傳到第二代，經營卻失敗的 75 家公司。結果發現，癥結都在人才問題。

公司創辦後，得以漸漸地成長，不能否認某些創建元老的貢獻。但由於時代的變遷，這些因有功而位居要職的人，有不少人已不能因應新時代的需要。但第二代的經營者，卻礙於情面，不便辭退這些人，以致公司終於倒閉。

當然，也有許多公司因為其他因素而倒閉，但這位校長調查的 75 家公司，都有上述的現象。松下聽了之後很吃驚。不禁想到，在一向重視道、人

情，且有終身雇用傾向的日本，這種問題可能比美國還嚴重。

當年輕的第二代，繼承上一代就任社長時，周圍的主管，大多是年紀大而對公司有功勞的人。一般而言，由於人情的關係，即使有些人已不再能勝任工作，可是，也實在不便請他離開。

但是他覺得，經營者不應該有這種一廂情願的作風。否則，會跟美國那些公司一樣，走上失敗的命運。因此，必須破除情面，及早採取對策。如何報答這些過去為公司付出血汗的人，固然必須考慮。但影響決策的重要職位，則應該選用真正適合的人。

如何下定決心，獲得實踐它的力量呢？

他覺得，這完全取決於經營者對公司所有權的觀念，他是把公司當做「屬於自己」的呢？還是「屬於所有員工，甚至屬於公司」的呢？

如果認為公司是屬於自己的，當然會想：「怎能任意辭退對自己有很大貢獻的人呢？」但如果認為「公司絕不是屬於我一個人的。雖然規模不算大，卻有從上一代傳下來的傳統，藉此傳統，使所有員工及社會受益。我只不過是在代表他們經營。」自然就會想：「為了大家，我有義務讓公司繼續成長。為了完成這個義務，必須破除情面，讓適當的人才，擔任重要職位。對於曾立下功勞的人，則以其他方式酬報他們吧。」這樣才能產生果斷的決心及堅強的力量。

換句話說，就是應該思考怎麼做才正確。堅持正確的看法，堅定行動的資訊。唯有心存「保持光榮傳統」的決心，才能有真正堅強的勇氣及力量。

這種做法不僅只用於人事，也不只適用於第二代。任何一代經營者，都應該在經營的各個方面，保持光榮傳統。

委以一個重任以後，當然要充分觀察其作為。如果放任不管這是主腦者的忽怠，和不負責任的態度。所以對人委以責任以後仍須觀護。因為受委任的人，難免會有缺點，這種缺點主腦者應該要予糾正。如果糾正無效那只好換人。

經營者無論在任何情形，要自覺負起最後的責任，所以主腦者對委任的人要時常關心，有需要時要要求其提出報告，他有工作上的問題，要提供適

當的意見或指示，不可放任不管任其為所欲為。但要注意對於細節問題，盡量不加干擾。在某種程度須以寬容的眼光對待。若有脫序的情節就要嚴格加以注意。如果不加糾正與制止，則無異對自己所選擇人才不加愛惜，有愧主腦良心道理的責任。

　　另一方面受委任的人，如果是負責明理的，必然知道衡量輕重，兢兢業業努力從事，按時提出報告而不負重託，卻也有一旦受命專權辦理，便即擅專獨斷，一副「將在外君命有所不受」的態度，造成與公司政策背道而馳嚴重脫序，這就是用人錯誤馬上需要撤換，不可猶豫不決。因為經營的良窳在於人，所以用人及被用的雙方都必須非常認真，不能粗心大意，尤其經營者更應以犀利的眼光觀察，是所在任者符合適才適用原則，有無隨時調整的必要，以下摘自松下電器教育訓練中心編輯之《指導部下須知》所載：授與許可權時，主管人員應行注意事項：

▍授與許可權，使其產生責任感

　　設定目標以後，應予信任部屬大幅授與許可權，此處所稱許可權如下：

- 對於特定問題之決定（決定權）。
- 指示他人，做特定的行為（指揮權）。
- 自己可以做特定的行為（行為權）。

▍目標必須明確，做法不加限制

　　授與許可權時，目標必須明確指定，但為達成目標施行作法。必須尊重部屬個人的自主性，讓其自由發揮固有的優點與個性，由於全面的委任授權，才能引發切實的「責任感」，產生必達成目標的意興，同時有可能因不囿於成規，觸發創新的做法而達成目標，由此並可以培養其自主經營力。如果主管事事加予指揮干擾，必使受委任人意志低落，失去創意研究之心情，難以發揮其固有才幹。

▌給予適切的意見或主管

　　許可權雖已授與，責任仍在主管，所以主管平時仍應時常加以觀護，給與適切的意見或指導，不要只對最終目標才作嚴厲批評，這樣不但難期培養人才，也不能使員工獲得進步，因此被授權人如果做法有偏差，應即隨時糾正。如遇重大的障礙，主管應主動給予協助提供意見，有必要由廣泛的角度加以指導，遇到窒礙難行時給予一句很有幫助的意見，是何等的寶貴？對其人的成長也是有正面的效益，主管是要以這種姿態，與僚屬建立良好的互相依賴關係，不可放任不管到了最後才對目標，作嚴厲批評和指摘。同樣的，做為部屬的人也應在這種主管的理解與信任之下，充分發揮自己的能力。

▌致力於與許可權，努力於接受許可權

　　授與許可權的重要性，從來就很受重視，可是在實際上難生績效的實例也為數不少，關於授與許可權的結果，不能照預期獲得績效，可以舉出下列的原因：

- ◆ 業務目標不夠明確：如果業務目標不明確，即責任範圍難以確定，授權限度亦模糊不清。
- ◆ 負責人的性格保守：被授權人不敢放膽做事，或者主管對其部屬，仍然存有不信任的意念。
- ◆ 授與受雙方應變能力差：負責人及受權人對於萬一發生意外時，未能事先建立應變辦法或制度。

　　這種授權的制度，絕不能留有「監視」或「監督」的成分，必須完全讓每一個部屬，都能具有自主責任性，而且每部門都有統一性，使其可以共同提升效率為主旨。

　　另一方面接受權的人，也有幾個問題需要考慮。為什麼被授權的人結果不能符合上級的要求。下述是其原因：

- ◆ 未具有執行許可權所需的知識與能力。

◆　對事不夠熱心，個性保守消極。

◆　自己不考慮解決問題，認為事事請示上級，可以省事省力，也可免負責
　　任。

　　遇到這種情形，主管務須有耐性繼續予以指導，直至堪予授與許可權才
可授權，個性積極有進取心的人，會把工作陸續攬到自己頭上，相反的個性
消級的人，時時好像在迴避工作換取輕鬆，逢事不願參與，什麼事都採取主
動的人，非常能負責，也非常努力向工作目標邁進完成任務，接受授權。

　　總而言之，主管應致力於授權與許可權，部屬應努力於接受許可權，這
是不容忽視而必須建立的觀念。

　　公平的賞罰，才是真正的威嚴，恩威並用，寬嚴得宜，才會事半功倍。

引導部屬

　　經營者不要心存「支使別人替自己效勞」的心理，而應設法使部屬體會
出工作樂趣。

　　一個初出茅廬的從業人員，到了一家公司，總要一段漫長的適應時期，
往往是由遲疑、陌生，被人支使做事，才能漸漸了解公司的狀況。在這段期
間，他最羨慕的可能是那些看起來很有來頭，可以隨意支使他人的人。當主
管說：「你去做那件事情。」不管自己樂意與否，都不能違背，而必須說：「是
的。」並且勉為其難地去完成。在這種情形下，任何人都會存著「不行，我
非得改變這種形勢不可」的心理，於是激起力爭上游的雄心。

　　可是當他擁有了工作經驗，被提升到主管的職位，那時，他也有了較高
的地位，較多的收入和可以支使部屬的權力後，就會發現當一位主管應會遇
到很多以前做部屬時所沒有的問題和煩惱。

　　過去，封建時代，有一位智者曾說：「用人是一件苦差事」，他的意思是
要指揮別人來替自己效勞，是一件又苦又難的事情。在當時，身為部屬都必
須有絕對服從的精神，只要是主人的命令，無論合理與否，即使犧牲自己的
生命也要完成。在封建時代可以說是最容易役使別人。可是領導者還是不免

有「用人是苦差事」的感嘆，更何況民主時代，沒有上下階層絕對服從的精神，主管和部屬之間僅僅只是在任務上有差別，談不上「以死謝罪」的道德觀念，反抗主管的命令也司空見慣，不足為奇了。所以，在這時代談論「如何用人」，更使人覺得難上加難，苦上加苦。

　　每個人都有一段做部屬、誠心誠意幫助主管推展工作的刻苦的日子。當你累積了一些工作績效，而受到公司的擢升，有了新地位和指揮他人的權力後，往往會發現得不到部屬的支持與擁護。甚至於你費盡心力教導他們工作，可是不但沒有人感恩，還嫌你要求嚴苛，隨時想找機會扯你後腿。

　　所以，地位的提升往往並不等於是快樂。想起以前還是基層職員時，每天下班，心情輕鬆愉快地回家，和妻子兒女歡愉地用晚餐，偶爾喝點清酒助興，這些快樂都是用金錢、地位無法換取到的。但自從有了新地位以後這些可能都消失了。往往會因部屬故意違逆自己的意見，心中充滿憤怒和焦灼，回到家裡仍舊不能釋懷，不但晚餐和清酒無心品嘗，連妻兒也會被你的神經緊張所影響，這時你才能深切地體會到，這些隨著名分地位而來的苦惱，並不是虛名高位所能彌補的。但是身為一位領導者，卻不能因此而消極退卻。只有以勇氣，忍住一切辛苦，應督促自己，以愉悅的心情去處理它，否則，不但談不上「用人」，自己的事業也無法完成。

　　那麼，到底要怎樣才能解決人事上的苦惱呢？

　　根據他的經驗，「用人」變成一件苦差事是在二次大戰後的事，在戰前，社會上仍崇信封建式的道德觀念，上下階層劃分得很嚴密。當時，他以創辦人兼社長身分所說的話，沒有人敢提出反對意見。可是戰後整個世界趨向民主潮流，勞工地位提升，勞資問題層出不窮，而社會輿論往往又支持勞工運動。所以形成了一股激進的勢力。公司裡有很多人都突然變成工會的成員，時常反對公司的政策，使經營者都感受到凌人的氣勢。這時，才使他體會到用人的苦處了。

　　起先，對於這類人事上的困擾，他也提不出具體應付的策略。但後來，從和顧客的來往中，他領悟了一些較積極的想法，心裡才較舒坦，他以為，「用人固然是一件苦差事，但如果我把部屬當成顧客，我就會重視他們。正如

顧客往往有權利提出一些無理的要求，而我們卻必須盡一切力量使其滿意，使他們樂意購買公司的產品。所以，如果把公司員工或工會的成員都當成顧客看待，即使要求無理，也應懷感激的心情，去接納他。」

正因為有了這種想法，用人的苦惱自然減到最低，或許，這只是一相情願的自我安慰。但他確實認為，用人最好不要存著「支使別人替自己效勞」的心理，而應該設法使大家體會出工作樂趣，進一步使部屬把工作當成自己分內的事，這麼一來，就再也沒有用人的困擾了。

嚴寬得宜

公平的賞罰，才是真正的威嚴；恩威並用，寬嚴得宜，才會事半功倍。

在日本江戶幕府時代，備前岡山的山藩主叫池田光政，曾說過一段話：

「一位當政者，要想統治好一個國家，必須要德威兼備，寬嚴得宜。如果只施以小惠，而沒有威嚴，國民就會像一群在溺愛中成長的孩子不聽教誨，將來更不可能成為有用的人。相反的，如果對任何事都採取嚴屬的態度，或許在表面上能使人遵從，但絕無法使人心服，事情也就很難順利進行了。所以一定要有公平的賞罰，施恩於人，如此才是真正的威嚴。沒有恩，只有威是沒有用的；而沒有威，只有恩也不會發生效力。但最重要的還是要了解百姓的想法，如果無法做到，即使恩威並施，也不會發生真正的效用。」

這真是至理名言。在松下看來，威是嚴格、責備，恩是溫和、獎勵。身為一個領導者，對恩、威要能配合運用。

以企業來說，如果欠缺嚴格的管理，一味溫和，員工很容易會被慣壞，而言行也變得隨便，毫無長進；但若過度嚴格，往往會導致部屬心理畏縮，表面順從，但對事沒有自主性，也缺乏興趣。如此一來，不僅人力不能有效地發揮，整個機構也將毫無生氣了。

總而言之，一個領導者在處理事情時，必須先了解事務的真確情況，然後，恩威並用，寬嚴得宜，才能相輔相成，獲得事半功倍之效。

而所謂「寬嚴得宜，恩威並用」的意義，並不是恩、威各占一半，而是

說依事情的情況而定。恩威配合，以身作則地教導部屬，如此，部屬一定會樂意完成交給他的任務。

實際上，一個領導者對部屬的一言一行，都應該以寬大的態度去包容，在遇到該嚴格的時候，也要使部屬心服口服，才不愧是一位成功的領導者。

正如池田光政所說的，身為一個領導者，不僅要明瞭部屬的想法，對於世間的一切事務以及人與人之間的相處之道，也應有更深入的了解。寬嚴務求得宜，才可以帶動自己的部屬。

而且嚴罰一個人並使他心生懼怕就能讓他順從嗎？事實不然，教育孩子也是如此，以不斷地責罵，就能使他成為乖孩子嗎？這樣反而會使他的性格變得怪異。當孩子不好時固然可以責備他，但也要適度地褒獎他，使他有喜悅和感激。

這個道理，對待成人也一樣適用，恩威並施的方法是可行的。從前在蘇聯，如果對黨或國家有不利的言行，就會受到嚴厲的處罰，甚至有殺身的危險，所以被稱為恐怖政治。但在另一個方面也會因對社會有功，而被視為人民英雄，並授予各式勳章，加以表揚。我想在所有的先進國家之中發勳章最多的國家可能就是蘇聯。

戰國時代常發生在戰爭中爭打頭陣的情形。因為武士常因面子問題而爭打頭陣。最有名的頭陣之爭是發生在源義經的軍隊大破源義仲而攻入京都時，佐佐木高綱與梶原景季在宇治川爭打頭陣的事。

打頭陣雖然確實是武士的心願，可是由於獎賞的激勵，才使爭打頭陣的事更加轟轟烈烈。在戰爭時，常以殺人的頭數的多少來做為論功行賞的標準。

在武士道精神盛行的時代，如果沒有獎賞，恐怕武士的工作效率還是要大打折扣的。所以不論古今，國家的秩序是要靠賞罰的分明來維持的。

豐臣秀吉在建築豪華壯麗的大阪城時，僅費時一年半，至今還讓人感到訝異。原因之一是他答應「對築城有功人員給予相當的獎賞」，而「對於怠忽職守的人，輕則坐牢，重則斬首」。被斬首是件很嚴重的事，再加上獎賞的鼓勵，所以大家都很努力工作。也形成大阪城能在短期內建成的祕訣所在。

這賞罰分明的制度，一方面可以有督促作用，一方面可以加以鼓勵，漢

代就有「信賞必罰」的說法，雖是古時的制度，但卻是永恆不變的真理。

要使屬下高高興興、自動自發地做事，最重要的要在用人與被用人之間，建立雙向的契合與溝通。

善用語言

一個領導者適時地讚美，會帶給部屬無比的信心；而部屬也會因此對領導者心存感激。

加藤清正家的老臣飯田覺兵衛，是一位勇猛又擅長軍略的武將。但在加藤清正死後，宗族被追加了爵位，覺兵衛卻從此辭官，也不到他處去謀官職，而在京都過著隱居的生活。有一次，他對別人說：

「我第一次在戰場上建功時，也同時目睹了許多朋友因戰殉職。當時，心想這是多麼可怕的事情，我再也不想當武士了。可是，當我回到營裡，加藤清正將軍誇讚我今天的表現，隨後又賜給我一把名刀。這時，我不想當武士的念頭被打消了。後來，每次上戰場，我總是有『不想再當武士』的念頭。可是每次回到營裡時，總又會受到誇讚和獎勵」。原因無它，就在於能否巧妙地運用他人的力量而已。

「我是這麼想，你認為呢？」雖然是下命令，卻是用商量的方式。

不論是企業或團體的領導者，要使屬下能高高興興、自動自發地做事，最重要的，要在用人和被用人之間，建立雙向的，也就是精神與精神，心與心的契合、溝通。

例如：你命令員工去做事的，千萬不要以為只要下了命令，事情就能夠達成。作指示、下命令，當然是必要的，然而，同時必須仔細考慮，對方接受指示、命令時，有什麼反應？這個人的感情，是怎樣接受你的命令？

社會上一種獨裁性很強的人，這種有「獨裁」之稱的人，想事情時，總是擺脫不了命令式和單行道的作法。當然這種人大多是富於各種經驗，而非常優秀的。所以大致說，照他的命令去做，是沒有什麼錯誤。可是如果老是這樣一個做法，總會留下一些不滿，令人感受到壓制，而不能從心底產生共

鳴；同時也變成因為沒法子，只好「好吧，跟著你走吧。」這樣一個情況。這樣就不可能真正有好的點子，產生真正的力量。

所以在對人作指示或命令時，要像這樣地發問：「你的意見怎樣？我是這麼想的，你呢？」

然後必須留意到，是否合乎此人的意見，以及是否徹底了解，並且要問。至於問的方式，也必須使對方容易回答。這便是訣竅。這在人盡其才的用人之時，不是非常重要嗎？

松下自從創立松下電器公司以來，始終是站在領導者的地位。但在此以前，也曾經站在被人領導的立場，所以員工的心情，多半能夠察知。由於自己有過這樣的體驗，所以在下命令或作指示時，也都盡量採取商量的：「我是這麼想，你認為呢？」這樣一種方式。

如果採取商量的方式，對方就會把心中的想法講出來，而你認為「言之有理」，你就不妨說：「我明白了，你說的很有道理，關於這一點，我想就這樣做好不好？」諸如此類，一面吸收對方的想法或建議，一面推進工作。這樣對方會覺得，既然自己的意見被採用，自然就會把這件事當做是自己的事，而認真去做；同時，因為他的熱情，所以在成果上，自然而然會產生不同的效果，這便成為具有大有可為的活動潛力。

即使在從前的封建時代，凡是成功的領導者，表面上雖然下命令，實際上卻經常和部下商量。

如能以這樣的想法來用人，則被用的人會自動自發，用人的人也會輕鬆愉快。因此用人時，應該盡量以商量的態度，去推動一切事務。

要使部屬自動自發，就放手去依賴他；但該說的還是要說。

人有想工作、想幫人忙的天性。有人向你說：「玩吧，不要工作了。」雖然一時會覺得輕鬆高興，但是隨著時間的流逝，大部分的人會覺得百無聊賴起來。要部下發憤圖強地工作祕訣，是不要去擾亂部下的工作。他們本來就想好好做的，經過你不必要的一再強調，他們的心會涼下來，覺得興趣索然。他們的反應而是「今天休假一天算了。」

不去打擾拚命工作的部下，這並不是說，不注意他們所忽略的地方。做

一個負責人，該說的話應該要說，但特別留心說的方式，不干擾他們的工作。

常聽人說：「在他的主管下工作很愉快」，或是「他很了解我」，這是因為主管不去干擾部下的工作。許多想督促部下拚命工作的主管，他的所作所為，反而阻撓了部下的工作。

所謂不阻撓部屬的工作，就是要依賴部屬，而由部屬自主自發地去做工。這是以先信賴人的胸懷為基石。大家都不是神，能力都有限，所以當然不能100%的任由部屬自由自在地去做？但只要有一半以上的可能，就應該信賴部下，「你要做啊，你一定能做得好」的話去鼓舞部下，放手讓他去做。用這種態度做基礎，在工作的過程中，如果你的部屬有失誤，不客氣，但不傷害自主性為原則地注意他、提醒他。這樣做的話，你所期待的發展、成功的機率，遠較失敗的為多。

平時很熱心催迫部屬工作的人，應該多多反省，你是不是常常妨礙部下的工作？

注重說話技巧

再好的意見，想讓人同意，都得靠說話技巧。

一定要具有說服力，才能獲得效果。

明治初年，政府預備修築從東京到京都的鐵路，但是國內封建而保守的勢力，認為鐵路是西洋頹廢物質文明的產物，所以群起反對。當時，負責監督鐵路工程的岩倉具視公為了消除反對的聲浪，就公開對人民舉出建築鐵路的「理由」：

「雖然日本的首都已經遷到東京，但皇室一千多年來祖先的墳墓仍多在京都一帶，所以天皇每年都得回京都掃墓祭祖。每次出門，沿途的百姓總都要送迎，增加大家的麻煩。如果修成鐵路，天皇返鄉時就不必驚動地方了。因此，為了成全天皇的孝思，又為了東京到京都沿途的寧靜，修築鐵路實在是刻不容緩的事。」

當然，人們知道明治天皇修築鐵路，是基於政治、軍事和經濟上的考

慮，而不完全是為了「盡孝」。可是這個理由巧妙地抓住了日本人崇敬皇室的傳統，比其他一千一萬個理由都有效，原先反對的人，也紛紛表示贊同：「對，沒錯，我們確實要體諒天皇盡孝的心情。」於是沒多久，鐵路的建設就如期完工了。

我們知道，領導者為了要完成某項使命，常需要動員許多部屬，所以最重要的事，就是要讓這些部屬服從命令。而為了使部下服從，首先領導者不但要確立正確的施政方針，還要有良好的主管技巧。

領導者的施政方針如果不夠明確，那麼部屬如何配合做事呢？可是一個領導者最忌諱的是，頑固地認定自己的施政方針正確，別人的想法錯誤，而以高壓的手段強迫部屬服從命令，這樣最容易激起別人的反感而引來反效果。換句話說，宣布一件政策要大家遵從時，必須考慮到說話的技巧 —— 理由一定要有相當的說服力，才能獲得預期的效果。

所謂「說服力」是什麼呢？就是說話時要顧慮到時間、場合和對象，因人因事，說出足以打動對方的心意，並使之無法抗辨或反對的話，以達到使別人來替自己做事的目的。

沒有說服力的領導者，就像一塊榨乾的破海綿，引不起別人的注意。說話乏味又沒吸引力，就算他所傳播的是耶穌（Jesus）真理，也不會有人信他。像岩倉具視公這樣一針見血的說話技術，不但值得欽佩，更值得學習。

說服力產生的最大要素，就是因人而異去使用說服方法。

三國時代有一場著名的赤壁之戰。曹操統率百萬大軍準備攻打吳國，當時吳國分為主戰、主和兩派。諸葛亮為了說服孫權和蜀漢聯手抗魏，不遠千里來的東吳，企圖增加主戰派的聲勢。

這時，吳國的主戰論者魯肅對諸葛亮說：「為了促使孫權下決心打仗，希望你能把魏國的實力說得弱一點。」可是，當孫權向諸葛亮詢問魏國兵力時，諸葛亮卻說：「據說魏國有一百萬的精銳軍力，可是實際上不只是這個數字。所以，在這個時候，求和是非常明智的。」孫權很驚訝地問道：「那為什麼兵力比吳國還弱的劉備，敢和曹操打仗呢？」諸葛亮說：「我的主君為了要復興大漢皇室，所以必須和曹操一戰。所謂大義義戰，勝敗乃是次要的問題。如

果為了吳國的安泰著想，我勸你還是謀和。」聽了諸葛亮這番話，孫權也立志要和曹操決一勝負。於是蜀吳兩國合力抗曹，終於打勝了赤壁之戰，而在歷史上寫下輝煌的一頁。

諸葛亮知道孫權是一位英雄人物，所以如果把敵方的軍力說弱了，他不會因此而參戰，反而因為敵人的強大，更容易激起他的鬥志。松下認為，由諸葛亮遊說孫權的例子中可以證明，諸葛亮「說話要因人而異」是成功的。

要能適當地因人而選擇說明的方法，自己也必須具備知識和體驗。所以為了能具備這種說服的才能，身為一個領導者，就得體會各種經驗，以增加自己的見識。

任人唯賢

要理智地安排人事，不可被顏面或私情牽著走。

如果一個部門的業績不能提升時，松下會找有關部長問一問原因。他們的解釋大約都是：「我本人拚命地工作，但是手下課長，有的不適合的工作，又難於駕馭，所以不能提升成績，真對不起。」

他也相信確實有可能是這麼回事，但是問題在於部長所說的這種藉口，合理不合理。一個部門有一個部門當盡的使命，而負責完成使命的就是部長。所以如果是在部屬中有不稱職的人，而影響到成績的話，部長應該有所作為才對。就算撤換了那個部下，也要設法達到目標，這是部長的責任。

那麼要怎麼做呢？要向會長或社長報告實在的情形嗎？「我相信如果把他調到別的部門的話，可能發揮他的長才，充分盡他的能力。在這裡實在是不適合，所以為了這個部門，為了公司，也為了他本人，敬請把他調到別的部門。」

但是，往往人性的弱點抬了頭。「如果把實情往上報的話，不就證明我沒有能力統御我的部下嗎？這有關我這個部門的顏面。」於是不敢調動這個不適合的課長。如果這樣的話，該說的不敢說，十足的證明你做為一個部長，應有的責任感太薄弱了。換句話說，你把社會交付你的使命，放在一

旁了。

他調的事，也可以用在部長本人身上。自認為不能做個稱職的部長，也可以向會長或是社長或是社長報告：「我做了一年部長，但是成果不彰，我想，這是我缺乏當部長的條件的關係，所以我請辭部長之職，想做其他的工作，敬請他調。」

不管是部下的調動或是部長本身的調動，都不要以私情來做判斷的依據，一定要量才，而作正確的研判才行。既有不能稱職的部下，而你因為自己的顏面或私情，而猶疑不決，是不可以的。

一個人他調後，在別在部門工作得很好的例子，實在很多。一個部門營運的成敗，端賴部長的做法如何，這完全是部長個人的責任。為了要公司確確實實地發展，合理地調職，是勢在必行的，而一個部長是有這種調派責任的。

員工某方面的能力強過自己，領導者才有成功的希望。如果都用比自己差的人，那什麼都甭談了。

漢朝開國始祖劉邦和他的部下韓信，曾經有過這麼一段對話：

「如果我親自領兵，你認為能帶多少士兵呢？」

「陛下最多只能率領 10 萬大軍。」

「那麼，你能帶多少兵馬嗎？」

「我是越多越好。」

「那像你這樣能幹的人，又為什麼要做我的部下呢？」

「因為陛下不是兵士的長官，而是將軍的長官。」

從這段對話中，可以了解，在指揮軍隊和征戰沙場方面，韓信的才能確是勝過劉邦。可是劉邦有辦法運用韓信的才能。關於這一點，漢高祖曾對部下說：

「我的智謀詭計比不上張良，在行政管理上又不如蕭何，指揮軍隊更不如韓信。得到這三位傑出的人才助陣，這是得天下的主要原因。」

漢高祖的話，十分引人深思。如果單以才智來一較高下，那多的是比他傑出的人。但經他平凡的才能所建立的王朝，卻能統治廣大的天下達好幾百

年之久，他能成功的創建許多豐功偉業的祕訣就是能知人善任。

　　劉邦和項羽爭奪天下，而項羽也是一位英雄人物，無論才能和力量，都遠在劉邦之上。可是項羽不善於用人，甚至連自己的軍師范增都容不下，這是項羽失敗的主因。

　　即使一個才智出眾的人，也無法勝任所有的事情，所以唯有知人善任的領導者，才可完成超過自己能力的偉大事業。然而一般人最容易犯的錯誤，就是高估自己的能力，而不肯接受他人的忠告。領導者也最應留意這點。所以只有當他發現部下的能力在某些方面高過自己時，正也表示他有成功的傾向。所以如果所用的人都是平庸俗人、能力比自己差的人，要想成功就太難了。

保持經營方針的穩定

　　人事調動頻繁，才能來不及發揮，會導致經營方針的動搖。

　　最近，有關教育問題的評論很多。教育的重要性是不容置疑的，它的宗旨是培養德智體兼備，能獨立思考判斷的人。如果說個人的幸福、國家的盛衰，全看教育是否成功也不為過。

　　因此，大家對教育紛紛提供意見，教育當局也做了很多興革措施，這是很好的現象。

　　根據多年的經驗，不管你網羅了多少最優秀的人才，如果主管的調動這樣頻繁，經營是很難有成效的。還是讓一個有抱負的人，用長時間，根據自己的信念，以一貫的方針去經營，相信效果一定很好。

　　教育是百年樹人的大計，它的重要性、它的困難，不是經營一家公司所能相比的。而負責最高教育決策的教育部長、次長那麼頻繁地調動，真的能產生預期的教育成果嗎？這是個很值得深思的問題。

　　當然，能當部長的都是特別優秀的人才，國家的教育方針也在憲法或教育基本法裡有明文規定，可是如何活用它，卻要靠主管的學識經驗了。因此，一兩年的任期實在太短，有才能也無法發揮，還是讓一個人長時間繼續

掌舵，才能向一個固定的目標前進。極端地說，就是總理大臣（行政院長）換了，教育部長也不必跟著換。應該這樣，不曉得對不對。

企業不要盲目擴充，人員不要一味地求晉升，要衡量自己的能力工作。

松下公司代理店發生過一件這樣的事。

該店的社長是一位非常熱心的生意人，起先只是小規模的公司，不久銷售額逐漸提升，公司的業務蒸蒸日上，從業人員也跟著增加到一百多人。

可是從那時開始，不知怎麼搞的，銷售額竟不再增加。這絕對不是因為該公司的社長被過去的成績沖昏了頭，以致疏忽大意，他甚至於比過去還更加努力經營，絲毫也沒有鬆懈，所以確實令人費解。

該社長為此憂心忡忡，最後歸納出如下的結論：「我竭盡全力地奮鬥，也無法獲得好成績，原因是不是公司過度膨脹呢？員工三五十人時，公司內上上下下我都可以注意到，每一個員工也都能徹底了解我的意圖及公司的方針，這樣全體員工才能有效發揮功能，公司的業績才得以伸展。然而現在人數增加這麼多，我既無法完全照顧到所有員工，我的意圖也不容易讓每一個員工都知道，因此即使員工拚命為公司效力，也無法獲得100%的效果，這可能就是最大的原因。」

因此，雖然需要極大的勇氣，他還是想趁機把公司分成兩家。於是前來找松下商量，尋求意見。

本來公司對該代理店的近況已有些擔憂，但覺得該社長說得也有道理，因此松下說：「你的主意很好，我們完全贊成你的想法。請放手去做吧，我們會盡量支援你。」

幸虧，該公司也已經培養出一位踏實可靠的主管人才，所以就順利組織成一家30人不到的新公司，由他來擔任社長，全權經營新公司。該社長除參與重大問題的協商外，都全心全意去經營他原來的公司。

結果，真是令人瞠目結舌，半年多以後，那個社長在原來的公司又開始充分發揮他的經營才幹，銷售額竟達到新公司分立以前的總銷售額，新公司方面也達到開張時銷售額的二倍。換言之，雙方的銷售額加起來時，新公司正好是完全多出來的。這成果確實令人難以相信，而這些成果是由該社長

的決心與勇氣產生出來的。每一個人的能力都有限度。個人企業的經營者用二三名員工時，或許還很順利。但員工一增加到 10 人、20 人，就有人無法經營下去。有人增加到 50 人還不成問題，但也有人增到 500 人、甚至 1,000 人都還綽綽有餘。

這位社長的能力大約是以 100 人為限吧，可是這位社長了不起的地方，就是他自己也能了解這一點。

這是非常重要的。如果這位社長不考慮這一點，不自量力地繼續經營擴展，公司說不定早就關門大吉。事實上，這種「小」時了了，「大」未必佳的例子，可說是屢見不鮮。

這一件事不僅對經營者，對一個部門或課室的負責人，甚至對每一位職員，在精神上都有非常重要的教訓。那就是大家都要了解自己的能力，並根據這能力去從事在自己能力限度內的工作。

經常聽到，有人當小職員時，工作俐落、能力強；但一升為股長，就無法讓部下充分盡職，自己的工作表現也不怎麼好。或當課長時，是一位很了不起的課長，但一升部長就乏善可陳了，這也就是說，他沒有與地位相稱的能力。

日本存在著所謂「年功序列制」，不去考慮實際的能力，而按照年資身為升遷的標準。於是升課長或部長的沾沾自喜，也受到大家的祝福，孰料，他本人並沒有那份能力，不但給公司帶來損失，他自己也有無法勝任的痛苦。

如果他本人真正了解自己實力的界限，即使公司說：「你來當部長。」他也會說：「不，當課長我能勝任，但當部長我就能力不足了，所以我絕不接受。」他可能就不至於失敗，而且是個成功的課長。

以上就是說，只有 50 斤力氣的人要從事 70 斤的工作就會失敗。但如果有 100 斤力氣的人只從事 70 斤的工作，即使不會失敗，也未免太浪費、太可惜了。具有 100 斤力氣的人也是應對此有正確的了解，至少也要從事 95 斤的工作才對，不然對自己、對社會都是一種損失。

大家若都能經常檢討自己的能力，從事適合自己的工作，自然就不再有什麼不滿與牢騷，而能以充滿喜悅與興趣的心情去工作。

從事大的工作並不可貴，可貴的是工作能成功。

不過，有一點要了解的是，這種能力、這種適合性並非一成不變，而是可以進步的，所以自己應該努力向上。

若能這樣腳踏實地循序漸進，即使現在不是時機，將來也有可能勝任的一天。

配合時會發生對立，除了因為性格、實力接近外，也因為關係劃分不明。

部門的職員間，或是課長級同事間，有時會產生對立，以致人際關係不能順利發展，這真是不好的現象。但大家都是凡俗的人，人際的摩擦是在所難免的，所以還是要承認有某種程度的對立存在。因此身為主管的人，要多考慮怎麼樣運用人事調動，盡量減少這種對立。

譬如說，三個課長共同管理同一部門時，即使三個人的性格相近，實力又相當，意見也總是會分歧的。所以最好的調配是：一個富有決斷力，一個有協調能力，另一個有富有行政力，共同組成一個理想的業務隊伍，這麼一來便能效率高而對立少了。主管級人員應具有這種面面俱到、妥善搭配工作人員的能力。

以上方案適用於解決你員工的問題，但卻很難應用於包括你自己在內的對立問題。主管的對立是要極力避免的，但如果自己也是當事人，事情會變得較難解決。這時，想辦法分配每個人不同的任務，是最為妥當的辦法。

譬如說，你們三個人組成一個部門時，如果皆同屬一個階級，那是很難辦的事。只有選其中一個做最高負責人，然後凡事以他的意見為中心，不然也可以自己擔任首腦，而參考其他兩位的意見去行事。

培養獨立自主的員工

領導者最重要的作用就是要啟發部屬自主的能力，使每個人都能獨立作業，而不是變成唯命是從的傀儡。

千萬不要把部屬培養成是唯命是從的傀儡，一定要讓他們多思考。

德川家康費盡了心思想訓練他的兒子 —— 紀州藩主德川賴宣，最後決定

聘請名師安藤直次為輔佐。安藤直次有感於自己的責任重大，所以決定要嚴格訓練年輕的賴宣。為了使他將來能成為明君，也同時採用啟發自主的方法來教育他。

土井利勝在德川賴宣即位以後，曾經擔任軍政府的最高行政官。他回憶安藤直次在紀州擔任賴宣輔佐人時的作風說：

「每次都有人來向直次請求斷案，直次都只回答『可以』，或『不可以』，從來也沒有說明過理由，而由他們回去重擬判決，直到最後利勝問直次，為什麼不乾脆告訴他們應該怎麼做呢？如果能明確地指示部屬，事情不是會進行得更順利嗎？」

直次回答說：「你的看法也對，直接告訴他們怎麼做可以非常省事。但我年事已高，若想為德川將軍栽培紀州的好人才，總不能每件事都由我做決定吧？如果每件事都要由我來提示才能做決定，那麼大家都會依賴我，如此又怎能栽培出優秀的人才呢？」利勝聽了這席話後，誠服地牢記在心，這實用的一課，對他後來的仕途有很大的幫助。

事情交給部屬，難免會因考慮不周或技巧不夠，而造成一些缺憾。在這種情況下，主管總結慣例地指示部屬應該如何去做。當然在遇到一些重大的問題的處理上，是絕對有必要給予具體的指示方向或依循的原則。但問題是，如果指示太過詳盡，就可能使部屬養成依賴的心理，唯命是從，不肯再動腦筋。一個命令，一個動作，這樣只是機械性地工作著，不但談不上做事的方法，又怎能培養人才呢？

訓練人才，最重要的是要他們多動腦筋，多思考，然後自己計劃策略，付諸實行。能獨立自主，才能獨當一面。由這個角度來看，安藤直次培養人才的方法，確實是有他的道理。一位領導者最重要的工作，就是要啟發部屬自主的能力，使每個人都能獨立作業，而不是變成唯命是從的傀儡。德川家康是個傑出的英雄，所以他選擇了直次這麼一個出色的領導者，如此才能使部屬發揮長才。

讓員工心中有一個夢

現在是一個分秒必爭、時間就是金錢的時代。為了爭取時間，怕引起錯誤，領導者經常會不厭其煩地把工作交代清楚，這種作法和安藤直次的有明顯的差距。但到底怎麼做才正確呢？我們應深入地研究探討，一方面要使直次的作法能配合時代的快速腳步，同時更不能容忍部下總是處在被動的地位。

告訴員工公司的理想，使他們有目標與期待，必能提升士氣，使企業順利成長。

松下擔任社長時，常找機會向員工表示，他對於幾年後公司將發展到哪一種規模的看法。

例如：在 1955 年發表了五年計畫。由於當時幾乎沒有其他公司發表這種計畫，同時雖然只是談話，也難免外泄，造成許多不必要的麻煩。因此，站在經營的立場來說，這未必是最好的辦法。

但由於談到五年後，要把生產提升到什麼程度，需要多少員工，同時需要哪些心理上的準備來實現目標，大部分員工都徹底地了解了公司的計畫。

當然，這樣做到底有多少效果，是無法一概而論的，況且那時也有被其他公司獲悉我們計畫內容的反效果。松下明知這些問題卻果斷地發一有了它，一方面是為了讓員工有堅定的目標或期待，另一方面，是由於他確信這是經營者應有的做法。

此後，他也陸續向員工提出，採用每週工作五天制，或把薪資提升到歐洲水準之類的目標，同時請大家共同努力去實現。

這種作法，在經營策略上，可能遭遇許多批評，同時在推動事業時，也有不利的一面。但松下認為，讓員工徹底了解經營者堅定的方針和信念，不正是超越了這種不利，不計得失的正確作法嗎？

松下一直認為經營者的主要任務之一，是向員工提出目標，讓他們的心裡有一種美夢；如果做不到這一點，就不配做一位真正有抱負的經營者。

善於聽取意見

以開明的作風接納意見，以感激的心情接受熱誠，使公司充滿發展的朝氣。

每個公司或商店，都應該建立起樂於服務，全心投入工作的風氣。那麼，應該注意哪些事項呢？

也許各人有各人的想法，但重點之一，則在於主管或前輩，要樂於接受部屬或後輩的建議。當部屬提出某些建議時，應該欣然地表示：「沒想到你會想到這種事。你很認真，真不錯。」以開明的作風接納意見，部屬才會提出建議。

當然，你要站在主管的立場，從各方面考慮建議該不該採用。有時，雖然他們熱心提供了許多建議，但實際上，並不便立刻採用。在這時候，也應該接受他的熱誠，誠懇告訴他：「以目前的情形，這恐怕不是適當的時機。請你再考慮一下。」一個公司或商號，有著包容建議的風氣，是很重要的事。

如果一再地拒絕部屬所提的建議，會使他們覺得，「主管根本不重視建議，以後不再做這種吃力不討好的事了。」結果，只是死板地做自己分內的工作，沒有進步，也沒有發展可言了。

這是很值得檢討的現象。相反的，主管應鼓動員工提出建議，確實做到積極地徵求意見的態度。「提出建議，不但對公司很有幫助，且能增加工作的樂趣。請你好好地想，有沒有什麼好的建議。」這樣不斷鼓勵部屬，才是真正重要的事。

員工都遵照命令列事，即使公司再大，人才再多，也不會有發展。

當公司或商店的規模，隨著歲月越變越大時，其組織就會像政府機關一樣，日漸趨於僵直硬化。因此，在不知不覺中就會有些不成文的陋規出現。比如一般的社員有事要先向主任報告，而不敢直接去找課長；主任就要先找課長，不能直接找部長；課長要先找部長，不能直接找社長。像這樣就很難發揮個人的獨立自主性，連帶的也使公司無法再做進一步的發展。

因此要想辦法來防止這種現象。具體地說，就是要製造新進社員能直接

向社長表達意見的風氣，尤其是身為主管的人更有責任去製造乃保持這種風氣。一般的社員越過主任、課長、部長，直接向會長或社長報告，絕不會有損課長或部長的權威。

如果主管不具備這種胸懷，反而會使一般社員有所顧慮，這時候就是趨於僵直硬化的開始。屬下的意見或許沒多大的價值，但其中一定也會有主管沒想到的構思，這就要特別加以注意，並且彈性地決定採用與否。如果只是固執地相信只有自己的方針才是對的，那就無法走出自己狹窄的見解範圍。唯有把屬下的智慧當作自己的智慧，才能有新的構想，這是主管的職責，也是使公司商店發達的要素。

還有，對於員工的提案。

並不是要完全沒有錯誤才採用，而是要多少採用一點。「這既是你的構思，那我就試用看看吧。」這種不完全擯棄的接納態度，才能使員工勇於提出新的提案。如果員工都是「按命令做事」，就算擁有再多的人才，公司也不會有發展。公司再大，人才再多，若沒有讓年輕人自由發表意見、自主工作的機會，是什麼也做不起來的。

如果採納施行絕對正確的，摒棄不能預料效益的建議的作法，基層建議便會逐漸減少，也無異扼殺構想、創意，將使建議欲日趨低落，這種情形如演變成習性，基層的人都會僵化，這樣不能養成人才，反會產生負面的效果。所以遇到一時難以決定可否的建議提案，不如給與提案人也給自己一點緩衝。比喻說：「這個建議的效益，恐怕不如預期，既然你這樣熱心，就照你的意思去做吧！」這是處事應該注意的重要原則。

以我個人看法對於提案可以同意的，立即交辦。不同意的也盡快否決，無法立即決定的提案則都給予：「這種事在沒有做以前很難說，你們去試試看吧。」的同意，這也就是松下電器的員工，都能盡情發揮所能去工作的原因。

育成有自主的職員，讓他們去發揮幹勁，這是一般企業公司輔導基層，培養人才的基本措施，研究這個問題的文章，真可以說是「車載斗量」，篇牘浩繁不勝枚舉，但最重要的是松下電器仍然要強調讓基層有表達意見的機會，甚至鼓勵其盡量提出意見，以及欲使其發揮幹勁，就要交給主辦或超過

其原來能力的工作，現在引用松下電器「指導部屬須知」，要如何交辦工作所列舉有價值工作交辦方法，這就是要使承辦人員所做對工作產生價值感，也就是充實其職務內涵。比如：提升工作的性質，增加工作的量。

　　以下是有價值的工作交辦方法，從中可以了解到什麼是產生價值感的因素。

有價值感的工作交辦方法

　　具體的指導方針如下：

1. 授與許可權（責任、達成、肯定）

2. 對事人之工作加重其責任。（責任、肯定）負責人信任部屬，授與相當的許可權時責成其對工作負起責任。授與責任相等的許可權，促其就責任與許可權範圍研究創意，做最好的工作推行。

3. 承辦人自行負責的事情，盡量不予干涉。（責任、個人的成就）干涉過度，會扼殺創意，難以發揮特性，也會產生依賴心。

4. 交與新的更困難的工作。（學習、成長）

5. 交與需要特別用功的工作使其成為專家。（責任、成長、進步）人必因有所要求，而邁向目標努力，用心研究，結果產生新的創意以至符合要求。

6. 工作的成果，必使其本人檢討。（承認）該嚴則嚴，該指導則指導，以愛心考慮其將來的進步。些微的錯失，必讓承辦人了解原因，使其做為改正及更進步之契機。

7. 交與其本人能自行計劃—執行—稽核的工作。（責任、達成、肯定）
   說明：這是一項能自行計劃—執行—稽核的工作程序，與以往認為工作的計畫，稽核都由主管負責，基層人員只是執行任務而已，因為以往的工作程序，基層人員無斟酌餘地，自己不必用什麼腦筋，只要承命默默工作便可以，結果無法在工作中產生樂趣，責任觀念隨之薄弱，如改若表中所示，則每一工作人員都賦予責任，並促使引發挑戰性，讓其自行

立下「計劃」、「執行」與「自我稽核」，使其有自我的價值感。企業界通常認為：分工是提升效率的方法，但是效率的提升並不是可以依照工學理論來計算，而必須以工作人員的心理與感情作用來衡量，尚須鼓勵方能奏效，所以我們不要忘記，一個人能感受人生意義和喜悅，必須是他工作的進步和成功，得到上述效果則必須經過學習→進步→辛勤→努力種種過程。

第四章　松下公司的人才方針

松下電器的經營推展主體是在於各事業部，所以培養經營主管人才的責任也在於各事業部。亦即各事業部是：推展獨立的責任經營制的一環，對於員工教育訓練亦為主體，以自行負責的自主方式推行。而且各自因地制宜，研究適合該部門的方法實施。

務使每一個從業人員都可提升能力，期求有人性的成長，以及有工作的成就感，就必須依憑主管做細膩的個別指導才行。人才養成的基本亦存在於此。換句話說，管理監督人員對部屬的個別指導，是極其重要的事情。也即是人才養成的軸心。不可不知。

基於這個旨趣，為使在各事業場所負責指導部屬的主管，人才養成的管理監督人員，及擔任教育訓練的主管們，能有效推展每日的職場指導，或研修指導，特由教育訓練中心作成「長期養成人才方針，及其解釋乙種」備用。

這是完全針對內部使用編輯，乃根據松下先生育才造人的理念，以文字使之具體化，提供給現場第一線，負有指導之責的人員應用。但是對其他企業的育才方針，亦甚具參考價值，故予刊載本書俾供參酌。

茲予闡明有關人才養成的基本方針，俾供個別指導及研修計畫訂立方案，及其執行的指標。

養成人才的目的如下：

- 貫徹經營基本之方針；
- 提升專業的能力；
- 培養經營、管理能力；
- 培植品德，增廣識見。

本公司是以「養成努力實踐經營基本方針之人才」為目的。在人事方針亦已明示。其長期養成人才方針亦本此理念，首先舉出「貫徹經營基本之方針」，其次為「提升專業的能力」。換言之，本方針的目的是在於：「養成懂得廣角度經營的專家。」

何謂懂得廣角度經營的專家

這裡所謂的經營，並不是單純企業的經營之謂。它是「受社會寄託寶貴的人才、物質、金錢、並加予有效運用，創造更好的價值」之意。因此，無論任何瑣細的工作或作業都須經營，也需要創造更好的價值。擰螺絲釘是如此，清掃也一樣，既然是工作，應該都要經營。「懂得經營」就是：對於任何工作都具有經營意識與管理能力，作工作的主人翁，能體會創造更好的價值之謂。

無論什麼工作都把它認為是一種經營、一種生意，也把它完全認為是自己的事情，貫注精神去做，自然產生創意、締造良好的成果。所以必須每一個人都貫徹商人根性，貫徹於職業本分。做工作的主人翁而體會經營的祕訣，便可在這種情形之下培養「懂得經營的人才」。換句話說：「就是各人在各自的職位，發揮自己的能力，傾注意欲與思考，創造更有價值的事物貢獻社會這才是做為「懂得經營的專家」之要件，尚且與經營基本方針的體會、實踐息息相關的，並相互輝映。

▌經營基本方針的體認

體認經營基本方針，就是要準備做為產業人。其對松下人行動的指標、五十多年的歷史所培植的「經營定石」（譯者注：定石為圍棋術語）或「經營竅訣」不但要理解，而且要透徹「何謂正確」這種價值判斷的基準，更進一步也須領悟在「松下電器應遵奉的精神」所明示，這才是做為產業人應有的抱負與做人處事的態度等。

將上述經營基本方針的體認做為基礎，更必要進而了解年度的經營方針、營運上的職能方法。這些了解並不是局限於觀念上理解，必須與個人目標明確的結合，而在每日的職場上篤踐力行。

▌提升專業知識的技術和管理能力

為執行基於經營基本方針的職務，必須學到高水準的專業知識及技術，並提升各種管理能力（使人盡其才，物盡其用高度發揮）。

專業知識，技術不可只限於所擔任的狹窄範圍，必須視其性質，盡量廣泛地擴大修習其他有關知識與技能。例如：對擔任「品質管理」的個人所要求的知識、能力構造，即如前所示。

所有的職務，所有的階層，所有的職場所屬的每一個人，所需要的能力構造，必須由主管指導使其明確化，並予啟發。以期養成為廣角度的專家。

▌豐富的人性涵養

廣角度專家的養成，不只讓其修習知識、技能、管理方法而已，應該以人性的成長為基本。因此促使其知情意的調和，豐富的人性涵養，這是松下的課題，也是建立充滿人情味的職場的基礎。

如要促成這種理想的人間集團，就要每一個成員都具有自主性，更重要的要同時對其他成員的立場、感情都能透徹理解，企求一團和氣，融洽無間。

以純真無邪的心情去了解周圍的人，以謙虛誠懇的態度去建立人際關係。彼此協力，陶冶人性。充實教養。這樣才能養成人性意識豐富的松下人。

綜合前面的身為，提升各人的專業知識、技能，使管理能力向上，促使人性的成長，努力於經營方針的執行、實踐個人目標等。在這些過程中，自然領會經營的竅訣，成為「懂得經營的廣角度專家。」

下列二項是養成的基本重點：

- **透過體認的實行強力的養成**：人才的養成以各人的自我啟迪為基礎，以主管的個別指導為軸心，透過職場的實踐而施予教育為主體。
- **基於長期計畫且連續實施。**：不是斷續性的施予教育指導，要基於長期計畫繼續予以實施。

自我啟發為基礎

教育的本質是促使其本人自我茁壯成長，也就是以其自我培養的意志與努力做為成長之基礎。因此必須認識自我啟發，自我研修之重要性，尤其以透過體驗的自修，實踐力的培養為基本的指標。

以主管的實踐指導為主體

透過日常的實踐、體會經營基本方針，為使塑造人物，修習廣角專業知識、技能、在職場由主管做全面性的指導培養至為重要。

因此，透過執行職務的指導（OJT）為本公司培養人才的軸心，在這個過程也可促使其做為臨床家的實力培養。

基於長期計畫的實施

人才的培養，並不是遇有需要才予實施，應該視為長期教育的一環，由長期的觀點做有計畫的推展。尤其主管做個別指導的時候，應掌握每一個人的個性，建立長期的指導培養計畫，逐步不斷實施是為要務。

使每一個人感受工作的價值與意義，終至達成人生的志業，應該不忘這個重點。

- 事業場長在事業場負起人才培養之責任，各管理監督人員，各於其職權內負起基層人員之教育訓練責任。
- 各事業場長之下設置研修業務負責人，協助事業場長及各部門管理人才培養之執行。
- 各職能本部設置研修業務負責人，對於專業能力的伸展部分，協助事業場長及各管理人才培養之執行。
- 人事總部綜合執行如次之業務。
  - 就培養人才有關事項，與各職能本部及各事業場連繫支援，並予協助促成。
  - 經營主管養成研修之計畫及執行。
  - 新進人員研修計畫及其執行。

人才養成的責任

各事業場長及各管理監督人員負有基層人員之指導養成責任。因此，必須以各事業場及各職場為主體，推展養成人才。尤其以透過職務的主管實踐指導為其核心。

教育訓練主管的職責

各事業場，各職能本部及人事總部的教育訓練主管，應予協助促成各事業場長及各管理人員的養成責任之執行。

所謂「協助促成；係指教育基準之訂定，提供教育方法之意見以外，草擬研修計畫，實施細則，並提供支援所需資料等等。

教育訓練的體系

▋職場內教育訓練（OJT）與職場外教育訓練（研修會）

教育訓練可以劃分為：職場內教育訓練、與職場外訓練。

前者是主管透過工作實地指導之謂，後者即由直屬主管以外，責由教育訓練專任人員，以研修會方式行之。兩者有相輔相成之作用。

教育訓練專任人員，所示，必須協助促成管理監督人員。日常指導基層人員能適切執行，又當企劃研修會等時，能將管理監督人員之希望、要求適當掌握反映於計畫。

一面管理監督人員向教育訓練專任人員。積極提出意見或要求，並且致力促使基層人員，產生自動參加研修會之與旨為要務。

又在研修會受訓人員，必須將研修所得帶回自己的職場，由主管繼續指導，使研修成果能在日常業務發揮活用而有效益。

職場內教育訓練（OJT），與職場外教育訓練（研修會），兩者需切實保有相互的有機連帶關係，由此得以推展細緻入微的培養指導工作。

職場外教育訓練（研修會）的體系

職場外教育訓練，依其實施部門可以分類為職能類，事業場類。

事業場類研修：原則上各職能可分別併入研修，按該事業場教育訓練之需要專案，訂定研修之內容。

職能類研修，原則各事業場可合併辦理。（但是製造及技術部門，仍以事業場分別辦理為主）按該職能教育訓練之需要專案，訂定研修之內容。

此項事業場類及職能類的研修，可再按職位階層分別辦理。

將以下養成人才的各種方法做有機性的結合，努力促使其發揮綜合性的效果。

- ◆ 自我研修
  - · 自我發掘問題，擬訂研修備題目。主動自我進行。
  - · 依循指示目標、課題進行。
- ◆ 主管指導
  - · 身為主管應透過日常之工作指導，達成部屬培養之責任。
  - · 主管對部屬必予摯切的要求，適當的意見及支持予以逐漸培育之。
- ◆ 群體研修：以講義、討論、演習、見習等方式做群體指導。
- ◆ 實習：推銷學習、生產實習及其他職場外實習等做實地指導。
- ◆ 透過人事制度之養成：教育指導應與人事之異動，晉升做有機的關連。

自我研修

人是會自我成長的，教育本來就可以說是自己培養自己。

因此，人才養成的基本是在於自我研修（自我啟發）。所以造成每一個人都會自發的，致力於自我研修的風氣，或引進種種的方法是很有必要的。再者，自我研修與職務執行，本來有其關連性，身為一個公司組織的一員，為達成經營方針，努力於充實能力，吸收學養是必然的作為。

為進行自我研修，必須留意的要點。可以舉出下列各款：

◆ **分析自我，訂定目標**：自己有什麼需要加強的地方？自己的真想學習的目的是什麼？想要達成的是什麼？就是要這樣的自問自答，把目標的焦點找出來，這個時候，製成能力開發表格，或預期的基準表做對照參酌，自然可將必要點或目標明確確定。確定的目標越是具體性，越會產生達成的意欲。而且效果也越好，這樣的自己發掘問題，確立目標的做法以外，另一方，主管客觀的掌握部屬的自我研修必要點，在相談的情形下賦予目標或課題。讓其自我研修，自我依目標檢討，這種做法：可以因人、因事、因地制宜，方可以收相輔相成之效果。

◆ **徹底的自我管理**：基於所確立的目標，製成長期及短期有可行性的計畫，依照計畫日日切實履行，不可半途而廢，且對每階段的進行狀況，予自行管理稽核。應注意者，當初擬定計畫，不可有窒疑行之處。

◆ **萬物萬象皆我師**：「有心學習，萬物皆我師」這是松下相談役（譯者注：相談役等於最高顧問。松下幸之助現任松下電器的相談役）所說的話。心裡抱有欲從所有的人，或一切的事像學習這種意欲所產生的問題意識？這就是自我啟發的真諦。

◆ **有效利用時間**：隨著生產性的向上，今後的工作密度益形提升，自然須要求時間的有效利用。因此，自我啟發的時間或機會，不要期望人家會給你，應該由你自己去創造、去利用、去珍惜。

　　把每日的時間做有效的運用，藉以搬出自我啟發的時間，更應憑藉精神力量的集中，期使每一時間的利用部門效率提升 —— 將每週休假二天做最大限度的活用等等。所謂時間的有效利用，其方法只看你的用心用功如何而已。

◆ **利用組織互相啟發**：以自我啟發為目的的同事所組織的。讀書會、研究會等，在這些會裡互相學習、努力切磋、思索也是很有效的。這可以由它得到新的學習動機，從更廣泛的多角度觀點進行自我啟發。

主管的指導

　　主管指導基層，這是本公司人才養成推行上的樞軸，在制度上扮演極重要的角色，所有的主管（管理監督人員）應透過日常在職場的實施指導，發揮良好的主管才幹。致力於培養將來有為的產業人、松下人為要務。當其進行培養的作為時，留意如下所列松下各項基本注意事項。

▎了解人才養成之重要性

　　「製造產品以前，先造人才」，這是本公司關於養成的人才基本理念之一。經營的根本在於人的養成。如果無法培育人才，那麼，事業的成功與發展，希望可能就落空。關於這點，有喚起各位加強了解的必要。

　　一方面，在企業工作的每一個人的意願是：在每日的工作上感受人生的價值，同時發揮其天賦。熟望伸展其能力，主管人員在這點，也是負有重要的培養指導的責任。這也應該重新加強了解的課題。

▎誠意與愛心

　　無論任何場合，誠意必然會感應於對方，也會打動人心。

　　「假使，自己的追求的方法稍微笨拙，而心裡存有誠意，必然會使對方樂於接受。」這是松下相談役對屬下的人，談起誠意的重要性時所說的話。再者基於莫大的愛心，指導培養部屬也是切要的。真實的愛心並不濫寵妄褒，乃是考慮部屬的將來，該嚴則嚴，應予肯定的則肯定，促使其進步向上，並能安心於工作，這才是真實的愛心表露。

▎相互加深依賴

　　誠意與愛心的感應結合才能產生相互的依賴關係。本公司發展的最大主要原因之一。是依賴部下，委以要務，讓其 100% 發揮其特性、優點，方有今日；這並非言過其實。這種互相依賴的想法，至 1933 年才開花結果，松下電器在日本採取首創的事業制度，對人才養成扮演重要的角色，直至於今日 2023 年。

▋意見溝通（對話）

在日常做細緻的意見溝通（對話）是加深互相依賴的一種很重要的做法。

因此管理監督人員，應理解部屬的心意，以誠懇的態度，聽取他們所要說的話，不忘日常相與對話。由這些對話而獲得由衷的相互理解，建立深厚的信賴關係。

在互相涵有真情的早晚打招呼，工作上的連絡、報告、磋商。工作後分別時的對話、接觸等在這些場合互通聲氣，交深依賴感，這樣的話培養依賴的場所自會蔚然而成。尤有進者，將早會、晚會或職場懇親會加予有效的利用，做緊密的意見溝通。或互相連繫也是很重要的。

▋以身作則

所有主管的想法，判斷的方法，對工作的態度、知識、技能以及其他的氣質都由耳濡目染而傳給部屬，部屬自然在有意識或無意識中，吸收這些而成長。

換句話說，這是全性的感化。

因此，做為主管，應該以一個松下人、社會人的自尊，應有的責任，處處做良好的示範。這個作為的基本，也就是在於「松下電器應予遵奉的精神」管理監督人員，首先應該要體會這個傳統的指導精神，而使其顯現，並將一貫涵融本公司歷史，與經營基本方針的經營精神，這工作促使部屬體會，自己即站在本位發揮個人具有的特性，做應行的指導。

因此，管理監督人員必須致力，廣泛吸收人生知識，陶冶人格，提升自身的修為。具備隨時能夠全面感化部屬的條件。

▋必須對部屬做適當的要求

主管不是對部屬交辦或分配工作就可以，必須考慮如何才可以促使這個部屬能夠提升能力，走上進步之途。有人說「必要是發明之母」。誠然，有強烈的要求，才會產生新的創造意欲，才可各自伸展能力，困難的工作也才

能得心應手，做得有條不紊。所以主管必須充分掌握部屬的能力或其適合性，然後給與強烈的適當要求。讓他去奮鬥，這是不可忽視的培養要點。

▌授與許可權，明其責任

主管只要明確指定目標，至於方式、方法即尊重部屬的自主性、創造性，讓其擴大自由裁量的餘地，這是很必要的做法。由於接受許可權，部屬感受主管的期待與信任，必會為期報答而產生強烈的責任感而傾注全力為達成目標而奮鬥。

假使，其部下所須的知識、能力、意欲都有所不足之時，即應予有耐性和繼續予以指導，以至能予授與許可權為止，有時，也可以考慮委以責任較重的工作，促使磨練其能力提升，達到在工作上更加進步的企求。

▌發揮嘉許之妙，責罵之妙

近年來，主管對部下的責罵，或嚴屬的輔導情形已經少見了。可是年輕的職員對該項嚴屬的輔導也不應該抱有抗拒感，依據自己的資質，如何把它接受消化是當然的，應該注意的是主管在什麼時候，才可以責罵部下，亦即，該責罵時則責罵，該嘉許時則嘉許，這是個體會妙機的問題。所謂「妙」這並不是知識除了由自己體驗去領悟以外，別無方法可以學會的訣竅，所以要發揮這種主管才華的妙，管理監督人員不可拘泥於一己的想法，應該要站在公事的立場，經常思考何者是正確正當，但要達到此一境界，必須心地光明磊落，無拘無束，致力於保持率真心情去觀察事物。

▌讓每個人發揮個性特點的指導

管理監督人員要善於觀察別人，理解別人，對部屬每一個人的優點、缺點都須確切掌握，提供適當的意見，給予啟發的機會，做能伸展其優點的個別培育、尤其能使部下對工作感受價值，促其達成人生的志業，這是對一個主管人才很強烈的要求。

群體研修

◆ 群體研修的主旨，在於鼓勵自主研修的意欲，並對由職場指導（OJT）所得的知識、技能，以更高水準的層次加強補助。

有日常縝密的職場指導（OJT）或自我啟發職場外的群體研修，才能產生相得益彰的效果。因此，如認為群體研修為培養人才的方法，則可以說是本末倒置。職場指導（OJT）及自我啟發是培育的中心，群體研修是由外部加予補充、強化而已。

◆ 群體研修是讓他們和平時難得接觸的內外講師或經營主管等有機會面對面地互動，直接了解其識見與人格，俾可得到新的啟示和知識，同時也能受到其全面性的良好薰陶。

◆ 企劃平時較少交流的團體成員，能做到啟發的活動在團隊中應求使自我向上，人性理解，並且闡明各人的問題意識。

實習

◆ **實習的目標**：實習的目標是長期人才養成的實施方針之一，透過體驗培養實行力。

任何豐富的知識，任何高深的學問，若是將之只收藏在腦並不能發揮真實的力量。鹽的鹹度，如果只用語言表達，也無法令人知其真實的鹹度。除非讓人親自去品嘗，實際的去體驗，否則，不能說這個人的已經知道鹽的鹹度如何。所謂實習就是和這個道理一樣。讓人去嘗試鹽的味道，實際去了解體會之意。

◆ **實習的注意點**：於主管的職場內指導，或職場外的研修，都可視其必要情形，舉行實習。但是，不是隨便想到就可以做實習，應該經過充分檢訂，訂定課程或進度表，掌握適當的時間，做有計畫的實習才有效果，再者，在現場提供指導意見是很必要的。在實習之先，決定一位幹練的指導人員做帶領也是一種方法。

　　總而言之，本公司依其需要情形舉辦生產實習、服務技術實習、研究所實習、經銷店實習等等，都是養成富有實踐力的多角度專家，不可或缺的一環，所以期待做有效果的運用而舉辦實習。

透過人事制度的養成

◆ 目標：常言說：「人經作為而學習」，誠然，人是透過自己的工作經驗而學到很多事情。由此，也可以證明 OJT 的重要性，但是，更進一步，調換分擔的工作或升高其工作的素養，也是讓其學到更多新的技能，或知識的方法。

　　換句話說：就是依據人事制度，予以調動職場或升遷，讓其去得到更新、更進步的體驗，同時也可引發其潛在能力，這就是依據人事制度所做到的，育才利用。

◆ 進行方法與注意點

・ 確實評估由調動、升遷所產生之教育效果後，做長期而且有計畫性的執行。

・ 將培養目標讓本人理解，使其學習興趣盎然。

・ 做定期性的面談，掌握中間狀況，並予鼓勵及提供有益意見。

・ 不能讓他成為平凡的「萬事通」，一定要把「懂得經營的廣角度專家」做為養成目標，施以一貫的培育。

第三篇　管理之謀略

第一章　管理者素養

企業興衰繫於人事。

一個企業負責人的經營方法與作風，常關係該企業的存亡。

朱可夫元帥擊敗日本兵的蘇俄將領之一。（Joseph Jughashvili Stalin）問他對日本軍的感想時，他說：「日本兵的訓練很好，尤其擅長肉搏戰。軍紀很嚴格，服從命令，防禦的力量特別強，士官的訓練也不錯；他們作戰時的強悍，超過了想像的程度。」他非常稱讚日本兵，同時又說：「可是軍官，尤其是將、校階級，最差勁。」

松下看了這一段記事之後，忽然想起戰爭結束後不久，聽到一個美國人批評說：「日本士兵非常勇敢強悍，可是軍官的作戰方法很差，所以輸了。」那個人還說：「不僅是軍隊如此，公司行號也一樣。日本的勞工都很勤勉，工作效率高，技術也很好，確實比美國的勞工優秀。可是，負責人的經營方法，不很恰當，所以勞工雖然優秀，生產能力，卻無法趕上美國。」這真是一針見血的批評。戰爭輸了，經濟發展趕不上美國，卻不是士兵不勇敢，或是勞工能力比人家差；而是負責指揮的將官，或公司負責人的責任。明白地說，日本軍隊或企業，沒有真正會作戰經營的人，是值得檢討的嚴重問題。

松下由此想在很多公司中，有經營很順利的，也有到處碰壁的。順利的公司，員工都非常優秀；不順利的公司，員工都很笨拙嗎？絕對不是。主要原因都在經營者身上，看他是不是能掌握住經營的要訣。一個快要倒閉的公司，一換經營者，立刻起死回生，業務興隆，是最好的證明。說「經營的要訣」、「經營的好壞」，非常籠統，不容易明白。不過，的確是很重要。經營不好的公司或國家，就像沒有頭的人一樣，如何求發展？

松下創立公司，到現在已經六十多年。60 年來，他最深刻的體驗之一是，當公司創立後，員工逐漸增加時，要如何讓員工能竭盡全力地工作。除非使他們明白生存的意義，否則他們是不可能全心工作的。至於生存的意義是什麼呢？就是要給他們公司的使命感，同時要讓全體員工知道，現在社會正在想什麼？如果員工不知道社長在想什麼，就無法貫注力量。因此，他掌握住所有的機會，把公司的使命感灌輸給員工。「松下電器務必做如此的工作，我們就是本著這種使命感。從事這種工作，對社會以及對各位自己，

都很重要。公司為要完成這使命，一直全力以赴。」並將當時的社會發展情勢，以及公司的情況，具體地告訴員工。結果，每次這麼一說，公司的「空氣」必也為之一變。如過去時常遲到的人，都能準時上班等等，因此公司的業績急速上升。長久一來，除偶爾再提醒員工之外，每年的 1 月 10 日，無論颱風下雨，甚至是禮拜日，一定召集主管，發表該年的經營方針，並接受主管的質問。今年預定怎麼做，如果這麼做，會有什麼樣的結果產生等等，甚至連即將產生出來的數位與情況，也都明白地告訴員工。松下告訴他們，有些事在不做之前，是無法預知結果的，但只要做法正確，就必然會這樣。所以讓我們一起向目標邁進吧。松下還告訴他們，如果對他說的話有疑問，可以盡量問；如果有人認為某些做法不對，就告訴他。二次大戰後，工會成立，每遇這種場合，就請委員長以及中央執行委員全部列席。公司中堅以上的主管，加上工會執行委員以上的主管，也都出席，所以公司的主管，全都聽過松下的一年計畫的。工會的委員長也會問，這麼做是否能順利進行，或說，要這麼做時，工會會員的待遇，應該更加改善才行等等。想說什麼就說什麼。此外，主管中，也有人認為這種計畫過於蠻橫，想法太粗糙，不可能辦得到……許多意見紛紛出現。當時松下就告訴他們：「雖然這樣，可是一旦要斷然實行時，一定會想出好辦法來。」松下一一說服他們。

　　例如在 1920 年中期以後，不景氣的問題特別嚴重，可是他充滿信心地告訴他們：

　　「不景氣是因為這樣才發生的。所以我們不能依賴別人，只有靠自己。公司絕不能被不景氣打敗。為此，凡是公司的員工，從現在起，務必負起責任，大家打成一片，情形必定可以好轉。」

　　對此，也有人提出反對意見，仔細聽他的意見之後，告訴他：

　　「你雖然這麼說，但是那會變成……」並說服他們。權下就是這樣，一直站在講臺上，直到全體員工完全滿意為止。

　　這樣一來，意見多的員工，最後也會由衷地贊成：

　　「那麼就這樣做吧。」

　　由此可知，一個部門、一個課的成果，完全是該部門部長、課長的責

任。至於公司是否能順利發展，也是社長一個人的責任。

　　許多公司之所以會倒閉，完全是因為該公司的社長做法錯誤所致。雖然「工會」的行動，偶爾過於激烈，但本質上，工會是不可能弄垮公司的。

　　那麼是誰把公司弄垮的呢？是為了使公司繁榮，而拚命努力工作的社長。他們的想法，發生基本上的錯誤，以致做法不當，公司就倒閉了。因此，一個部門是否能順利，完全看該部門的負責人，是否經營得法。

　　為了今後的安定經營，應該想想經營者責任問題。公司經營的成敗關鍵，是經營者的責任，經營者的手腕、實力、責任感，影響整個公司的經營，公司經營的好壞，可說決定在其經營者。

　　各公司都有很多員工在工作，員工中有各色各樣的人，其工作情形與績效也都不相同。成績優秀的人固然有，可是成績差，常常出差錯的人也有，個人差異相當大。但以經營全體的立場來看，員工個人的成績好壞，對經營的影響不會很大。這怎麼說？如果員工的薪資以 3 萬元來說，一樣領 3 萬元，工作效率好的，可做五萬元的成果出來，成績不怎麼好的，只能做出 2.5 萬元是不划算的；該使這個人也能發揮 3 萬元，甚至 3.5 萬元的效果出來。但加加減減之後，對經營整體來說，並不會有很大影響的。

　　而在課長或部長級，就不能這樣了。假定他的薪水有 15 萬元，現在因為採取很多授權制度，所以發生的影響就很大，做不好，也許一虧損，就是一兩百萬元。雖然他本人是很認真在做，可是這種失敗是常有的。相反的，也有人會賺進 100 萬元或 200 萬元。課長或部長等中堅主管，好壞之差就比一般員工間的差異，來得大多了。所以中堅主管的職責是很重的，經營者對此應特別留意，以期不出差錯。公司漸漸擴大了，對這些地方，也往往漸漸照顧不周到，可是一想到好壞差別如此之大，就不能只說照顧不到，就把責任推掉。

　　更高層的社長、副社長或董事們，這差別又比課長、部長更大。就算是付了某個常務董事百萬元的高薪，有人也會說，公司就是付他千萬元，還是划算的。至於另一位某某董事，公司不但不該給他薪水，反而他該拿出 300 萬給公司才行。

　　如果是會長，差別就更大，他可使公司興起，也可使公司倒閉關門。現在是經營者的責任，已會被追究的時代了，會長的責任也重大了。如果想到好壞的差別，影響這樣大，就了解被追究責任，也是應該的。希望身為經營者的，也該認真考慮這些問題。

絕望與膽量

　　事業的經營上，隨時隨地都有危險性存在，經營者因此時時刻刻都在戰戰兢兢中做事，那是不形的，松下先生說的氣宇要宏大，也就是「絕處膽氣生」，遇到困難，堅定信心必能克服萬難。

　　西元 1917 年當松下還在大阪電燈公司服務的時候，醫生診斷他患初期的肺結核（pulmonary tuberculosis），那時我正好二十二歲。如果是今日的話，聽說自己得了肺結核也許不會那樣害怕，但是那時候得了肺結核，十人之中就有八人不治。我實在驚駭得不得了。

　　我的情形尤其特殊，我的上面的兩個哥哥都是因為罹患肺結核而病逝的。因此當我聽到自己得了初期肺結核病的時候，不禁興起這回輪到我了，要來的還是來了的感嘆，心中痛苦異常。

　　那時候醫生告訴我：「一定要多休養，最好回到鄉下去靜養三個月左右。」當時，對我而言實在是辦不到的事情。我沒有親人，也無家可歸，最主要的是沒有錢。

　　兩個哥哥的情況和我不同，至少那時候父母都還健在，也還有一點錢，因此可以充分靜養以及治療。可是最後還是沒什麼用，兩人都離開人世。我的情形是即使想轉地治療也辦不到，沒有人能幫我的忙。

　　何況當時並沒有現代化的醫療設備或健康保險制度，而且我的薪水日薪制，如果為了靜養而休息的話，那就沒有錢可以吃飯，因此除了等死以外毫無辦法。

　　我想，既然橫豎都得死，與其死在靜養中，還不如盡情工作而死來得痛快。有了這個想法以後，我就仍然照常工作，一個星期只休息一天。

　　這種想法與做法，或許並不太合理。換成別人也許會想，沒錢可以向公司借一點，靜養一陣子的話誰能說一定好不了。但是我並沒有這麼做。

　　松下想，如果不免一死，何不趁活著的時候多做事呢？這才是生活的意義。所以松下能夠從平日奮力工作中體會到價值的喜悅。或許也可以說，他有做到死的膽量去積極面對工作吧。結果，奇怪得很，松下的病況並沒有惡化，所以他仍然能夠保持工作一星期才休息一天的正常情況。這豈不就是所謂的「絕處膽氣生」，精神和肉體都能保持良好狀態的結果嗎？

　　歷史上同樣有這樣的例子！

　　小村壽太郎先生在日俄戰爭後，擔任樸茨茅夫（Portsmouth）和會的日方全權代表，替日本爭取到許多權益。可以說是一代傑出的外交家。在他擔任政治局長時，日本和韓國之間發生了「閔妃事件」，他奉命前往朝鮮處理善後，那是他第一次參與處理國際事務，所以在作法上特別慎重，在苦思不得妥善的辦法後，他只好去請教前輩勝海舟先生，勝海舟先生對他說：

　　「我在處理大事件的時候，也會非常困擾，不敢下定決心。所以，如果我能給你些忠告的話，那就是，千萬不要在意個人的生死。一個人如果太在乎自己的生命，就會處處顯得懦弱無能，這麼一來，什麼事也別想做了。所以，只要你能懷著不成功便成仁的決心，誠心誠意地去了解各方的立場，隨機應變，那麼自然就會產生解決的方法。」

　　小村聽了勝海舟先生的這段話後，鼓起了莫大的勇氣，並在協調過程中運用了適當的方法，也解決了「閔妃事件」。

　　有很多人把「以生命為賭注」。這句話，當成口頭禪，所以，在某些情況下，並不能顯出多少分量。但由勝海舟先生親口說出來，就有特殊的意義了。因為勝海舟先生在明治維新時代，挽救了好幾次危險的局面。以他這麼偉大的人物，一生中處事的結論，居然只是這麼一句話。可見一個立志做大事的人，最基本的心理準備，就是隨時抱定必死的決心，而這點也正是他的看法。因為能以生命做賭注，才有勇氣去應付一切困難的情勢。

　　因而松下說他認為，身為一個領導者，最低的限度也該有以生命為賭注的勇氣和心理準備，如此才能有充分的膽識去面對各種困難。做事必須有徹

底成功的氣魄，才是領導者應有的氣質。

　　日本戰國時代，織田信長在桶狹間打敗了駐防今川的齊藤氏後，占領了二處領土，隨即把自己的都城從尾張移到美濃；由於當時美濃四周還有許多更強的勢力，割地自雄，相互爭勝，所以他把部隊布置在各要塞，並叫兒子信忠以「一劍平天下」的豪語做成旗幟，插在都城的城牆上。在那段期間，織田信長以快刀斬亂麻的方式治理天下，使百姓很快獲得安寧，直到今天，人們對他的豪情壯志和處事魄力，仍舊念念不忘。有一次，信長為了圍剿一批亂賊，計劃放火焚燒比睿山，因為比睿山是日本天皇指定為傳播佛教義理的聖地，山中有許多寺庵靈地，是信仰的中心，所以他的家臣如明智光秀等人都群起反對。可是織田信長說：「我是奉了天皇的敕令。（並也得到傳教大師的允許）為了平定天下而奮戰；假使放火燒山的事有什麼不對的話，等我死了自然會去和閻王爭論的。」由於他表現得那麼有氣魄，部屬也只好照著命令焚山了。結果，果然平定了亂黨。而火燒比睿山只不過是織田信長一連串激烈措施中的一項而已，後代人對他的強硬和堅持，有許多批評，甚至還有些政治家、思想家不斷攻擊他。儘管信長的作風可能有過分之處，但他凡事必求成功，不打折扣，果敢面對任何困難和挑戰的魄力，的確為往後 300 年的太平盛世，奠定了穩固的基礎。

　　一個有果敢勇氣魄的人，常會有超乎常人的衝動。所以想成為一個成功的領導者就一定要下定決心，確立目標，然後勇敢前進，徹底掃除障礙。當然，在民主時代，已經不允許用武力的方法來解決事情。儘管是正當的行為，但手段太超過，往往也會招致災禍，而適得其反的，這也是身為一個領導者所不能不深切考慮的事。但是像信長一樣，為了平定天下，在大義原則下，雖然遭受世俗的指責，但仍能不顧一切，毅然採取行動，這種處事的氣魄，還是值得效法的。

　　今川義元領 4 萬大軍來攻擊織田信長的時候，織田信長的臣下都主張關起城門來防守，因為在他們的觀念裡認為當時織田信長與今川義元的兵力是 3,000 對 4 萬，無論運用什麼策略都不可能獲勝。可是織田信長的看法卻相反，正因為兵力相差太懸殊，所以死守城池雖然可以拖延一段時間，但在

170

後援不繼的情況下，拖延並沒有什麼意義。城池既然遲早要被攻破，不如趁著敵軍遠來，還沒有準備妥當的時候，主動攻擊，和敵人拚個你死我活，比起坐以待斃，還多了一線希望。於是，織田信長終於下定決心，完全否定了部下們消極的意見，決定出城應戰。在桶狹間發生了驚天動地的大會戰，結果，竟然獲得奇蹟般的大勝；同時也創下了領導者「一意孤行」反而成功的特例。一般來說，領導者不可忽視大眾的意見，如果太過於固執己見，往往變成獨斷而造成流弊。在平時，領導者依照大家的意見做事，確實較平穩。然而如果處在非常時期，依大家的意見做事，反而不能解決問題，領導者就有必要下定決心，採取非常的手段了。以織田信長來說，他就是在危機的狀況下，發現依屬下們閉城防守的策略並不能解決問題，所以就運用自己的智慧，想出微妙卻不一定獲得眾人贊成的辦法。在表面上，好像他完全不重視大家的意見，可是事實並不如此，他也是很重視大家的意見，問題是他又看出這些意見的錯誤，勢非得已，才下定決心採用自己所想的辦法。由於他在危急關頭，仍然立穩陣腳，以超出一般人的高明想法下定決策，所以他足可稱為一個真正偉大的領導者。

領導者的偉大之處，就在「慎謀能斷」四個字。所謂「慎謀」，就是指充足的參謀作業，深入地思考；唯有「慎謀」，決斷才不會變成武斷，以至於釀成大錯。所謂「能斷」，就是指領導者果毅的決心。唯有「能斷」，才使「慎謀」不再是敷衍狐疑、懦弱者的痴想，而能發揮出強大的威力。在平時尊重大家的意見，在特殊狀況下，要有膽量衝破難關，運用自己的最高智慧，如此才配稱是一位好的領導者。

領導者需要有勇氣的表現，但絕不是匹夫之勇，而是做妥善決定之後，往前邁進、義無反顧的大勇。

孔子和門生對話時，最喜歡讚美顏回的德行。一向自認為最勇敢的子路，聽了孔子的話，就問：「如果老師帶領軍隊出去打仗，會帶誰同行呢？」子路這句話是暗示老師：顏回體弱多病，根本毫無用處，要帶非要帶我這個最有勇氣的人去不可。

孔子馬上回答說：「只知赤手空拳和老虎搏鬥、徒手渡河，這種逞匹夫

之勇的人，我絕不可能和他共同行動。無論做什麼事，都必須經過周詳的計畫，縝密的思考之後，才能付諸實行。」子路聽後，雖然不好受，卻也找不出反駁的理由。

孔子絕不是否定勇氣的存在，在其他場合，他也曾說過「仁者必有勇」的話，但這種勇一定要以正義為本，因此血氣之勇，不能稱之為「勇」。

松下自己也曾有過類似的經驗。在我創業之初，由於競爭十分激烈，其他公司便不斷地壓低價格以求拋售貨品。那時松下還很年輕，心想：「事到如今，只有和他們拚了，才不會輸給同業。」結果為了這件事，松下跑去和加藤大觀師傅磋商。大觀師傅說：「假使公司只有你一個人，你大可這樣做。但你有這麼多屬下，他們又都有家眷，身為公司的負責人竟然逞一時之勇，豈不是連累了你的屬下嗎？」我覺得他講的話很有道理，經過再三思考之後，決定放棄和其他公司競相拋售貨品的念頭。果然不久，顧客都轉而信任我，所以能獲得今天的成功。

因此領導者需要有勇氣的表現，但絕不是逞一時匹夫之勇，而是必須考慮該如何行事方屬妥當。一旦決定正確的方針後，縱使千萬人前來阻擋，也要勇敢地向前邁進。領導者所應該具有的，就是這種大勇。

果敢決斷力

領導者的決斷力很重要。他的決斷力如何，往往會決定企業的成敗，責任既重又艱苦。但我覺得，肩負這種重大責任，能使人覺得人生有意義。

通常人們在下決斷時，總是堅持自己的立場。但有些時候，只是堅持自己的立場仍需應付實際需求。在時代變化時，必須採取斷然的方法去因應。認清什麼時候應堅持既有的立場，什麼時候採取斷然的措施因應時代的變化，這就是經營者應有的判斷力，也是決斷力。

我覺得，應付變局時，最重要的還是面對現實，必須不為私欲所惑，不計毀譽或不受輿論所羈絆，虛心地觀察事情的真相。如果有這種純樸的心，就能看出事物的真相，掌握應有的態度。

不過，在實際下決斷時，不免聽到一些「閒言」徒增煩惱。當然，你不能完全忽視這種「閒言」，否則會形成獨斷。最好是一方面聽取它，另一方面卻不為它所惑。

這些「閒言」中，可能有善良的。但員工為公司前途所提的善意建議，有時未必正確。經營者必須有識別的才能，否則難免滋生問題。唯有能夠辨識清楚，才能下正確的決斷。

商店或公司的領導者並非軍師。軍師只建議應該採取什麼策略，但採用與否則由領導者來決定。極端地說，經營者只要決定解決問題的方案。

如果有十位軍師，他們的意見可能一致，也可能四分五裂，決定權完全操之在統帥身上，因此不會做決定的統帥必定是愚將，怎能戰勝敵人？

總之，最重要的是，由領導者果斷地下決心，然後所有員工在其主管下團結一致。

不要受輿論的擺布

沒有獨立判斷力的經營者必將主管出一個失敗的企業。

經營者在做裁決時，雖有得不到大家諒解的顧忌，但還是要痛下決心。

在決定一件事情以後，如果能夠獲得大家的了解那是最好不過了，但有時候因為決策內容的關係卻往往得不到別人的諒解。雖然有這種困難，但是如果以一個經營者或指導者的立場來看，即使有這層顧忌，恐怕還必須痛下決心的。1964 年 10 月，松下通訊工業宣告，停止生產已經開發的大型事務用電腦。發布了這件事情之後，公司內外反應十分熱烈，有人批評：「松下大概是沒有技術，才停止生產的吧。」當然，如果是因為經營困難發生赤字，所以不得不停止生產，可能會獲得大家的諒解，甚至還加以讚揚。而如今卻是在業務鼎盛的時候，突然停止，自然就會有反面的看法。為什麼決定不再生產大型電腦呢？假如是剛開始不久，仕還沒有投下什麼大資金的時候，就抽手不做，這還非常合理。然而如今已經投入 10 多億元的開發研究費，繼續研究了 5 年之久，況且也試做出一兩臺機器，而正期待進一步實用化及大量生

產的時候，這就難怪很多人會覺得有點不可思議了。更何況包括松下在內的
7 家公司，每家都分攤 2 億元，組成了日本電子工業振興會，從事高性能機種
的開發工作。事實上也可以說，正在邁著強大的步伐前進的時候。然而反過
來說，松下自己偶爾也會懷疑 7 家公司用那麼多研究費來開發電腦，是否有
其必要性？正好有一天，美商大通（Chase Manhattan）銀行的副總裁來訪，
話中不覺就把話題轉到電腦上。副總裁聽到日本目前包括松下在內，共有 7
家公司生產電腦上。嚇了一跳，他說：「在我們銀行貸款的客戶當中，電腦製
造廠幾乎都經營得不很順利。雖然因為別的部門賺錢才沒有讓公司垮下來，
而電腦部門幾乎都發生赤字。就以美國來講，除了 IBM 以外，全部公司都在
減縮之中，現在日本一共有 7 家，恐怕太多了一點吧。」松下聽到他這樣說
以後，心裡也產生莫大的感慨，這件事情真是要好好考慮一下不可。「我也
覺得似乎多了一點，三家的話也許還差不多。」「我也覺得這樣非常合適。」
話說到這裡，副總裁就告辭回去了。副總裁走了以後，松下仔細地作了一番
考慮，「不錯，廠商實在太多了」，這一點他從以前就有此感覺。然而就考
量電腦的未來性時，他也想過如果像目前大家這麼奮力向前衝的情況，繼續
維持下去又有什麼不好呢？然而問題的癥結仍然在於電腦真的有前途嗎？根
據銀行副總裁的說法，其貸款的電腦業者幾乎都是在走下坡而有逐漸衰微的
傾向，他這種判斷是不會錯的，也就是說所有電腦製造廠都呈現著不景氣的
現象。現在光是日本就有 7 家在競爭，豈不是太多了嗎？當然，雖說多了一
些，但也沒有非松下電器停止生產不可，其他公司也可以停止呀。雖然電腦
對於松下電器公司而言也是一樁大事業，但是，如果把同樣的努力放在其他
方面，松下也可以做出很多事情來。並不一定非繼續發展電腦不可。如此，
難道不應該斷然把它停掉嗎？松下這樣反覆思考，最後得到的結論是：決心
從大型電腦上撤退。下了決定以後，各種批評都來了，他都悶聲不響一一承
受下來。從此以後，世界上幾個名廠包括 GF，RCS，西門子等也都紛紛停止
生產電腦，最後只剩下 IBM 獨霸整個電腦市場。

決斷的勇氣

　　人有時候會有想說或者非說不可的話而不敢說或不便說。雖然言論是自由的，但礙於對象和場合的關係，有時的確不便表明自己內心的意思，然而，有些實在非說不可的事情，即使不便說，最後仍然非說不可。當然我不願再繼續做學徒的時候，雖然話是非說不可，但我仍然說不出口。那是十七歲時候的事情。西元 1904 年，我十一歲時開始在大阪當學徒，最先在火鉢店裡做了三個月的學徒，以後的六年都在一家叫五代商行的腳踏車店裡度過。當我剛進五代商行的時候，腳踏車還是被一般人視為奢侈品，售價相當高，不是平常人買得起的。大約又過了五六年，那時候腳踏車的價格已經大眾化而漸漸普及起來。而五代商行也從一家小商店擴展為批發商了。就在那時候，大阪開始擬定交通網整備計畫，準備逐步鋪設市區電車路線。

　　西元 1909 年間，市內主要路線已經開發完成。有一天，我因為店裡的事情騎著腳踏車在大阪街上跑，到了四之橋附近，才第一次看到電車的模樣。當時我深深地被電車飛奔的樣子所吸引而痴痴地遠眺著。腳踏車必須用腳踏才能走；而電車那樣的龐然大物卻能使用眼睛看不見的電力來行駛，真是個不得了的東西。騎腳踏車會感到疲倦；但是坐電車不管多遠卻不費一點力氣，實在太方便了。電力應該還可以使用到很多地方以促進人類的便利，這實在是非常有意思的東西。我想，與電力有關的工作將來一定大有發展，可能的話，自己以後最好能從事於這方面的工作，必然是既有趣而又很有價值的吧。我越想越覺得將來應該盡可能去做這方面有關的事情才對。問題是在目前這份腳踏車店的工作。如果為了從事於電氣有關的行業，那就勢必非辭去這個已經做了六年的工作不可。雖然很想離開目前這家腳踏車店去作電氣有關的工作，但是大家同寢共食了六年，自己也在這裡慢慢成長，如果說一下子就這麼離去實在很讓人捨不得，所以，我感到非常的煩惱。

　　最後，我得到了一個結論：下定決心暫不說明理由，先請幾天假，去找有關電氣的工作再說。心裡雖然是下定了這個決心，但是做起來也相當困難。想請假的話，總不能跟老闆說明理由吧，而這個理由又實在難以啟口，

也不便啟口。心想，明天無論如何一定要說出來，但是到了當天卻難找到適當的機會。想直接找老闆講，又實在拿不出勇氣，兩天，三天，日子就這樣過去了。

因為不好意思說，最後只有一個辦法，我自己跑去打了一個母親生病的電報。老闆知道了這個消息也顯得非常關心。「母親生病你一定很擔心吧？難怪你這幾天有點心神不寧的樣子，如果想要休息幾天的話儘管說。你在這裡已經做了六年，休息幾天也是應該的。」老闆雖然這麼說，但是我始終還是不敢把要離開的本意說出來。或許是我內心雖然決定要離開，但嘴巴卻不夠決斷向老闆提出。我想，光是心裡決定而嘴裡不能果斷地說出來，這應該不能說是有「決斷力」吧。到底還是該說就說，該動就動才能談得上果斷。

所以，就這個情況來講，我也許可以說尚不夠果斷的。既然沒辦法對老闆講，那麼我只有以實際行動來表示了。於是我懷著歉意，帶著一件更換的衣服偷偷離開了五代商行，另外寄了一封信說明原委並請求諒解。我就這樣離開了令松下懷念的學徒生涯。後來就在大阪電燈公司找到事情，從事於他所希望的與電氣有關的工作。

掌握下決定的良機

倉促下決定，會因考慮不周詳而失敗；面臨抉擇卻不下決心也難成功。

當我們在進行一項工作或買賣時，不要隨便地就做決定。也就是說在自己尚未徹底了解清楚之前，不要盲目從事工作。這是很重要的。

比如說，要大量訂購某種產品，面臨的壓力是，現在不訂下來，可能不久以後就訂不到。但是自己又對這些產品的品質還並不太清楚，這時候該怎麼辦呢？

像這種因為遲疑而怕訂不到貨品的情形，往往會使自己很容易就輕易妥協，而做倉促決定。這種人類的弱點，也是領導者常遇到的現象。同時也可能是導致事業失敗的因素。

所以，不管是面臨什麼情況，在平日應該養成在不了解情況時，絕不輕

易做決定的態度。而且不只自己保持這種觀念,同時也要讓員工奉行這種工作態度。

由此看來,追求完美是我們最高的理想。當然,在達到完美境界的過程中,有許多人為的因素,也有很多現實上不能克服的障礙。但是,如果我們無法堅持不做自己不清楚的工作的基本信念,就會因為工作量或處理產品件數的增加,而顧此失彼。現在有某些公司就因非常堅持這個原則因而大有發展。這類公司只要自己的產品有點瑕疵,不管是誰訂的,或訂的是什麼貨,在什麼狀況下,都不會貿然出貨。即使因此使同業搶先一步也沒關係,這是他們堅持的方針,換句話說,就是希望出去的貨都是完美的。

而且這類公司在經營措施上,一方面堅守這種基本方針,一方面也思索,這種方針行不通時該怎麼辦。松下認為最基本的仍應從自己有深入了解的事件開始學習。

勇擔責任

能自覺自己責任的人,才會有真正的男子氣概,而突破困境。

在松下20歲左右開始獨立經營事業。有一位使他獲益良多的經營者——山本武信先生。

由於當時大部分汽車都用燈籠照明,非常不方便;於是,松下決定研究利用電池的西洋燈,並且開始製造銷售。他當時就和大阪的山本商店談妥,並訂下契約,由他們承包大阪地方的買賣。

這家商店的經營者就是山本武信先生,他本來是做化妝品製造批發的出口生意,在大阪有很優良的信譽,經營的規模比松下的公司還要大。他一看到松下製造的汽車用西洋燈,即預估會有很好的銷路,所以馬上和他訂下契約,願意銷售他的產品。這使松下從內心對他大大的敬服。

山本先生十歲時,就在大阪船場的化妝品批發店當學徒,曾經歷了不少磨練。因此,他做買賣很自信,感覺敏銳,並且非常機警。他也是個非常重感情的人,喜歡幫助別人。他日後雖然獨立,在知道自己待過的店鋪日漸衰

微時，這會回去幫忙照料老闆的遺孤，並為老闆做佛事，他這種態度使我了解到為人的道理。

尤其令松下感動的是，山本先生曾告訴過松下這樣的話：

「松下君，雖然我現在的買賣一帆風順，但事實上，在幾年前，也就是一次大戰剛結束的時候，我曾有過經商失敗的經驗。」

「山本先生也曾有過失敗的經驗嗎？」

「是的。松下君，那時候情形是這樣的……」

山本先生怎麼做呢？他當時經商失敗並且欠了銀行一大筆錢。這筆錢大得連把自己全部的財產拿來抵債也無法還清。當然，還得將事業整頓一番，但由於票據遭到拒付，因此，非得先將財產拿出來應急不可。

「在銀行發出警告之前，我把全部的財產提出來交給銀行。

「連我太太的戒指、髮簪也都拿出來，我認為這樣做是對的，所以就做了。

「這時候銀行的分店長對我說：『你先來了也好，反正你店裡的東西都得折價還清銀行的債，不過你太太的戒指和髮簪還是保留著吧，把它們拿回去。』我覺得很不好意思，就把太太的東西帶回家。往後，我東山再起，重新建立事業時，這家銀行表示：『你能夠建立新事業實在太好了，我們將會盡力為你效勞。』他們答應盡快提供貸款給我。松下君，這些都是事實啊。」山本先生追述著。

松下聽了這些話後，仔細地想，如果他是山本先生，是否能夠像他一親果斷、勇敢呢？

一般來說，票據遭到拒付，又要應銀行要求交出財產來付貸款，大部分的人都會想辦法把財產藏起來。像山本先生那樣，在銀行還沒有採取任何行動以前，自動拿出財產，甚至連太太的戒指都拿出來，實在是非常勇敢。松下想，萬一真有這麼一天，我真懷疑自己能做得到嗎？

從此，松下對山本先生更加尊敬、他深深覺得，他具有超常人的特點，才能有今天的成就。同時，最能引起我共鳴的是：他在危急的時候，仍能保持男子的氣概和商人的精神。

這些對當時 20 歲的松下，是個強烈的震撼；在將近 60 年後的今天，印象依然鮮明。

爾後，松下經營事業時，也常想起山本先生的話。

我們若能自覺自己的責任，就會產生竭盡全力的認真態度。山本先生所表現出來的果斷態度，足可證明他具有強烈的責任感。山本先生如果不這樣做，恐怕反而會覺得不舒服呢。

不管擔當什麼工作，都很需要這樣強烈的責任感，尤其是領導者，更不可缺少。

工作方面不用說，不論是學校社團、公司俱樂部或任何人聚在一塊的場合，如果不能負起自己的責任，就很難得到大家的信賴和合作，並且無法扮好領導者的角色。所以像山本先生那種果斷和強烈的責任自覺，是身為領導者必須具備的重要條件。

要為失敗負起責任，雖然總有些不可抗拒的因素，但絕不可忽略自己有扭轉局面的能力。無論做什麼工作，做起來不順利或失敗了，一定都有它的原因。遇到阻礙的時候就立刻研究發生原因，是避免錯誤重犯的必備條件。

相信大家都知道這個道理。這時，就必須要留意人性的弱點。一個人遭遇失敗，若要追究原因加以反省，不如為自己找個理由，辯護一番來得愉快。比方說：「因為發生這種情況才沒有成功」、「因為發生意外才失敗，則是沒有辦法的事」等。為自己找藉口，自我安慰的人非常多。

作戰的時候說：「因為那時剛好下了一陣雨才輸了」、「太陽剛好照在臉上，我們睜不開眼，才會打敗」等，這些是失敗的理由嗎？的確，這些原因都可能成為決定勝負的因素。

但是，依我看，名將是不會講這種話的。因為是名將，在擺開陣仗之前，就會先計算：「遇到下雨時怎麼辦？」「過了正午太陽會照向這邊，對我們不利，所以無論如何要在正午前決勝負」。……這樣才能每戰必勝，更沒有必要的為自己找臺階下了。雖然說「勝負靠運氣」，但看上面的例子，輸的還是該輸，贏的還是該贏的。

現在遇到空前的不景氣，經濟界沒有不飽嘗艱苦的。可是把業績不振的

原因，推說是「因為不景氣，沒有辦法呀」，雖然這的確是原因之一，可是當一個經營者，如果把一切責任都推在不景氣上，而不知反省、檢討，離成功就越來越遠了。

不景氣雖然不是自己造成的，要擔負一切責任是有一點不合理。可是處在往日景氣好的時候，有沒有「居安思危」的應有準備？或是在經營上，預先採取我主張的「水壩式經營」？如果有，就是遇到不景氣，業績也不會惡化到不可收拾的地步。事實上，在這種不景氣的情況下，也有保持業績繼續成長，獲得輝煌成就的公司。

總而言之，把失敗的原因統統歸給他人，想辦法找理由來自我安慰是人之常情。可是當一個經營者就不可以這樣；要自己提起失敗的原因，徹底反省、檢討，失敗才會變成成功之母。

昭和 7 年之前的幾年中，整個世界不景氣。如前所述，昭和 2 年爆發了金融危機，松下電器也受到了危機的影響。昭和 4 年世界性的經濟危機襲擊了日本，倒閉的企業不計其數。

特別是受世界經濟危機的影響時，松下由於健康原因，被醫生命令臥床休養，可以說松下陷入了雙重危機之中。那年新廠剛剛落成，產量增加，可是由於產品滯銷，造成產品大量積壓，眼看倉庫就要爆滿了。

掌管一切事物的 T 來到病床前探望臥床休養的松下時提議，解僱一半雇員，否則將發不出薪資。可是松下卻嚴厲地反對說：「一個人也不許解僱，薪資也不能降低。」

「那不可能。」

兩人異口同聲地回答。

在這種危機關頭，松下的腦海中忽然冒出一個奇妙的主意。而且，當他知道公司正處於生死關頭時，反而一下信心百倍，精神抖擻起來。

「工廠實行半日制工作，產量減半，日薪全額支付。同時，讓大家假日不休息，全力以赴銷售庫存產品，用持久戰的方法度過危機。從長遠這的觀點看，損失了半天的薪資，這僅是一時的損失，沒有問題。松下電器時下正在日益發展壯大，將精心挑選的職員辭掉，勢必要動搖經營的根本基礎。」

聽完松下的話，兩人都非常高興，並在松下面前保證說：

「所長既然這樣決定了，我們絕對照辦，請所長安心養病。」

松下的策略，總算使松下電器安然擺脫了危機。

反省多思

不被私心蒙蔽，超越利害得失，才能做出智慧的判斷、成功的交易。

松下先生對久保田鐵工廠的創立者 —— 久保田權四郎一直無法忘懷。

久保田先生出生於 1870 年，在松下先生出生的 1894 年開始自己經營事業。第一次知道有久保田鐵工廠這麼一個公司時，他還在電燈公司當職員。有一次久保田先生的公司要增設工廠，他因電線的架設工事，前往工作了 3 個月，當時也不曉得是否已滿了 20 歲。那時當然沒有和久保田先生接觸；但光是看那麼大的工廠，就覺得是很了不起的一個工廠。

不久，他就辭掉電燈公司的工作，自己獨創事業。而有幸和經營老前輩久保田先生認識，卻是在創業 20 年後。那時候倒也沒有直接從他那邊學到什麼，只是在大阪經營者取會的場合裡，偶爾見個面聊聊天。

然而這位久保田先生在某一天，突然來拜訪他。對老前輩的突然來訪，他的確有些吃驚，心想到底為了什麼事而來？見面時，久保田先生就對他說：

「松下先生，今天有點事要來拜託你。」然後就介紹他帶來的一個人。

「這是我外甥，名字叫中川。他在戰後，專做占領軍的電冰箱製造生意。由於講和條約的訂定，使得從占領軍來的訂單也少了；但是他想繼續做電冰箱的製造銷售，所以來找我商量。我告訴他說：『要做一般的市場銷售，不是一件容易的事。不過，你如果真的想要繼續下去，也許可以找松下先生幫忙；不然，恐怕很難打進一般的市場』。他也認為：『我也想這樣做會較好。那麼，就請您引介松下先生』。所以今天我才帶他來。不曉得松下先生是否願意幫忙？」

當時松下先生剛好也開始在計劃電冰箱的製造銷售，因此就考慮：是照既定的方針去做呢？還是接受久保田先生之託去做呢？但不管選擇哪一邊，

這工作對他來說，畢竟非常生疏，所以不得不慎重。他想，不管是久保田先生或中川先生，大概都有他們自己的想法及附帶條件，等詳細問完再做判斷。

於是他問久保田先生：「事實上我也正想開拓電冰箱製造的市場，並且正在著手進行。我想就照你說的，由中川先生的工廠製造，然後我來幫他銷售。只是不知有沒有別的要求或希望？」久保田先生聽他這麼一問，就說：「我已向中川先生說過：『如果你決心要這麼做，我可以幫你去向松下先生說；但是你必須一切都聽從松下先生的話。而且他不光是幫你賣，工廠也得是共同經營，你的工廠要當成是松下先生專屬的工廠一樣。必須有這個決心才可以。工廠提供給松下先生以後，如果還要計較土地價格怎麼分攤，所收的利益要怎麼算，那我就不到松下先生那裡了。無論如何，只要你願意無條件地一切任松下先生打算，那我就替你去說說看』。既然他一切都願意聽從松下先生的指示，就照你所想的吩咐吧。」

久保田先生的這番話，使松下先生永記在心。照他以前的經驗，大部分的人在這種節骨眼上，總是會考慮到自己的權利如何。但久保田先生並不這樣，即認為：「既然來拜託松下先生，當然一切都該依松下先生的打算」。這些都是他事先叮嚀中川先生的。他對於久保田先生那種超越利害關係的做事態度，非常折服，真不愧是大經營家久保田先生的卓越見識。於是他就馬上答應他：

「現在我就中止我原有的計畫，決定利用中川先生的工廠來製造」。

要是照平常，他一定要先看些有關資料，並實地參觀工廠才會做決定。但是他卻在初次見面的短短兩個小時裡，做出結論。這都是因為久保田先生的話和作法，令松下大起共鳴，覺得可以安心接受。

經營一個工廠或事業，即使所做的事業是多麼了不起，要是經營者只考慮到利害關係，恐怕也很難有好的成果。在這點上，久保田先生和中川先生，可以說是完全超越利害的人了。因為他們都曾想：「若能這樣就什麼也用不著擔心了。即使工作上有重大的困難，只要兩個人能有決心、有準備，一個人也是承擔得了」。所以今天這個工廠作為松下冷機部門而非常成功。

通常我們判斷、決定一件事時，決會以利害得失的標準去衡量。考慮哪

一個對自己是得是失,再選有利於己的一方。松下先生想這樣的選擇,以人類本性來說是很自然的,而且大部分的情形,有這種考慮也很好。只是,他發現有時候也應看情況,而超越一己的利害關係來決定事情。

這種超越利害的判斷,以他自己的體驗來說,並不是那麼容易做得到的。所以,在日常生活裡,就要學習不被私心蒙蔽,培養正確的見解,並且努力提升自己的見識情操。

平時就要訓練自己思考一切問題,遇到重大事件,才能餘裕應付。

每一個人,都希望能夠很順利地完成工作,但是這並非只希望,就可以達成。如果僅僅希望,那麼一旦環境有了變化,往往我們就會不知所措,無法應付。

松下先生有過類似的經驗,那是 1924 年,松下電器公司開始發售腳踏車電池燈的第二年。這種電池燈,是一種具有高性能的產品,因此銷路非常好。到了這一年的 9 月分已經達到了月產一萬個,在當時算是相當的成功。

但是這時候,發生經銷商糾紛的問題。本來各地區有各地區的經銷店,經辦該地區零售店的銷售,但是在大阪的情形非常複雜。因為大阪有一家 Y 經銷商,包攬電池燈的銷售,而其發售的對象,除了一般零售商之外,還有批發商;而在這些批發公司當中,有銷售到大阪以外各地區的。

因此在其他地區,就有這個批發商的商品,而影響到當地經銷商的生意。地方經銷商就大發牢騷,他們希望松下電器公司嚴格劃分地區,不要使其他地區的商品,進入自己所負責的地區。

由於他們提出嚴重的抗議,松下先生就向 Y 商行說明這個情形,要求他不要使同一家公司的產品,流入這個地區。但是卻遭到 Y 商行老闆的拒絕。

他說:「我依照契約,負責大阪地區的銷售業務,其他地區,我連一個也沒有賣,所以你不能要求我什麼」。

Y 先生所說的話沒有錯。但是,由於大阪的批發商可以賣到各地區,所以非常傷腦筋。於是他只好再度詳細地說明,拜託他妥善地處理。然而 Y 先生的態度還是一樣。

他說:「你要我妥善處理,我辦不到,賣給大孤市區批發商的商品,流到

其他地區，並不是今天才發生，但是，你到現在才抱怨，那麼是你不對。松下先生，你根本不知道做生意的實際情況，請你自己好好檢討。

松下先生被他說得一句話都說不出來。在這個時候，感到非常的尷尬；然而Y先生所說，又都非常有道理。既然在大孤有批發商，把他們的商品銷售到別的地區去，那麼即使是以大阪為對象，而賣出去的商品，最後也會流到各地區。而且Y先生還說：「經過批發商賣的商品，所獲得的利潤，不如各地區代理店所銷售的商品。因此，當時在他們發牢騷之後，應該要好好說明，想辦法平息這些地方經銷商的牢騷。」聽他這麼一說，經驗較淺的他，這時候，也覺得Y先生講得非常有道理。

換句話說，由於雙方的立場不同，所以聽起來好像也都很有道理。於是他就把地方經銷商的意見告訴Y商行；對於地方經銷商，是希望他們好好忍耐，用低價去對抗。

然而事情並不那麼簡單，整個情況越來越惡化，經銷商的抗議，一天比一天強烈。後來甚至有幾家地方經銷商說，這樣下去已經失去經銷商的意義，就不做了。甚至也有些經銷商說連貨款也不付了。事情變得越來越嚴重，他不能不管這件事，一定要想辦法解決。

考慮的結果，他終於想到了應該把雙方，都找來聚集一堂，好好地談一談。在互相讓步的情形下，問題可以獲得圓滿的解決。於是他在大阪舉行了第一次松下電器經銷商大會。

結果這次經銷商大會的情況，是怎麼樣呢？ Y商行主張：商品不能不賣給批發商，一旦賣給批發商，商品流到別的地區，是不得已的；地方經銷商方面則主張：希望商品不要賣給批發商，而直接賣給各地零售商。換句話說，雙方只反覆地提出他們的主見，而沒辦法協調，雙方根本都不想讓步，對立的情形，越來越嚴重。

這時候，松下先生真是傷透了腦筋。如果在經銷商大會，無法做一個妥善的決定，那麼這個會議就毫無意義了。然而，雙方卻越來越對立激憤。他只好再反覆地強調說：「既然大家難得聚在一起，那就應該替對方想一想，不要老是只堅持自己的立場，要以親愛精誠的精神，好好地再商量。」然而出

乎他意料之外，局面越來越混亂，實在沒有辦法找出解決之道，時間 1 小時 1 小時地過去了。

這時候，Y 先生忽然提出建議說：「如果一定要我不賣給批發商，那麼我也不做了。但是松下電器要把違約金 2 萬元，付給我。如果松下電器不願意的話，那麼就把銷售權讓給我，各地經銷商也成為我的客戶。這樣不是可以互相協調了嗎？」

松下先生大吃一驚。因為他是第一次聽到這種提案，Y 商行居然提出他從來沒有想到過的方法。如果 Y 先生曾經想到過這些問題，事先跟他商量，情況就不會這麼糟，但他什麼都不說，突然在大會席上發言，這種人實在太可惡。但是雖然可惡，Y 先生的提案倒是可以好好考慮。

結果，由於經銷商大會無法得到結論，只好維持現狀散會。這次大會雖沒有得到什麼收穫，但是對 Y 先生的提案，松下先生想了很久，決定接受 Y 先生的提案，把銷售權讓給 Y 商行。換句話說，他被 Y 先生說服了。

為什麼他被說服了呢？這是有理由的，一方面，因為他經商的經驗較差；另一方面，也能是由於性格上關係。然而就大體上來說，是由於他缺乏信心，沒有清楚的方針、想法，去堅持到底。

假如他對於所面臨的問題，狀況，有了「應該要這樣做、那樣做」的清楚想法，那麼，即使在經銷商大會上，雙方對立主張的，或者 Y 先生提出新的提案，他還是可以做適當的判斷和決定。

經過不斷的反省以後，松下先生變成無論何時，都要用腦筋、用心思，去想每一件事情。要一個人繼續想每一件事情，等於是日理萬機，是非常的艱難。但他認為，要作好一個企業經營者，一定要如此訓練自己。同樣的領導者要具備憑現狀以判斷未來趨勢的能力；現在是零，將來可能就是無限的。

50 年前，松下先生覺得小型馬達很有前途，便和主管商量，他們都表示贊成，於是創立了馬達製造廠。

發表這個消息時，前來採訪的新聞記者問他：「貴公司靠燈頭成功，真是可喜可賀。但是，馬達不像燈頭那麼簡單，是正式的工業。不但技術、銷售困難，而且已有廠商在做。你們現在才著手，會成功嗎？」

　　他反問他們：「謝謝各位的關心。請問各位家裡，有沒有使用小型馬達？」結果，在場大約 10 位知識分子的記者，連一個也沒有。

　　於是他接著說下去：「各位想一想，像你們受過高等教育的人，家裡居然沒有使用小型馬達，實在令人驚訝。使用小型馬達，是一種必然趨勢，將來，各位家裡一定也會用到。必須裝配小型馬達的商品，會相繼問世。目前雖是零，將來的需要量是無限的。因此生產小型馬達，是松下電器公司今後的方針，是否能成功，可想而知了。」

　　這一段訪問，至今松下先生還記得很清楚。

　　事到如今，證明他當初的想法沒有錯。小型馬達已成為每個家庭必備的用品之一。

　　希望各位從上面一段話，了解他創設馬達製造廠的動機以及今後發展的可能性，共同克服目前的困難。

　　現代經營者，必須有先見之明，不斷創造新的經營方式，來領取時代。

　　在一切都不斷地激烈變化的今天，始終保持一種作風的公司，必定會落伍。松下先生覺得，隨時代適應時代的變遷，是現代公司應有的一種經營方式；此外，企業進一步地領先時代，創造新時代，也是一種經營方式。我們必須選擇其中之一，否則即使能夠生存，也不可能期待再成長。

　　他覺得，現代的企業，還是應該把目標放在「創造新時代的經營方式」上，這非常重要。

　　雖然 1980 年代之後，有所謂「未來學者」在做各種預測，但「未來學者」與所謂「經世家」的立場不同。「未來學者」是根據分析過去或現在情勢的結果，預測將來的趨勢。但「經世家卻在考慮：為了人類的幸福，應該創造怎樣的將來。這就是二者不同之處。

　　他覺得，現代的經營者，必須是一位「經世家」。

　　也就是說，如果經營者每天都很認真地工作，那麼對於自己的生意或經營，自然有「希望這樣做，但願會這樣」之類的期望或理想。他認為，應該向員工強調這些期望，共同努力去實現目標。

　　當然，經營者不能缺乏察知一年或三年後社會趨勢的所謂「先見之

明」。但在變化激烈的當今社會，預料的事未必會實現。因此，除了具備「先見之明」外，還得有自己的抱負，並設法實現。

他一向認真工作，隨時都會很自然地想到將來的事。同時，訂出自己的希望，在適當的時機加以公開。松下電器公司，得以發展到今天的程度，他覺得，向員工強調的事，得以僥倖地順利實現，是原因之一。

不過，如果過度被「我想這樣做，應該做得到」這種想法局限，反而會失敗。因此，必須隨時以率直的態度，虛心地觀察事物，一步一步確實地去做。而在今天這種激烈變化的時代，更不可缺乏自己去創造時代的積極態度。

講求信用

再憤怒不平，也必須沉著冷靜，免得做出短視近利的遺憾來。

每一個人都有憤怒的時候，忽然發起火來，什麼都不管，然而也都知道此種狀況，結果都是不好的。松下先生本身也有過這種經驗。

平時他很喜歡正當的競爭，對於不正當的惡性競爭，一向都小心避免。但是有一次對於某項產品，大家都競爭得非常激烈。

雖然他一再地告訴自己絕不可如此做。但是，一旦競爭變得很劇烈的時候，還是會坐立不安。別家公司一直把價格降低，松下公司如果不將價格降低，就無法和人競爭。他越想越生氣，最後終於下了決心，對自己說：「好，既然如此，我們也徹底競爭。」下定決心之後，第二天上午他到公司去。

公司裡，有一個和尚，名叫加藤大觀，他是專門替他禱告健康以及公司繁榮的人。於是，他就將這件事告訴他。

「師父，老實說，因為心裡很憤慨，所以我下決心，準備做徹底的競爭。」

這時加藤師父安靜地看看他說：「喔，這是很冒險的事，如果你想這麼做，就這麼做吧。但是你有幾百位員工，卻因為你一時憤怒，而影響到他們的生活，這是一位領導者應做的事嗎？這是一個匹夫所做的。」

「雖然別家公司發動惡性競爭，只要你認為自己經營正當的話，根本不必

擔心。同時惡性競爭的公司，或許暫時會有客戶轉向過去；但是，天下的事沒有絕對的。有些客戶認為他們的產品較便宜些，但有些客戶，不會由於這種暫時的惡性競爭，而對你們公司的信心，產生動搖。所以你不必擔心。」

「因此，我認為你大可不必對抗他們。如果你因一時的衝動，而做如此決定，我想這不是大將之風」。

松下先生聽了這些話，覺得很有道理，本來他想不論別人如何說，他都已經決定和別家公司對坑。但現在他覺得有再考慮的必要。身為一名領導者，即使再憤怒，也必須冷靜。松下做了一個深呼吸，將怒氣壓下來。

「我明白了，如果我個人兩三天不吃飯，也無所謂，但是，不能讓大家都沒吃飯，這不是一名大將應有的作法。雖然非常生氣，我還是繼續忍耐下去吧。」

就這樣，松下先生忍耐了下來。正如藤師父所說，大部分的老客戶更信賴松下電器。而且，松下的銷售量，居然比以前增加了。

一開始就堅持名實相符的信用，等於是自己儲備龐大資金。

在商場上做生意，信用是非常重要的。假如沒有信用，就沒有辦法互相交易。所以，能不能得到對方的信任，對一個生意人，或一個企業家而言，都是不可忽略的。

松下電器公司在 1927 年和住友銀行開始往來，這完全是由於那位銀行員的熱心說服。在此以前，他們和另一家銀行往來，而且十分順利，按理來說，根本不必與住友銀行往來，但是由於這家銀行分行的職員太熱心了，他才被他說動。

雖然有開始往來的意願，不過他提出了一個條件。這個條件就是，能否在開始往來之前先約定，給他的公司兩萬元以內的貸款；如果可以的話，就和該銀行往來。

這個行員說：「願意開戶往來的先決條件是，只要開始往來就可充分地融通。」銀行要求先往來，他則說應該先約定可以貸款。這個銀行員很傷腦筋，他對松下先生說，要回去和分行經理好好商量再說，然後他就回去了。

為什麼松下先生希望先有可以貸款的約定呢？這是信用問題。銀行要他

跟他們往來，是基於他們認為電器有前途，可以繼續成長發展，可以來勸松下跟他們往來。因此，相對的，他們也應把信用貸款這件事，表現在實際的行動上。換句話說，假如不能夠表現在實際的行動上，銀行對松下的信用，就變成嘴上講講而已，並沒有信用的實體。

四五天之後，這個銀行員又來了。他說：「我們分行經理說他非常明白松下先生的意思。無論如何，希望松下公司和住友銀行往來，至於貸款這件事情，在開始往來三四個月之後，一定可以實現。」

他覺得很奇怪，這跟上次講的話一樣，完全沒有進展，難道他們不了解他的心意嗎？如果是這樣的話，關於信用這一點，不是說根本沒有考慮到嗎？於是他就把他的意思再詳細說明。他在解釋的時候，對方一直點頭，好像了解了。

但是，他一講完，這位行員馬上就說：「我非常明白。松下先生所說的一點都沒有錯。可是，我們銀行對於任何再有信用的公司，在還沒有往來之前，都很難約定短期內可以貸款。事實上，過去也沒有這種例子，至少我沒有聽說過。所以，我希望您先和我們開始往來。」

松下先生覺得對方說得也有道理，尤其銀行對信用一向都非常謹慎。站在銀行的立場來說，這種做法是理所當然的。因此，如果就這樣答應他先開始和他們往來，那麼事情就結束了。一般看來，這麼做也並不影響松下電器公司的信用。更何況住友銀行頗有名氣。松下公司跟大銀行往來，在信用上算是相當有利，這一點也值得考慮。

然而，如果僅僅是開始往來就沒有必要了。因為松下也和另一家銀行往來，並且一切都非常順利，所以，根本沒有其他銀行重新往來的意義存在。現在既然對方非常信賴松下電器公司，就應該把他們的信賴，表現在實際的行動上，他們做不到這點，是個很重要的關鍵。

於是他跟這個銀行員說：「銀行的立場我非常明白，可是現在我覺得完全是信用問題。貴銀行要和我往來，就是說貴銀行信任敝公司。既然是因為信用，那麼在開始往來之前做貸款約定，或者在開始往來之後貸款給我們，完全是一樣的。如果不能接受這個條件，不就等於沒有辦法真正信任松下電

器公司嗎？所以我希望貴銀行再一次徹底地調查松下電器公司，重新調查之後，如果滿意的話，只要約定將來可以貸款就夠了。請你跟你們的分行經理好好商量，由我跟你們的經理見一次面也可以。」

這個銀行員回去後，他心裡想到底會變成怎麼樣呢？沒多久他就打電話來了，說他們的分行經理想跟我見一次面。他到了這家銀行，重新把他的想法告訴這位經理。

「交易這事，不管是大是小，都必須有信用才能達成。住友銀行是個大銀行，不能約定將來貸款，是不可能的。如果不能約定，等於沒有真正信任我。如果真是這樣，就沒有往來的必要了。

這位經理靜靜聽我說完話，點點頭說：「我非常明白，但這不是我一個人就能夠決定的。我再跟總行商量一下，一定要做到與松下往來的目標，而且，一如以前你所說的，讓我們即好地再調查一次。」

於是這件事情才逐漸具體化，慢慢有了進展。緊接著做了調查，分行經理也到處奔走，在 20,000 元無條件約定貸款之下，1927 年，松下電器公司開始和住友銀行往來。

在開始往來之後兩個月，原本的銀行發生了周轉不靈的恐慌，接著蔓延到全國。松下公司原來往來的那一家銀行開始不兌款了，松下公司終於陷入困境。但是由於和住友銀行有過約定，松下電器公司因此能夠突破這次的難關，後來松下電器公司和住友銀行維持長久的合作。

領導者的信用是一種強大的無形力量，也是一種無形的財富。

在秦朝末年的楚漢爭霸時期，有一位名將叫季布。他原是楚王項羽的手下，驍勇善戰，劉邦吃盡了他的苦頭。所以對他耿耿於懷，在項羽自刎、漢朝統一天下之後，馬上懸賞追捕季布：任何人只要取得季布的頭顱可換千金；相反的，如果藏匿季布，必誅殺全家。

可是法律儘管訂得那麼嚴，還是有人願意庇護他，甚至替他向劉邦講情。到底季布這個人有什麼魅力，使得眾人在千金重賞之下還不會出賣他呢？原因很簡單，只因為季布是一個講信用的君子。在當時，曾經有一句俗話說：「得到黃金千兩，不如得到季布的一句承諾。」可見得他守信用的程

度，是受人敬重的要素。

後來，劉邦果然赦免他，並且讓他在漢朝當官；但是他仍舊保持一貫的作風，不屈服於權貴，也不受別人左右，對錯分得很清楚，一點也不含糊。所以知名度越來越高，官越來越大，原來歸屬項羽的敗將中，就以他最有成就。

由這件事得到的啟示是：不論我們做什麼事，最要緊的是要講信用。一個人或企業，如果能得到大眾的信用，而被認為「那個人說出來的話，一定做得到」，或「那家公司生產的產品，一定沒問題」，那麼這個人或企業，就已經先立於不敗之地了。

信用既是無形的力量，也是無形的財富。領導者若能得到大家的信任，眾人自然會為他效力。相反的，如果經常言而無信，就算此刻許諾了再多的好處，別人也會懷疑兌現諾言的誠意。

想要使別人相信自己，並不是一朝一夕能以的，必須經過一段漫長的時間，兌現了所許諾的每一件事，誠心誠意地做事，讓人無可挑剔，才能慢慢地培養出信用。

而必須注意的是，信用的培養雖然倍極辛苦，可是要加以破壞則是非常容易的。長斯守信得來的信用，很可能只因為一次失信就人格破產，所以愛惜信用的人一定要謹慎行事，千萬不可走錯一步。

適可而止，見好就收

一般人都有很多欲望，只要發現一種事業可以賺錢，大家馬上一窩峰地鑽營。短時間也許還不錯，但一段時間之後就立刻陷於惡性競爭，弄得大家都賺不了錢，甚至停業或破產，這種事情真是太多了。如果想避免這樣的情形，松下認為是可以辦到的。

他本身也有過這樣的經驗，那是 1925 年的事情。當時他到東京辦事處巡視，辦事處裡面擺著真空管（Vacuum Tube），這是他有生第一次看到「真空管」。那時候裝置在收音機裡，非常暢銷。辦事處主任對他說：「這是最近東

京最暢銷的東西。大阪方面是不是要賣賣看？」

　　松下聽了以後覺得「很有意思」，希望能夠盡早在大阪發售，因此當場和真空管製造廠交涉。結果發現那家工廠規模很小，資金也不雄厚，生產根本趕不上訂貨，就當場先付款 3,000 元購買 1,000 個真空管，想多買一個都有困難。

　　回到大阪，松下就和真空管的批發商接觸，當時因為發貨很少，大家都急著趕快向他訂貨。這種情形大概持續了五六個月，而松下電器也因此多了一萬多元的收益，這在當時可以說是一筆為數不小的款項。後來製造真空管的廠商慢慢多了起來，各種廠牌逐漸出現，價格自然也逐漸便宜。

　　看到這種情形，松下覺得非好好考慮一下不可，因為照這樣下去，松下電器可能增加的利潤必然會很有限，雖說還有一些利潤，而且銷路也還好，但情況已經有所變化，和前一陣子已經大不相同。重點在於如何掌握演變的趨勢而不安於現狀，因此，先見之明是非常重要的。雖然當時賣真空管還沒有什麼問題，但他卻不想做，乍聽之下似乎有點可惜，何況在還沒有賺到更多錢的時候。但是話說回來，做生意要注意市場情況的變化，必須要有應變的辦法，他萌起撒手的念頭。況且已經賺取一萬元的利潤也應該是收手的時候了，再貪心就不太好。真空管的銷售情況是不是在他預測之內呢？

　　他就這樣決定從真空管收手，也把他的意思通知生產工廠和客戶，工廠方面因為可以無條件獲得大阪地區的客戶，心裡當然高興得不得了，而客戶方面自然也不會有反對。於是，松下就從這個還沒有創造可觀利益的真空管販賣事業中撤資了。

　　過了四五個月之後，收音機配件的售價急轉而下，之前獲利不錯的工廠和販賣店突然陷入困境。

　　松下電器因為收手得快，因此並沒有受到任何損失。因此松下認為凡事都必須適可而止，否則反受其害。

　　還有，惡性競爭絕非好事，如果想到可以賺錢就什麼都不顧了，那自然就容易忘掉「適可而止，見好就收」，很可能還是會陷於惡性競爭而使得彼此都焦頭爛額。人性是非常複雜的，如果不時時加以提醒的話，恐怕還是不易做到。

隨機應變

我們喜歡替一個團體制定一個規則或者規定，制定之後就要大家去遵守。遵守規定是件非常重要的事。因為大家都遵守規定，才能維持良好的秩序，有了良好的秩序，才能使社會順利發展，如此，才能提升大家的生活品質。但是，只注意到這些規則，是否就很理想了呢？松下認為還必須做些檢討。

數百年前，日本最有名的戰國武將上杉謙信，是在川中島和武田信玄決鬥而馳名的。上杉謙信深信七福神中，一位叫做毗沙門天的神，據說他是使魔鬼的軍隊投降而守護佛法的神。謙信由於信仰此神，所以軍旗的旗印就用：毗沙門天的「毗」字。高舉著「毗」字旗的上杉謙信軍隊，號稱所向無敵。

由於上杉謙信深信毗沙門天，因此遇有大事要商量時，就下令大家聚集在毗沙門堂。謙信坐在上座，總管及家臣們排列坐在下面，平時就這樣嚴肅認真地討論，並做成決定。所做成的誓言和約定，自然就有相當的意義和功能。

但是，有一次鄰國發生農夫反抗地主的暴動。這是件大事，如果再惡化下去，也會波及上杉謙信的領土。但是，除非親叟看到暴動的狀況，否則無法決定該採取何種行動。於是上杉謙信決定立刻派一名奸細去偵察鄰國狀況。

在當時，鄰國對他們而言是一個完全陌生的地方，如果被發現是奸細，就會被殺死。所以這名奸細是冒著很大的危險，如同上前線作戰一樣，隨時可能死亡。因此在出發之前，就要他在神的面前念誓文，對神發誓，即使喪失生命，也要完成使命。

部下對謙信說：「那麼現在就像往常一樣，到毗沙門堂，在毗沙門天前面對神發誓吧？」

謙信回答說：「不，沒有時間了，因為情況非常緊迫，暴動的農夫隨時都可能攻打過界，現在必須立刻啟程去偵察狀況。如果再去毗沙門堂，那就太慢了。在我面前跪下發誓吧。」

　　屬臣們都非常驚訝，過去從來沒有發生過這種情形，尤其已習慣於傳統方式的老臣們，更覺奇怪，認為違反了往常的作法，所以議論紛紛。謙信看到這種情形並不驚奇，他面帶笑容地說：

　　「你們想想看，因為有我，才信仰毗沙門天。如果我沒有信仰它，那麼其他的神也就可以替代了。我認為如要我向毗沙門天拜三次，他向我拜30次、40次，也不為過的。所以，現在這個時候，就將我視做毗沙門天來發誓就可以了，如此才能爭取偵查時機。」

　　這個故事的真實性我們不必去追究，但是上杉謙信確實令人覺得他很有見識，此外，也流傳上杉謙信逼降武田信玄的故事，他的做法，平常人是做不到的。

　　事實上在緊急狀況下，必須配合時、地需要，將習慣做一個彈性地調整，不必拘於形式，這是非常重要的觀念。

　　總而言之，隨機應變是非常重要的觀念。為了實際情況的需要，就不能執意保持傳統方式，否則永遠無法達到應變的功效。人要在保持傳統之外，還能掌握事件的主題並隨時應變，才可能成功。像上杉謙信的做法，是值得經營者學習參考的。

　　成功的領導者，應敏銳地觀察世態的變化，以求不斷產生新的觀念和方法。

　　古代商朝的始祖商湯，以仁慈的心，布施仁政，連孔子都稱他是明君，並對他的道德備加讚賞。商湯曾在他使用的盤子上面刻著「苟日新、又日新」的字句。這句話真的意義，是告訴我們，應該抱著日新又新的心理去觀察每一件事情。如果能夠確切實行，自己的思想也會越變越新。商湯就是把這種觀念當作自己的座右銘，才會把這句話刻在他每天都使用的盤子上。在三千多年前，一切變化緩慢的時代，就能夠有日新又新的觀念，真可說是一位偉大的領導者。

　　世界的進步雖然有快慢的差異，但是時時刻刻都在變化中。所以，昨天可行的事，也許就不適合今天了。在此多變的狀況中。如果以十年如一日的反覆去做同樣的事情，一定沒有成功的希望。所以，一位領導者應該敏銳地觀察世態的變化，時時產生新的領導觀念。更重要的是，要實行為了配合這

種新觀念所產生的新方法；而想要有新的方法，就必須自己先有日新又新的觀念，不拘泥於過去的思想和作法。這才是一位領導者不可或缺的重要條件。

在商湯稍晚的時代，大約是二千五百多年前，釋迦牟尼（Sakyamuni）曾說過「諸行無常」。希臘的哲學家赫拉克利特（Heraclitus，540-480 BC）也說過：「一切萬物都在流轉，連太陽也不例外。今天的太陽已經不是昨天的太陽了。」

可見不論東方或西方的聖賢都在強調「日新又新」的觀念，更何況我們身處在現代這種日新月異的時代。身為領導者，如果依然抱著守舊的思想和態度，那真是不可原諒的。

自昭和 7 年（1932 年）松下發表了基本方針以來，每年的 5 月 5 日，就是松下電器的創業紀念日。松下在今年的公司創業慶典上，和新年經營方針發布會一樣，創業慶典也是在一片歡呼聲中圓滿結束。慶典後與主管在新大阪飯店會餐時，松下對主管們說：

「人，保持身體健康，是頭等大事，一旦得了病，雖然可以打針或動手術，但往往為時晚矣，所以，為了使人們更好地保持身體健康、預防醫學才變成了醫學上十分重要的領域。

也就是說，雖然現在沒有生病，但是我們應該做好心理準備，防患於未然。

直到三個月後，主管們才理解了松下這番話的真正含義。

當時的常務理事木通野正三（現任監察董事）沒有能夠參加那年的創業慶典，但對當時的情況作了如下的回顧。

木通野那段時間總覺得喉嚨不太舒服，在京都府立醫院檢查後，發現患了「惡性黏膜癌」，動了 5 個小時的大手術。

後來，木通野對來醫院看望他的松下說：「倒了大楣啦！醫生開始說沒有什麼大不了的事，但後來全部切除了。」

松下安慰他說：「木通野，你應該高興才對，這樣才使你得救了。事也是如此，如果有了不良之處，就要徹底地連根拔掉。不這樣做，事業就難以成功」。

直到這時，木通野才深刻地認知到「這就是松下幸之助的經營哲學」。

首先，不良徵兆一出現，就要立即著手理處。其次，對不良之處，要下決心大刀闊斧地剗除。這就是松下進行危機管理的思維方法。在此，松下以生病為例，闡明了他的思想。

承接日本勝利牌

有些東西固然很容易就從外觀判斷它的價值，但有些東西就不是這麼簡單了。何況精彩的部分如果被隱藏起來，從外表觀察是無法了解它的內涵的。這個一般人看不見的內涵如果碰到判斷力強的人，也許能夠觀察透徹。

1954 年，日本勝利牌加入了松下電器經營的行列。松下接收勝利的經營權，是基於兩個理由。其一，勝利牌的經營有了危機，雖然向其他公司調了一些救援，還是不容易度過難關，因此有意返回到日本市場虎視眈眈的 RCA 陣營裡。

日本勝利牌本來是美國勝利牌百分之百的子公司，後來因為美國勝利牌與 RCA 合併，所以日本勝利牌也就自然而然成為 RCA 的附屬公司之一。其後因美日關係惡化，RCA 就把日本勝利牌讓給 T 公司而撤資回國。

第二次世界大戰期間，勝利牌的工廠因為遭受空襲而損失慘重，工廠幾乎完全被炸毀，已經到了非增資無以繼續經營的地步。因為 T 公司本身已經無能為力，遂由某銀行入股而持有勝利牌的股份。

西元 1952 年修訂銀行法，規定不准銀行持有企業的股份，所以這些股份必須轉移給別人。然而從 T 公司算起，幾乎每家都負債累累，因此沒有人能夠接手。由於無法可想，所以勝利牌有意重回 RCA 陣營。

如果重新投入 RCA 的陣營，這樣美國的資金就會進入日本，那麼對於日本的產業就會造成很大的打擊和威脅。所以這麼說，是因為當時的日本產業的力量十分薄弱，可以說完全沒有抵抗力，與今日的日本自然不可同日而語。外資一旦進入，則日本企業界必然陷於一片混亂之中，這是無論如何不能讓它發生的。

因此，松下決定認購正面臨危機的日本勝利牌。

「這樣的話，松下先生是願意承擔五億的債務囉？」

「沒問題，由我來承擔，不過我目前沒有這麼多錢，我想先由我來保證責任，暫時把付款緩一緩吧。」

「就這麼辦。」

其實那個時候松下幾乎連勝利牌的公司和工廠都沒有看過，就這樣決定把經營權承擔過來。雖說擔心美國資金進入日本，但是就這樣把一個他自己都沒有看過的公司擔下來，豈不顯得有點輕率糊塗嗎？然而，松下怎麼這大膽，把這個從沒看過的工廠就這樣決定承受下來呢？

首先，他決定承接日本勝利牌，實際上是基於兩個理由：一個就是為了防止外資侵入；另一個他很了解日本勝利牌的價值，雖然他甚至連它的工廠都沒看過。

他的想法是：「勝利牌現在的情況，等於是一塊金子被土蓋住了，所以從外表看不到金塊的價值。假如把土挪開的話，裡面的金塊就會閃閃發光。看不看工廠都無所謂，把它承接過來吧。」

現在，大家最擔心的是資金可能入侵，RCA 表示：要用 3 億元購買日本勝利牌的商標。對於這樣一家資本額才不過 2,000 萬元，而負債 5 億元的日本勝利牌，RCA 居然肯出價 3 億元購買商標，可見 RCA 對於日本勝利牌的價值頗有了解。這個情況松下也很清楚，何況如果由 RCA 收購的話，又必然引起日本企業界的不安，所以他下決心要承接下來。

等承接下來之後，他發現該公司的技術也頗有獨到之處，只可惜經營管理不善。於是松下電器就派出兩位負責經營的人，設法把公司重新整頓起來。

此後，日本勝利牌果然在松下電器的經營下活躍起來，而其優秀的技術及經驗也能得到有效的發揮，公司也因此逐漸復興且不斷地獲得發展。這不正是一個把覆土拿開，而展現出黃金的最好例子嗎？

竹子越高越彎曲

領導者須時常反常自己的過失，才能指正別人的過失，進而領導別人。曾參是孔子的得意門生，比孔子小四十六歲，嚴格地說，他的年齡可當孔子的孫兒，在孔門弟子中，排行也在後頭。可是就學問而論，卻無疑是孔子門生中最傑出的一員，所以孔子時常讚美他。

曾參有一句名言：「吾日三省吾身，為人謀而不忠乎？與朋友交而不信乎？傳不習乎？」意思是說，我每天拿三件事情來反省自己，替人家謀事，有沒有盡心盡力呢？和朋友來往有沒有謹守信諾呢？就是所傳授的課業，有沒有再三溫習呢？由於曾參每天反省這三個問題以使自己避免過失，不愧是一位賢者。也由此可見，他的老師孔子被尊稱為「至聖先師」。

曾子每天所反省的三件事，雖然都是日常生活上的瑣事，可是其精神並不在於反省什麼，而是在於持續不間斷地反省進修，這才是領導者所應該學習的重點。領導者的生活對外在環境的影響太大了。他的生活正常與否、觀念是否正確，常常會左右國家的命運，決定事情的成敗，甚至造成許多人的幸與不幸。所以領導者定要嚴格地自我檢討，不可以用一時的衝動或個人好惡當標準去作決策，如此才不會走錯方向，而導致無法挽回的錯誤。所以我認為領導者必須在心理上先確立自己的指導概念與方針，隨時隨地反省改進，碰見計畫缺失的時候，立刻加以改正，同時也要計算自己在這項事務中是不是已經充分發揮了實力，完全控制進度？或是有該做沒做而不該做卻做了的情形？像這樣不間斷地自我反省，才能避免錯誤的發生。

可是有時自己反省還是不能發現錯誤，因為人們往往會因主觀的意識而蒙蔽了事實的真相。加上自尊心的作祟，雖經常發現自己的缺點，卻不肯承認，所以最好能在適當的時機，多多請教別人：「我這種做法好不好？想法對不對？」請別人坦白地指正。如果能一面自我反省，一面接受別人的指教，相信可以使自己的錯誤減到最小的程度。想一想，曾參只不過為了修養自己，就必須每天反省自己，何況是為全人類謀福利的政治家或企業經營者；就更必須深切了解自己的責任重大，一言一行，都關係著許多人的幸與

198

不幸；所以更應該「五省」或「十省」，甚至每日「百省」，不斷自我改進才對。

謙虛能使一位領導者平易近人。這樣，也才更容易領導部屬。

有一天，福島正則遣人送兩條錦鯉給前田利家，利家馬上叫他的文書官寫信向福島正則道謝。但那位文書官卻認為福島正則的地位比前田利家低，送禮巴結是應該的事，所以利家大可不必答禮致謝，於是就隨便寫了一張措辭簡略的信稿，拿給利家過目。利家看了以後，很不高興，並訓斥文書官說：「書信有固定的格式，一封道謝信，如果不能處處表示出對對方的尊敬，那麼還道什麼謝？例如：信裡這句『蒙受饋賜』，官僚官樣的，為什麼不改成『常常受您的厚愛，實在擔當不起』之類的話，也較平易近人，尤其是對比我地位還低的晚輩，文句更是越客氣越好，否則，別人會認為我傲慢自大，我看你這種敷衍了事的信件，還不如別寫，省得讓人瞧不起。前田利家在織田信長、豐臣秀吉的手下都做過事，是個身經百戰的沙場老將，很多人都認為，如果在豐臣秀吉晚年，前田利家不死的話，德川家康是很難得到天下的。他之所以受到後人的景仰，其實正因為他人格高尚，待人謙虛的原因。

人往往地位越高，越會得意忘形，而忽略了謙虛的美德。在這種情況下，周圍的人往往只對他的地位表示阿諛，心裡卻未必服氣，如此部屬變得難以使喚，做事也很難順利成功。所以，地位越高的人，越需要謙虛，能做到這點，眾人才會佩服他說：「那個人地位雖然高，卻沒有半點官架子，待人誠懇，真是一位君子。」在這種條件下，如果他對別人有什麼意見，大家也會洗耳恭聽的。俗語說：「竹子越高越彎曲，」這句話很微妙地把主管人的真貌，顯示出來。

而領導者要能衡量自己的實力，並準確地判斷環境的變化。

豐臣秀吉在平定九州、四國、關西的諸侯（日本西部）以後，進一步想征服關東的諸侯，以期統一天下，於是就派遣使者到京都去，命令關東地區的重要諸侯北條氏來朝見。可是北條氏一面仗著自己的力量，一面對當時天下大事，渾然無覺。所以輕視秀吉，只隨便說幾句外交辭令，便打發使者回去，自己則堅持不肯去朝見秀吉，秀吉於是拿這件事做藉口，帶兵攻打關東

地區的諸侯。

戰爭爆發初期，北條氏依靠小田原城的險要地勢，採取堅壁固守的政策，使戰局僵持了一陣子，小田原城是關東與關西之間的軍事要塞，地勢非常有利。稍早，名將上杉謙信也曾包圍此城達數年之久，但始終無法攻破，鎩羽而歸。這時北條氏還深信這座城池可以抵擋秀吉的大兵——可是他卻沒想到，當時秀吉所統領的大軍已占領了一半的天下，和過去的上杉謙信，根本不可同日而語。

還有，北條氏自從藩鎮割據，獨立開國以後，傳到當時已第五代，無論生活習慣或意識觀念都已經逐漸貴族化。由於和平的日子太久，開國時那種親民愛民、尚武剛強的作風已經逐漸消失，封閉在宮廷中生活，遠離了平民、百姓，和宮廷之間失去密切的連繫；加上貴族生活的淫逸，也激起百姓的不滿，人民已失去為主公奮戰的鬥志。在這種情況下，縱使有小田原城的天險可守，但也不能有太大作為了。北條氏的軍隊雖曾仗著天時地利，打了幾次勝仗，但由於整體兵力的差距太過懸殊，最後，當小田原城被秀吉所率領的聯軍攻破時，雄踞關東百年之久的北條氏也就滅亡了。

世界著名的兵法家孫子曾說過：「知己知彼，百戰不殆。」我想，北條氏所犯的錯誤，就在於沒有「知己」，也就是說，不但錯估了自己的實力，也錯估了豐臣秀吉的實力。該戰的時候不成，該求和的時候不和，所以最後是自己走上敗亡的道路。這種情形和第二次大戰時，日本錯估美國參戰的決心，也錯估自己的兵力，而貿然對美國發動攻勢，最後慘遭失敗的情形是一樣的。

所以，領導者必須估計對手的實力，並且衡量自己的能力，才能下判斷決定該戰該和。但是，嚴格地說，準確的自我判斷是一項很難的事。因為高估自己，低估別人，把事情看得太樂觀，或看得太悲觀，這些都是人性中的弱點。正因為人性中存在有這麼大的一個陷阱，所以當一個人因輕視對手而造成自己氣焰囂張時，就已經踏進敗亡的境地了。

站在主管地位的人實在應該好好考慮這一點，先謹慎地衡量自己的力量，譬如：公司的業務、團體的能耐、國力的強弱種種，要以客觀的眼光求

徹底了解，才不會判斷錯誤，無論做什麼事，也才會有成功的掌握。

不管做什麼事，都要堅持自己的信念和把握。尤其是在經營買賣上，沒有信念的經營，缺乏把握的買賣都不堪一擊，也很難有好的成果。所以，從事一件工作，在使它更有把握成功的同時，就要從中培育出自己的信念。

但如果人云亦云地以為只要有自信就可以，那可就糟了。因為自信是建立在謙虛的心態上，失去謙虛的自信，就會變成自傲了。失敗的人，往往都是缺乏謙虛，一味地固執己見。松下認為唯有從謙虛的胸懷中產生出來的自信，才是最好的信念，也才能使自己邁向成功之途。尤其是身為主管的人，更要有這種心態。如果屬下缺乏謙虛的態度，就要以委婉的話語來提醒他在觀念上的偏差，那自己也能因此提升警覺，時時注意改正。但是如果身為在上位的主管疏忽了這種指導，那就該捫心自問是否自己也失去了謙虛的態度了？

懂得謙虛才能接納部下的長處，如此也會信任屬的能力。當然並不是所有的人都比自己優秀，但只有謙虛才能接納部下的長處，而做到知人善任。如此，適當的提案能順利透過，及早下決策，那麼工作就會像流水般地毫無阻力。

所以，我們應該致力於培養建立在謙虛心態上的相信。

要使買賣經營成功，說服力是非常重要的。

如果有一位客人在買東西時對你說：「你賣的東西太貴，別家店都以八五折優待，而你卻不打折，實在很沒道理」。這時候你該怎麼辦？若以八五折賣，就沒有利潤，要做賠本生意可是不行的；可是如果這時你只說「不能再便宜了」，那這個人就可能會到別家去買了。

因此，不管如何，都要想辦法說服顧客：「這個價錢是最低價格了，如果再打折，我們可要賠本，總不能叫我們血本無歸。所以這是合理的價錢，而且我們還將會為您做最完整的售後服務」。做買賣就要像這樣，把自己的立場說清楚，並盡一切力量說服他。

宗教也是一樣。有好的教義，再加上說服力，才能得以發展，否則就很容易衰微。

做買賣更是如此，要有強而有力的說服力。必須自信自己的商品絕對是優良的，價格也是絕對合理的。像這樣堅持自己的立場，反而會引起顧客的共鳴和支持。嚴格來說，缺乏說服力的人，是沒辦法在商業界生存的。自己覺得難過，也徒然打擾別人。

無往不利的要訣

謙和的態度，常會使別人難以拒絕你的請求。這也是一個人無往不利的要訣。

這是發生在某個機場的故事。當松下在候機室等待飛機，遇到某大會社的社長，他年輕，大約只有 50 幾歲。雖各在不同的行業，卻曾見過二、三次面。而他的公司在同業中是數一數二的大公司。可是這位社長一見到松下便馬上起立，並要把外套脫下，當松下說「請不要客氣時」，他就已把外套脫下來，然後恭恭敬敬地向他鞠躬問好。松下由於有點感冒不便回禮，但內心卻非常驚訝他謙和的態度。

在這樣一個普通的公共場合，就算有相當的身分差別，也並沒必要行這樣的大禮，更何況對方是社長，而且跟我們的公司也沒有生意的往來。儘管如此，他仍以如此的大禮向我打招呼。這種謙虛的態度深深地打動松下的心。

「聽說你在年輕的時候非常努力，實在是很難得。」松下很敬佩地對他說。但他卻謙虛地回答我說：「我有許多地方不懂，所以和公司的同事們商量，並請教外社的人，是大家的幫助才使我有今天的。所以請松下先生也多給予包涵指教。」聽完了他的話，實在感到很佩服。就是這種謙和的態度，讓人不得不接受他的請求。松下想，這便是這位年輕的社長，創造他事業的祕訣。

一個企業家之所以能飛黃騰達，自有他的條件。在招攬人才時，要能夠掌握他們的長處和缺點，積極的活用長處，而透過自己或其他部屬的長處彌補缺點，使得公司員工在互補作用下，充分發揮優點和特長，公司的業務自然能順利的推動。相同的道理，一個領導者也不可能是完美無缺、全知全能的，所以不應對自己的缺點加以掩飾，而應盡量讓部屬知道。應要求屬下針

對自己的不足提供適當的幫助。

　　一般而言，日本在人事升遷上，大都按照年資逐級調整。因此，由低級職位晉升到高級職位，乃至於管理階層，有時代表的意義只是擔任職務年資的久長；至於道德、品格、技術、能力、才華和智慧，是上位的人就較強呢？誰也不敢保證。

　　假使一個公司的領導者在各方面都沒有卓越之處，而又不能善用人才，僅憑自己有限的智慧和能力做事，便難免要陷入失敗的窘境。反之，若能得到部屬的全力幫助。就必能完成他的本分與職責。所以如果想要部屬來彌補自己的缺點，就非得檢討自己的缺點，並讓部屬知道。

　　一般人往往太顧及自己的「面子」，以為讓人知道自己的缺點，是一件羞恥的事──尤其是讓部屬知道，更是有損顏面。他們認為「我身為主管，缺點如果都被部屬看透了，那麼部屬怎麼會尊重我呢？」可是，不必顧慮這麼多。讓部屬了解缺點，並且一再請求指正，不但沒有損失，事業反而更能發展。

　　不管是社長、部長或課長，一旦知道部屬的缺點時，就應設法加以彌補，同時也要將自己的缺點讓部屬知道，由他們來彌補。俗話說：「越高的山，谷越深」，就是意謂優點越多的人往往缺點也越大；所以越是優秀的主管就越應該留意自己的缺點，並且大膽地讓人知道，才能有改善的機會。

悲天憫人的胸懷

　　經營者應懷有悲天憫人的胸襟，並以正義為前提，如此不僅能盡到企業對社會的責任，也能使員工心悅誠服。有一次，松下出差到熊本縣，特地抽空到熊本神社去祭拜供奉在社裡的加藤清正將軍，恰好遇見廟祝講述加藤將軍的事蹟，他聽了以後非常感動，於是開始收集將軍的生平資料。對他的故事了解越多，就越體會到他是　位不可多得的偉人，然而最令他感動的，倒不是他一生中的豐功偉業，而是他的仁慈和正直。有一則故事在他心中久久不能忘懷。

第三篇　管理之謀略
第一章　管理者素養

　　據說有一天，加藤將軍邀請同僚福島正則將軍品茶，在福島將軍未到之前，有一位家臣在忙亂中撞毀了加藤將軍房間的紙牆，雖然立刻叫人來修理完工，但紙色新舊不同；依然留下明顯的痕跡。不一會福島將軍來了，一眼就看見牆上色彩的不協調，就問加藤，加藤把事情的原委告訴他，福島的臉色一變說：「你那種粗手粗腳的家臣，留著做什麼？還不如推出去斬掉算了。」加藤將軍聽了，不以為然地說：「你雖然武功顯赫，受人敬重，只是太缺乏悲天憫人的胸襟了。」

　　松下不知道這則故事到底有多少真實性，但是從這故事中，表露出加藤將軍是一個非常愛護屬下的好長官，所以在他死後才能被人供奉成神明，尊稱為「清正君」。他想，加藤將軍之所以能如此受人景仰，正是因為他悲天憫人的胸懷。松下認為凡是身為主管的人，都應該有像加藤將軍一樣悲天憫人的胸懷。當他批評福島將軍「你太缺乏悲天憫人心腸」時，正是基於一個領袖人物所應具備的胸懷，並充分表露他的慈悲心。固然，武將在驃悍勇猛方面勝過一般人，可是如果長處僅止於勇猛驃悍的話，還是不夠資格被稱作德威兼備的名將。因為我們知道武力的目的並不在於砍殺威嚇，而是為了維護天下的和平與幸福，如果身為將帥卻缺乏這種體認，只憑仗著武力傷害無辜的話，那將是「反其道而行」，我想加藤將軍也明白這層道理，所以表現在外的，是悲天憫人的坦然胸襟，而不是暴戾之氣。

　　悲天憫人是佛家的一種道德要求，也就是要對人、地、物都懷著同情，這是社會生活中涵蓋最廣的道德要求。例如：政治家就要有悲天憫人的胸懷，因為政治的目的在於增加眾人的幸福，減輕眾人的痛苦，所以把政治看成是發揚悲天憫人胸懷的學理，一點也不過分。

　　經營企業的道理也一樣。企業的責任既然是生產物品，那麼就必須造出最優秀的產品，來消除人民的貧困，使每個人生活更豐盈、更快樂，這才能算是達成企業的目的與使命。企業和宗教雖然有物質和精神的差別，但對於改善人類生活品質的目標卻是相通的，兩者都是為了發揚悲天憫人的心胸，來造福大眾。所以，企業的經營者更應該悲天憫人。同時，經營者為了達成企業的使命，往往要指使很多員工為我們工作，這些人也有權利要求從職務

和工作中感受到幸福和快樂。因此，經營者除了促使社會繁榮外，還必須存著使部屬滿足、快樂的心願，如果缺乏這種愛心，光靠職位和權謀來指使員工，必然得不到別人誠心的幫助。

如一再提到悲天憫人的心胸，可能會被誤解，而聯想到溫和柔弱的形象，其實不然，溫和柔弱固然也是悲天憫人的一種表達方式，但另一種方式卻是蕭穆莊嚴。像佛教最強調慈悲，可是神明中的「不動天王」卻手持寶劍一臉凜然不可侵犯的法相。可見悲天憫人的胸懷不只應以溫和的方式來表現，對於做錯事，更要採取嚴厲的責備，如此才能把是非善惡明白地表現出來。

可見具有悲天憫人的經營者一旦發現某人有不法的舉動時，必須斷然地糾正他。如果為了私情，故意隱匿不處分，不只是誤解了悲天憫人的真諦，到頭來反而害了部屬，這就是濫用了愛心。因此，只有凡事以大局正義為前提，該處罰時處罰，該獎勵時獎勵，才能算是真正了解悲天憫人的意義。

身為主管，懂得悲天憫人，自然能竭盡心力地去愛護部屬，部屬了解主管慈善的存心，於是儘管因錯誤受到懲罰，也能心甘情願，並在懲罰中學習到做人處世的正確方法。

所以，要想成為受部屬尊重的主管，悲天憫人的心胸是不可缺少的重要條件。

要有接納的雅量

成功是眾人的智慧和努力所凝聚而成的。我們必須有接納別人意見的雅量。

領導者是不可輕易妥協的，必須要有強烈貫徹自己信念的意志力。

人非聖賢，以個人意志決定的事，往往設想並不周全。所以我們還是要有一種「自認必須這麼做，但參考個別意見」的雅量或精神才好。缺乏這種精神，便容易成為一個儘管有非常的意志力，結果卻不能成功的人。

相反地，有一種很強的意志力，而為了達成目的，又以採取歡迎更多人

幫助的態度。比較這兩種類型，後者成功的可能性較大，即使聰明才智稍缺，也會成功。反之，即使自己的聰明才智很高強，卻始終孤立，成功的可能性自然降低了。這種實例，是常有的。

　　君主的懲罰比神明的懲罰更嚴酷，而老百姓的懲罰使當政者遭受被推翻的命運。

　　豐臣秀吉的軍師黑田孝高輔佐秀吉得到天下，立下了彪炳的史冊的功勞，他曾說：「君主的懲罰比神明的懲罰更嚴酷，但老百姓的懲罰則更甚於君主的懲罰。因為神明的懲罰可以用祈禱來免除；君主的懲罰往往也能因誠懇的道歉而得到赦免。可是，一個當政者如果遭受百姓唾棄，不論祈禱或道歉，都沒有用，並且必將遭受被推翻的命運。所以古人說：『老百姓的責罰最可怕』真是百世不變的真理。」

　　社會上，充滿各式各樣的人，每個人的想法和判斷力都不相同。有的人能清楚地分辨，有的人則馬馬虎虎，得過且過。每人因判斷力不一致，當然對某人的看法也有好惡之別，但如果是全體百姓共同的判定，就絕不會發生錯誤。如果行為正當，即使遭到一兩個人的惡意扭曲，仍然會被社會人士所接受。可是行為若不正當，或許有一兩個人會蓄意包庇你，卻絕不可能得到大家的寬容。況且，社會是由許多人所組成的，人民一旦憎恨君主，就很難再用其他的辦法來挽回。因為，假使是臣子觸怒了君主，當然有被處死的可能，但畢竟君主只是一個人，還是有機會勸說他回心轉意，赦免過錯的。可是社會百姓的人數那麼多，錯誤的君主要一一向他們道歉，懇求原諒，就未免太難了。

　　西方諺語說：「人民的呼聲代表上帝的旨意。」美國總統林肯也說：「長期欺騙一小部分的人，是可能做到，短期欺騙所有的人，也可能辦到。唯有長期欺騙所有的人，則是永遠不可能的事。」

　　總而言之，為人君者必須先得民心，坦率、誠懇地尊重老百姓的意見；如此，不但錯誤能減少，並且可由百姓的支持，感受到社會的溫暖，替自己的施政帶來莫大的便利。在企業經營上，領導者也應尊重部屬的意願，才能順利地推動公司的業務。

做手握魚餌的主管

最失敗的領導者，就是員工一看到你，就像魚群似地沒命地逃離。

水池中，約有一百條錦鯉。有金、銀、紅、橙黃、青、白、黑，或是紅白、青黑等花斑五彩繽紛的錦鯉。有近二尺長，也有約三寸的小錦鯉。也有什麼德國錦鯉，背上只能看到兩排魚鱗的變種錦鯉。這些錦鯉自然地分成幾群悠哉地游著，從屋內遠眺，確實很美麗。我們常常聽到「鯉魚躍龍門」這句話，但松下以前從沒有看過，而這裡的錦鯉偶爾會表演給松下看。聚集在水池進水口落水處的錦鯉，一條接一條地躍向不太高的石頭。大部分都因為量不足落下來。可是也有完全跳上，進而勇敢地繼續逆流而上的，看了真令人愉快。最近，他穿著木屐從房間走近水池旁時，不用拍手，錦鯉也會從四方一齊聚過來，在他附近竄游不想離去，等他手中的麩了。他的手 伸到水面，魚群就都抬頭湊近，所以手還可以觸摸到魚群，實在很可愛。

普通的魚兒，在人一走近時，就本能地逃離。可是一樣是魚類，水池中的錦鯉就會向人擁近，這可能是在經常餵牠魚餌關係，自然養成的習性。但，總而言之，錦鯉好像具有溫順的性質，是可親近的魚類。

突然有一條錦鯉「叭」一聲在水面發出聲，一直在他眼前優游的錦鯉群就沒命地散開。但不久一面又悄悄地聚攏過來。面臨異常變化就急忙逃去的錦鯉，為什麼會再聚集過來呢？難道吃到魚餌的喜悅勝過對巨變的驚懼嗎？他無法直接問錦鯉，所以無從了解牠們的心境，但這種情景，確實令人莞爾。

他也參觀過訓練極好的海豚，從水中跳離六尺高，吃遊客手中的小魚，或穿過大圓圈的壯觀景象，還有海狗用鼻頭滾大球，熊用後腿站起來走路；柔弱的小姐一聲令下，連凶猛的獅子也表演雜技等等。即使是魚類或禽獸，只要重複幾次就能學會種種技藝。何況有智慧才華的人，更要好好接受教育，才能有效的發揮、利用上天的賦予。可見訓練和教育是多麼重要了。我們有優異的智慧才華，擁有吸收新知識的學習能力，但如何運用這種特質是個人的自由，所以教育的重大使命就是將人們導向正確的方向。無論在家庭、學校、工作職位或社會上，教育對個人的想法與生活態度有多大的影

響，是眾所周知的。

　　所謂教育，不僅是傳授知識與技能，更要提升人性，造就人才，換言之，教導每一個人對人生有正確的態度，對生活有正確的想法，才是真正的教育。

　　從錦鯉談到教育，扯得太遠了。不過，錦鯉卻能夠學會迎向魚餌。人類也必須學會以大眾的立場來認真思考，大家才能獲得繁榮、和平和幸福。

以身作則

　　連自己都不能依賴，你還能依賴誰呢？只有獨立自主獲得的成功才可貴。美國鋼鐵大王安德魯·卡內基（Andrew Carnegie）是一個典型白手起家的成功人物，當別人問他成功的祕訣是什麼時，他回答說：「我覺得一個人若想真正成功，最好是讓他生長在貧賤的環境中。因為今天的社會處處凶險，猶如巨浪滔天的汪洋，所以必須要有堅強的決心，憑靠自己的力量，才能開拓美好的前程。創業時最好是一無憑藉，才不產生依賴的心理；因為，身為成功的人，最要緊的就是要有獨立心。而一般生長在豪門富室中的公子哥，由於過慣了揮霍享受的日子，很難再要求他們刻苦耐勞，所以往往就成為不幸的失敗者。」

　　卡內基本身就是生長在貧窮家庭中，從學徒慢慢做起來，最後終於變成擁資億萬的大富翁，所以這段話真是他的經驗之談。事實上也是如此，無論做什麼事，如果缺乏獨立自主的精神，一心只想依賴他人，還會有成功的希望嗎？不只是個人，整個國家、社會也是如此，如果只依賴外國的援助、技術輔導等，縱使能得到繁榮，但基礎也不會穩固。像日本就是太過於依賴外國的石油資源，所以一旦面臨了石油危機，就弄得人心惶惶，社會不安穩。所以每個人一定要養成獨立自主的精神，才不會在情況發生突變時，變得束手無策。領導者不只自己要養成獨立自主的精神，同時也要指導別人去培養，因為如果只有領導者自己有這種性格，而他的部屬卻事事要依賴領導者，那還談什麼進步發展呢？

　　日本明治維新時代的偉大政治思想家福澤諭吉也說：「如果一個人沒有獨

立自主的氣魄，就表示他愛國的程度不夠。」可能大家會懷疑，獨立自主和愛國程度是怎樣扯上關係的？因為集合數千萬不能獨立自主的，充其量也不過是一群相互依賴的烏合之眾，怎能達到富國強兵的目標呢？這情形就算在一家小規模的公司也是一樣，如果職員一定要接獲主管的指令才能做事，這家公司還談什麼潛力或發展呢？領導者要培養自己和屬下的獨立心，是必備的重要條件。不論是一家公司、一個團體，甚至整個國家，它可以說是左右局勢成敗的重要關鍵。

率先做他人的榜樣

優秀人才很多，但同時又能堅守原則的很少；也只有這種人能真正闖一番大事業。不只企業的經營者，學校教師、團體領袖等所謂的領導者，都有一個共通點，就是想率先做他人的榜樣，總覺得自己應該站在眾人的前面。在形式上，並不是自己說做領導者就可做領導他人，而是必須以成員為中心，才能進行工作。在精神上，自己也要自動自發地直接參與。如此一來才能帶動全體，團結一致。有了做事的效率，隨著而來的便是美好成果。

松下從 23 歲開始經營事業幾十年，這期間一直都是身為經營者站在主管地位，因為深深體會主管的重要。同時也覺得，要始終一貫地保持主管姿態，實在是相當困難。

依松下本身的體驗，最讓他尊敬、佩服的真正領導者，就是以關西電力公司會長身分而非常活躍的太田垣士郎先生。

當時松下也是關西財團的會員之一，與太田垣先生的友誼更使他受益不少。他曾告訴松下一則令人印象深刻的故事。

太田垣先生任關西電力的社長時，電力公司的員工，乘私鐵或市營電車都免費，而私鐵和市電的員工繳電費也可享半價優待。太田垣先生知道後，認為公共事業如果這麼曖昧，對一般客戶和民間就無法交代，因此必須馬上制止這種情形。他立刻告訴負責與勞工交涉的董事說：「你這樣做是愧對客戶的，馬上去幫我制止這項行動。」然而回答卻是：「社長，這是不可能的事。」

　　這是因為當時工會運動非常盛行，常會有激烈的舉動。要解決這個問題，除了公司的工會，還要獲得私鐵和市電方面的理解。以當時的情勢來說，是很難做到的；而在這之前，也有好幾屆的社長努力要解決這個問題，卻一直難以成功。所以才會有「不管社長再怎麼說也是沒用的。一管這檔子事，必定馬上起騷動」這種回答。

　　但太田垣先生卻不因此而退縮，他接著說：「好，你不願意做，那就由我來做好了。這並不是能不能的問題，不管怎麼說，一個工會是沒有理由做這種不光明正大的事。如果工會還不明白，想要爭個長短，那我就把這事宣布在新聞上，讓眾人來做公正的判斷。不過，這件事既然由我社長親自處理，當然就不需要你這個與勞工協調的董事了；那麼，你現在就給我辭職吧。」

　　這確實使這位董事大為吃驚，馬上就說：「既然社長這麼說，那我盡力去做就是了。」剛開始確實有許多困難；工會方面雖然也是爭吵不休，但經過太田垣先生多方勸導後終於肯合作。結果，不但半價電費的損失補回來，人心也因此嚴謹起來，不敢再貪圖電費的方便，整個公司也有了一番新氣象。

　　松下聽了這個故事，「不愧是太田垣先生」的感覺油然而生。每任的社長聽到「不能」，就往往會想那我也就算了吧。」在那節骨眼上竟用「由我來做好了」及「那你就給我辭職吧」的話，實在是很妙。把那個當董事的人嚇倒了，也只好忍耐去承擔下來。

　　從這裡松下就可以看出，太田垣先生是個非常優秀的領導者，身為一個經營者，必須不被私心、私情左右，並且要有不屈不撓的果斷精神。他那種沒有私心的經營者精神不管是在何時何地或何事，都發揮得很徹底。他想就因為如此，才能博得眾人信賴，進而團結一致，為今天的關西電力公司，奠定了鞏固的經營基礎。

　　在這世界上，有才智的優秀人才很多，但能夠沒有私心，而且始終堅定不移的人卻是很少的，而太田垣先生就是這少數人中的一個，他一生都有這樣的自覺：「現在我該做什麼？」這種經營魂為往後關西電力的蘆原先生，以及優秀的社長、主管等，甚至全體從業人員都繼續保持下去，實踐在每日的經營裡。

以身作則會感動部屬

　　經營者要能容忍員工的反對意見，並以身作則去感動部屬，才能帶動公司的進步。

　　我覺得，當你聘用十個人時，幾乎不可能使這十人都按照你的意思工作。一般來說，常有一個總是反對你的意見，有時甚至妨礙工作的推動；另外，又可能有兩個人，處在可有可無的地位。

　　因此，松下認為經營者應該事先有一種覺悟，那就是，如果你僱用了十個人，其中會有三個人對於工作的推動不一定有益，但你卻不得不讓他們三個人跟大家一起工作，如果你事先沒有這種覺悟，遇到這種情況時，難免發牢騷而減低經營的熱情。

　　據說，聖人親鸞也為自己的兒子傷透了腦筋。他的長子不僅引起許多是非，還到處揚言父親的管教方式不對。自己親生的兒子如此不孝，是多麼令人難過，可是親鸞儘管悲傷，卻一直忍受著。

　　一般人如果遇到這種蠻橫無理的人，一定更是一籌莫展。但是用人的時候，總是不能如願地「精挑細選」的。

　　這好比一個人的身體，不可能一年到頭健康。有時候，胃不舒服，有時候，有血壓偏高或某種器官失調的毛病。如果疾病是暫時性的，很快就能治好，也就不成什麼問題，但如果必須長期調養，只好隨時注意保養，以免疾病惡化或再發作。

　　松下認為，在推動工作或用人時，也應該事先了解：一定會有問題不斷發生，增加你某種程度的負擔，甚至扯你後腿的人。經營者必須先有這種了解，然後以身作則地處理事情。本身要最早上班，並工作到最晚，做大家的模範，這比什麼都重要。與其為了顧慮員工的想法而傷腦筋，倒不如自己一心一意地工作著。

　　只要你自己盡全力專注地工作，這種認真的態度必須能感動周圍的人，使他們自動幫忙或積極工作。不論大、中、小型企業松下都經營過，松下覺得，不論企業的規模如何，經營者以身作則的作風是最重要的。

第三篇　管理之謀略
第一章　管理者素養

　　松下想，雖然表現的方式隨企業的內容而不同，但是經營者必須切實展現自己所負的責任，全心全意地工作。不必蓄意逞強，只要表現誠實即可。員工看到你這種真摯的態度，必定會效法你。不論小企業，中企業或大企業，我都經營過，發覺經營者的態度最為重要。企業規模不論大小，只要經營者能以身作則，那麼一切困難都能解決。因為，員工通常都會聽老闆的指示行事，很少有人不服從。決策者所認定的方針，員工都會遵守。如果依其所言而達到目的，那當然是決策者的責任了。

　　因此，雖然公司或商店的經營發展有許多條件，但我認為，責任完全在負責經營的社長身上。

　　常常有些社長認為，雖然自己在拚命地工作，員工卻不賣力工作，以致無法提升成果。或許真的有這種情形，但這幾乎可以說是一種例外。一般來說，商店或公司是否能有發展，往往責任是在老闆身上。

　　從創業到現在，松下經歷過許多事情，松下始終認為，這是自己一個人的責任，所以工作時不斷地自我檢討。同樣地，各部門應該由部長負全責，各課由課長負責；工作若不能順利推動，一定與課長的作風有關。

　　如果課長能確實地了解自己所負的責任，在業務繁忙時，自己一個人留下拚命地工作，他的部屬看到他這種作風時，會有什麼感覺呢？部屬之中，可能會有人表示：「課長，太辛苦了，請你休息一下。讓我為你按摩一下吧。」這種體貼的態度，因而會很自然地溝通了課長與部屬之間的感情，產生大家共存的默契。

　　如果在工作上自然地表現這種令部屬敬重的盡責態度，那麼課內的業務一定有順利推行。

　　因此，無論在任何時候，各課、各部以及整個公司的業務是否順利推展，都決定在主管的工作態度上。

指示燈的作用

當我看見員工們同心協力地朝著目標奮進，不禁感動萬分。

我曾經說過，社長必須兼任端茶的工作。當然，我的意思並不是真的要社長親自端茶，而是說一個稱職的社長，至少應該把這個想法視為理所當然。在我觀念中，社長並不是高高在上，而是站在職員背後推動他們前進的人。這個觀念在戰前戰後有很大的差別，戰前，一般人都承認社長就是老闆，而職員是部下，必須絕對服從老闆的命令做事，並給予絕對的尊重。可是，戰後的社會型態逐漸趨向民主，社長的地位逐漸低落，和職員們是站在同一條線上，不再是可以任意支使別人的領導者，他說的話，員工也未必全盤接受了。

在這種思想風氣的影響下，現在的企業經營者，不再是使人望而生畏的權威者了。對於辛苦爭取來幫忙的員工，過去的老闆可以說：「喂，某某人你去做件事。」可是現在卻要改為：「對不起，麻煩你做這件事好嗎？」如果不用這種和善、懇求的口氣，就很難達成用人的期望，所以在形式上雖然仍維持著雇主與職員的關係，但卻不可能再有完全命令式的語氣出現。企業經營者對於這種結構性的轉變，要非常謹慎地去適應，調整自己的態度，改變唯我獨尊的想法，才不會被時代淘汰。

一旦社長有了這種溫和謙虛的心胸，那麼看見盡責盡職的員工，自然會滿懷感激地說：「真是太辛苦你了，請來喝杯茶吧。」當然，社長也不一定要親自為屬下倒茶，但是，如果他能誠懇地把心意表現出來，自然能使倦怠的部屬振奮，而增加工作效率。即使是公司的職員人數眾多，無法向每個人表示謝意；但只要心存感激，就算不說，行動也自然會流露出來，傳達到職員心裡。所以我在經營企業時，每天都會問自己：「今天，我要替幾個人端茶呢？」雖然我沒有親自動手端過茶，但員工會感受到我的誠意。不過，端茶的比喻不能被誤解，畢竟，社長就是社長，雖然態度上他可謙遜得像個端茶的服務生，但他仍舊是整個公司的方向指示燈。

社長為了達成指示燈的任務，一方面必須站在部屬背後，推動大家前

進，但更重要的，還必須明確地設定經營的方向與目標。這個「方向」就是企業的經營理念和使命，也就是適合當時情況的目標。以前，松下所採取的做法是，在每年的 1 月 10 日，都要召開一次經營方針研討會，把預定的方針和目標公布出來。例如：在 1957 年，他定了一個「五年計畫」，預定到 1961 年時，把公司的營業額從 1956 年的二百億日幣，增加到八百億元。本來，這種長期計畫，只有政府機構才可能實施，企業就算有，也不對外公開，因為若把長期計畫公開，就等於把業務機密告訴競爭對手，當然有所不利。不過他認為公開計畫有更積極的意義，也就不在乎任何人了。

那時，公司所有員工聽了松下的計畫之後，都議論紛紛地說：「千辛萬苦才達到二百億元的目標，一下想跳到八百億元，談何容易。」幸運的是，雖然有些人認為我太誇張，但大部分都贊同我的決心，願意共同努力，全心全意朝這個目標邁進。更幸運的是，那幾年經濟景氣，一般家庭正處在電氣化的尖峰時期，所以我「五年八百億元」的目標，居然只花四年的時間就實現了，到了 1961 年，公司總營業額突破一千億日幣，像這麼好的成績，即使在我提出這個大目標的當時，也不敢奢望。松下在 1960 年又公開發表了從 1965 年起，實施週休二日的新計畫。

松下的想法是當時世界各國都在提倡自由貿易，日本企業也遲早要進軍國際市場，到時候，工作的要求勢必越來越嚴格，員工的身心也越容易疲勞。而為了使員工素養符合國際水準，使公司的生產和銷售線結合起來，一週一天的休息時間是不夠的，必須規定每週放假兩天，一天休息，一天學習進修。

可是當松下把這個計畫正式發表以後，各界卻有不同的反應，連原來主動要求這個計畫的工會，居然也懷疑松下是另有企圖而大力反對。可是松下的堅持終於使他們軟化，而願意共同合作。所以在五年的籌備期中，公司設法提升生產力，到 1965 年，在不必減薪，也沒有減少收入的情況下，實行了每週休假兩天的制度。

到了 1967 年，松下又宣告：「我打算在五年之間，把公司員工的薪水調升到現在的兩倍，使員工的收入超過歐洲各國，而與美國相等。」為了達成

這個目標，公司還是得冒風險，因為可能由於薪水調整過快，影響到產品的成本結構，而與國際市場失去平衡和協調；所以我一直在考慮公司員工，乃至於工會之間，應該怎麼彼此配合，以達成預定的目標。幸好得到工會的全力支援，也在員工的共同努力下，五年內達成了目標。我怎樣努力，這些成果雖然值得驕傲，但並不是我一個人的力量，如果公司靠松下一個人，不管松下怎樣努力，這些目標仍是達不到。然而松下只把自己當成是一盞指示燈，常常對部屬說：「這些不只是該做的，也是大家努力的目標，如今我已經把目標指出來了，其餘的，就靠你們來完成。」事實也正是如此，我並沒有什麼功勞，所有的成就都是靠大家努力而得的，松下唯一能做的事，就是站在後面替他們泡茶，表示鼓勵和慰勞而已。

對於重大事務，都應該先訂出一個目標，目標決定後，就放手執行，經營者退居到幕後，盡量減少干擾，這樣，才會充分地發揮出員工的能力，以拓展業務。但是這些辛苦為松下賣力的職員，雖然不喜歡松下的嘮叨，但如果松下沒給他們一個目標指示的話，他們也會因無所適從，而談不上工作成果。

指示目標並不一定是社長的任務，部長、課長、股長都要有相同的責任，每個部門有每個部門的工作目標，把這些目標群組合起來，就能成為輝煌的工作成就。

聽說，坂本龍馬參加維新的革命團體以前，他所屬的縣政府，有一件土木工程要開工，上級派他當某部分工作的工頭。一段時間以後，總負責人發現在整個工程中，他負責的部分進度最快，品質也最好。可是很奇怪，他並不像其他工頭親自督促工人，忙來忙去；總是看到他藉機溜走，睡午覺去了。

問他原因，他說：「我只決定基本方針或大原則，其餘的都讓他們分層負責，自由發揮」，難怪他有時間睡午覺。

我聽了這故事，覺得坂本龍馬不愧是完成維新革命的大人物，年輕時就與眾不同。

他懂得經營的竅門，而且到現代都可以適用。公司的經營最重要的是分層負責。會長一個人想把所有的事情都攬在手裡親自處理，只能做到一個人

的力量範圍，無法完成大事情。想要做大事，必須懂得分層負責。會長只指示基本方針，其餘的都分給各階層的人各自負責，盡量去發揮。一個人受到重視就會產生一種責任感，會更賣力想完成這個責任，個人的潛力也因而發揮得很透徹，於是眾志成城，終於獲得一個人力量絕無法做到的大成果。

國有的經營也一樣。政府只要基本國策掌握住，其餘的都可以委託民間團體去辦理。受委託的人基於責任感，會自動自發，圓滿完成任務。因此，我認為國家機構都應該裁減、越少越好。

日前，報紙的社論提到：「使義大利的經濟惡化到今天這個地步，就是因為政府機構對民間活動的過度干涉，希望政府把這當做『前車之鑑』，不要重蹈覆轍。」松下也有同感，政府對民間活動的過度干涉，好像一個公司的會長對部屬過度干涉一樣，雖然是善意的，卻會使他們的工作意願減退，能力無從發揮。但是信任不是放縱，該管的還是要管，不該管的就不管。

假定坂本龍馬「首相」，就是把「大臣」的人數及政府機構裁減2/3，我想他也有辦法主管剩下的人，做出比現在更充實的政治。

不過，松下這種大膽用人的方式，偶而也會失敗。譬如說：當我對某人優、缺點的判斷不夠正確時，就無法適當地用人，而招致失敗。當然失敗的責任不在對方，只怪自己沒有明確的判斷。松下一向對員工的缺點，嚴格糾正。例如：不必要的浪費，即使是五張紙，松下也會立刻告訴他：「節儉才是致富的捷徑，浪費必然會招致失敗。」

可是，如果是經過審慎的決策的努力的推動之後，因為某些不能控制的因素而失敗，就算是虧損了一千萬元，公下也絕不會責備部屬，反而會安慰他，鼓勵他說：「雖然這次失敗了，但不要灰心，只要記住『失敗是成功之母』的教訓，就必能反敗為勝，將功抵罪。」同時，松下更會和他一道研究失敗的原因，他為自己寶貴的經驗。

松下認為，最重要的是經營者不能拘泥小節，而忽略大事，應該以關心和達觀的態度，經常和部屬研究工作方法，用人也是一樣，對部屬的缺點應清楚了解，但不可斤斤計較，對他們的優缺點應該想辦法去發揮出來。這才是真正積極的方法。

予責己不怨天

將成功歸諸「運氣」，失敗歸諸「自己努力不夠」的經營者，一定能使公司蓬勃發展。

企業為了創造利潤，達成使命和貢獻社會，必須不斷奮鬥，保持穩定的發展。假使企業的業績不穩定，不僅不能圓滿達成使命，同時由於納稅額的減少、股東紅利的降低、從業人員的生活失去保障，將會帶給社會不好的影響。因此不管處在何種情況下，企業必然穩定地維持它的成長；並且必須堅信，只要有正確的企劃和執行，經營必定會成功的。

古人說：「事情的勝敗靠機運」、「勝敗乃兵家常事」，因此一般人認為不論做什麼，勝負是免不了的，並把這種看法用在經營上。例如：公司營運時好時壞，有時得到利益，有時受到損失，是很平常的事。因為企業經營會受到景氣好壞的影響，而受景氣影響的程度，往往和運氣有關，也就是說運氣的好壞，會影響業績，而公司有時賠錢有時賺錢，這是現實社會上常有的現象。

但是松下認為基本上企業經營並不是受到外在情勢的左右而時好時壞。換句話說，我們必須抱定，無論在什麼時候，都應有很好的想法；也就是要有百戰百勝的想法。

事實上松下並不否定「運氣」的存在，因為它存在於人類之間，雖然我們的肉眼看不到，它卻確實在那裡影響人們的未來。松下經營事業時，一直有這種觀念，當事情進行順利時，他會認為「這是因為運氣好的關係」，當事情不順利時，他會想是「原因出在自己」。總之，他將成功歸功於運氣好，失敗時則錯在自己。

自始至終承認「失敗的原因在於自己」，就會想辦法消除失敗的原因，這樣一來，不僅能減少錯誤，而且不論在什麼情況下，經營都會很順利的。遇到不景氣的時候，產業界的業績會普遍下降，無法獲得利益。但是如果說，所有公司的業績都惡化，那倒不見得。即使處在不景氣的情況下，也有業績顯著成長的公司，即使經濟萎縮低迷，同業的營運狀況幾乎都呈現赤

字。仍然有一些公司獲得相當的利益，這是我們常聽到的事實。

也有人認為，因為不景氣而無法賺錢，是沒辦法的事。但是即使在不景氣時，仍然有繼續獲利而業績上升的企業，可見，問題還是在於你怎麼做。換句話說，將業績好壞的原因歸咎於外在的因素呢？或是歸咎於自己的經營方法？經營的方法，可以說是無限的，只要做法得當，必定能夠成功。因此不管是處在不景氣或其他任何情況下，認定還有一條生路並努力去追求，是一定可以獲得成果的。在不景氣的時候，無論經營決策或產品，都必須禁得起顧客和社會的嚴格考驗。只有真正好的東西才會有銷路，因此對那些有經營能力的企業來說，不景氣或許正是一個研究發展新產品的機會，也就是「景氣時好，不景氣更有益。」

為了照上述方法去做，經營者必須承認失敗的原因在於自己，嚴格要求自己，做應該做的事，這是很重要的。按照這種方法來執掌企業，只要不遇到戰爭或巨大的天災，公司一定能夠繼續成長、繁榮，完成它的使命和社會責任。而在說「事與願違」這句話之前，你能否先反省自己是否判斷錯誤或能力不足？在日常生活中，隨時隨地都會發生「事與願違」的情形。為何會有這種情形呢？究其原因，不外是了解自己不夠，或者自省不夠所致。

做生意者，總是不斷地想求發展，這也是他唯一的願望。等到經營不適當，或產品、時機不佳，生意失敗了，也可說是事與願違。至於失敗的原因，往往由於企劃不周，或產銷滯礙等原因以及基本判斷不正確所造成。

企劃經營的目的不外是為自己賺錢，提升自身的地位，或者進而為周圍人士的期望及公司的期待而工作等等。假如遭到不利，事與願違而失敗了，他想其原因多半是其人對各項事物的看法與判斷太輕率大意了。在這些情形之下，如果還不自我反省，只顧一味提升地位，且過度相信自己實力，則必然遭到失敗。

自省者，自己反省也，當然「自省」是人類才能做得到的事。至於牛、馬等獸類，也許會做類似人類自省的事，但松下想絕不會像人類這樣有精神構想，所以，還是人類才有自省的特點。

反過來說，只要是人類，就必須要「自省」而「自省」也是人類義務之

一。真正的自省應發生於思想、主義之前，也就是人類產生最重要的基本觀念之前。由此在基本觀念未定廳前可以明白「自己有何作為」。比如說，一個人有沒有自省的心理準備，其間就有著很大的差距。意志力強的人，不斷地自己時常作反省，便易明白自己的為人；也就因為他能時常觀察自己，稱它為「自省」，他能站在客觀的立場，一次一次地觀察自己和檢討自己。像這樣的人，過失就會非常的少，因為他可以觀察到自己究竟有多少力量，檢討自己能力可以做到某種程度的工人，自忖自己的適應能力如何，以及發現自己的缺點等等，絕不為任何感情所影響，而很自然地能發現自己所有的功過得失與利弊是非。從而站在上述「自首」的基礎上，作冷靜地思考「我應該有何作為」時，其人的少有過失，自是理所當然的結果。

在多變的社會環境中，一個領導者需要有防患未然、居安思危的觀念。

日本和韓國交戰時，加藤清正奉秀吉的命令，束裝返國，並在歸途中，接受駐紮密陽的戶田高政將軍的招待。在密陽二三十里的範圍內，都是日軍的控制區，沒有一個敵軍，治安非常良好，所以高政和部下都著便服前來迎接加藤；相反的，加藤卻全副武裝，到達高政的駐紮處。

當時高政非常不滿地說：「附近沒有敵人，你為何一副上戰場的模樣呢？清正回答說：「你的話固然有理，但錯誤的發展，往往就是因為一時的疏忽。目前雖然沒有敵人，可是如果疏而不備，萬一情勢突然發生變化，可能導致嚴重的後果。為了避免這種現象的發生，在上位者必須要有孜孜不倦的精神，做部下的楷模。也正因為如此，所以，我隨時穿著甲冑。」高下聽了之後，非常感動。

人們都喜歡享受安逸的生活，所以處在太平時代，就顯得十分懶散。一旦發生事故，才會感到驚惶失措。我們只好借用古人「治而不忘亂」、「居安思危」的話，來自我警惕。這一點對生活在社會上的每一個人來講，都是非常重要的，尤其是領導者，更應該銘記在心。同時領導者也要以身作則，樹立部下學習的楷模，能夠這樣，對於突出其來的變化，才不至感到束手無策。

讓員工知道你的弱點

有缺點並不可恥，領導者隱瞞自己的缺點，和員工不能彼此了解，這才真正可恥。

這個世界上，沒有十全十美的人，更不會有全知全能的人，雖然智遇善惡的程度有差別，但每個人都有他的長處和短處。

既然每個人都有缺點，而又必須聚在一起共事，為了減少摩擦和錯誤，就必須取長補短。身為領導者若能設法彌補自己的缺點，發揮別人的長處，那麼整個公司雖不能做到完美無缺，至少也能將錯誤減少到最低限度。

一個企業家之所以能飛黃騰達，自有他的條件。在招攬人才時，要能夠掌握他們的長處和缺點，積極垢活用長處，而透過自己或其他部屬的長處彌補缺點，使得公司員工在互補作用下，充分發揮優點和特長，公司的業務自然能順利的推動。相同的道理，一個領導者也不可能是完美無缺、全知全能的，所以不應對自己的缺點加以掩飾，而應盡量讓部屬知道。應要求屬下針對自己的不足提供適當的幫助。

一般而言，日本在人事升遷上，大都按照年資逐級調整。因此，由低級職位晉升到高級職位，乃至於管理階層，有時代表的意義只是擔任職務年資的久長；至於道德、品格、技術、能力、才華和智慧，是上位的人就非常強呢？誰也不敢保證。

假使一個公司的領導者在各方面都沒有卓越之處，而又不能善用人才，僅憑自己有限的智慧和能力做事，便難免要落入失敗的窘境。反之，若能得到部屬的全力幫助。就必能完成他的本分與職責。所以如果想要部屬來彌補自己的缺點，就非得檢討自己的缺點，並讓部屬知道。

一般人往往太顧及自己的「面子」，以為讓人知道自己的缺點，是一件羞恥的事 —— 尤其是讓部屬知道，更是有損顏面。他們認為「我身為主管，缺點如果都被部屬看透了，那麼部屬怎麼會尊重我呢？」可是，不必顧慮這麼多。

以個人為例，我從創業到今天，一直都部屬了解我的缺點，並且一再請

求指正，可是從來也沒有發現哪一個部屬因此而不尊重我；不但沒有損失，事業反而更能發展。

譬如說，我的學問很膚淺，不了解的事務太多，所以我常常請教職員：「關於某件事或某種理論，我不懂那是什麼意思，你能告訴我嗎？」此時，他們都覺得至少在那方面比我高明，自然會親切地替我解釋清楚，從來沒有人會譏笑我：「哎呀，老闆，你連這麼簡單的事都不知道呀？」

所以，假使我是一個愛面子的人，不好意思問東問西，什麼事都裝得胸有成竹，員工便不會主動告訴我，以至於失去了相互學習、觀摩的機會，公司又如何得到成長呢？反過來說，正因為我的虛心學習，肯向大家請教，部屬的豐富知識正好彌補了我所欠缺的，所以才不會因我的缺點而阻礙了事業的發展。

又如我身體一向不好，常須靜養，所以很少有機會叮嚀員工，這時，我的部屬總會替我分勞，所以身體差的缺點，也能獲得部屬的諒解而得到彌補。

一個有心發展事業的人，必須找一些認真工作，又有豐富人生經驗的部屬，傾聽自己的苦悶，以穩定心情繼續工作。

日本戰國時代的名將石田三成，在被太閤秀吉發現而破格提拔以前，只是一個小和尚，後來太閤秀吉得到天下，他也當上了「五奉行」的高位。

有一天，松下突然想探討石田三成為什麼會成名。誠如大家所知，三成最後因為戰敗而被殺頭，下場十分淒慘。在當時的名將中，以他的境遇最可憐。可是他發跡得相當快。雖曾經吃過幾次敗仗，但始終都有太閤將軍在背後扶持，官位雖沒有達到巔峰，但也算十分顯耀，獨尊一方了。

坦白說一成是具有可觀的實力。雖然年紀很輕，就能統率大軍，為爭天下的太閤將軍助陣，同時他又能善用太閤將軍賦予他的權威，所以在關原之戰，終於以西軍統帥的職位，帶領軍隊打敗東軍，完成偉大使命。

可是他的為人與當時的名將，如加藤清正、福島正則等人完全不同，成功也遠不如他們輝煌，何以卻能獨得太閤先生的賞識，而功成名就呢？

據說太閤將軍雖然親自統帥軍隊，經歷無數戰役，終於得到天下。但是他的個性除了正直、寬大外，又喜歡華麗氣派的排場，有點藝術家的浪漫氣

質。他曾經在北野舉行大茶會，又在醍醐舉行賞花會，甚至於出兵韓國時，還注重一些儀式場面的細節。也就是說，我們所了解的太閣將軍，外表上雖然豪放，但胸中卻有一顆纖細而浪漫的心靈。然而這位重視外表的太閣將軍到底欣賞三成纖細而浪漫的心靈。然而這位重視外表的太閣將軍到底欣賞三成的哪一點呢？或許是因為三成的聰明、靈巧而造成太閣的信賴。但我認為還是因為三成了解他的主人，當太閣內心感到煩悶時，三成能夠注意到細節，而去迎合、依順他，才使得太閣不能不器重他。

我們不難想像，像太閣將軍那種一生都生活在緊張戰亂中的將帥，所面對生命的壓力是很大的。因為他若不擊潰敵人，敵人就會來摧毀所以無論舉手投足，都不能有絲毫閃失。在這種情況下，有時不免浮燥或苦悶，如果沒有人能了解他、接受他，做為他發洩的對象，那麼他的盛怒和苦悶，就很難平靜下來，當然也就很難從容地完成統一天下的大業了。

何況太閣將軍早期所侍奉的主人織田信長，又是一個性情火爆，很難相處的武夫，為了強顏侍奉信長，不惹他生氣，往往要違背自己的心意去做這些自己不喜歡的事，自己的主張也受到限制，不能順心地做事，這樣一再壓抑積於心中，經年累月，常會導致神經衰弱的現象。

可是在那種重重的憂鬱下，太閣將軍不但沒有神經衰弱，反而始終開朗愉快，精神從容，所以松下認為他一定有一個發洩的途徑，這點，讓松下不由得想到石田三成。可能太閣將軍自己心中的苦悶、牢騷都向三成傾訴，而三成聽了以後，必定說：「是的，我很了解你的心情，請你不要太難過。」三成就是用這種方法來解決太閣將軍在精神上的痛苦。

正因如此，太閣將軍才能以充沛的精神活躍在戰場上，終而稱霸天下。假使沒有三成，只有福島正則那種驃悍勇猛的優秀武將，他心中的煩悶仍不能消除，可能就沒有辦法取得天下了。所以，松下想三成的貢獻雖然是在幕後，但卻是促成太閣豐功偉業的真正動力。

雖然這段分析太閣和三成關係的話，只是松下個人的想法，但如果用現代企業界的現況來對照觀察，應該相當準確才是。當今的企業經營者，往往都肩負著繁重的責任，如果在他們周圍能夠有一兩位像三成這樣，可作為訴

苦和發牢騷的對象，那在精神上一定能獲得一些慰藉作用，必然更能在安詳中發揮自己的聰明才智。如果只有認真工作的部下，而沒有一個情緒發洩的對象，那麼在心情無法平衡的狀況下，工作效率一定低落，且由於精神倦怠，頭腦也會變得遲鈍了。

有些人會不自覺地把工作上的壓力和挫折，發洩到太太身上，這實在不是一件正常的現象。松下認為還是在自己的部屬中，找到一個能疏解自己心情的對象較好。而松下今天事業能如此發達，就是因為在我周圍的人能了解我，聽我訴苦，發牢騷，所以松下始終能心情愉快地專心工作。

所以一個有心發展事業的人，就必須找一些能讓自己發洩苦悶的部屬，這些部屬，原則上以能認真工作，同時又有豐富人生經驗的人最恰當。如果只是一個認真負責的部屬，對你個人情緒上的平衡，不會有太大的作用。至於能能如願找到這種部屬，那就要靠機運了。但無論如何，經營者應該隨時留意訪求。

如果你被主管選為訴苦發洩的對象時，尤其應該了解：對主管的訴苦和牢騷，要耐心地傾聽，你的責任就在幫他平靜情緒，使他在穩定的心情下賣力工作。或許你的成不上石田三成，但至少會使自己的工作更具價值和意義。

基於信賴而用人

委託任務的祕訣在於信賴和重視被委任者的能力，使得他能夠盡全力發揮所長。

時常有人對松下說：「你很會用人，告訴我一些祕訣吧。」松下並不覺得自己很善於用人，所以無法確切地說出什麼祕訣來，但是松下卻知道別人為什麼有這種看法。

對於如何用人，各人有各人的看法。或許有人認為，只有擁有傑出的智慧以及能力的人才會善用人才。但是我自己卻缺少這些條件，所以只好依賴別人，或徵求旁人的意見。松下並不倚仗權勢下命令，而是誠懇地跟對方商量。這樣一來，對方當然不便拒絕，反而樂於協助。可能就是因為這樣，有

些人才覺得松下會用人吧。

用人要因人而異，有些人本身能力很強，不必請教他人就能妥善地處理事物。這種人做起事來當然是比因被命令而做事的人更有效率了。

缺少這種獨立作業能力的人，或許按照松下的方法去做會較妥當。每次我觀察公司內的員工時，都覺得他們比我優秀，這可能是由於松下沒有什麼學歷，才會有這種感覺。但是，我信任這些年輕人，松下常對他們說：「我對這事沒有自信，但我相信你一定能勝任，所以就交給你去辦吧。」對方由於受到重視，不僅樂於接受，而且會努力去做。結果，一定能把事情做好。

這是用人的一種模式。引用這種模式，我幸運地成功了。我想這也就是我用人的祕訣吧。

發掘他人的長處

經營者應以七分心血去發掘優點，用三分心思去挑剔缺點。

目前，每家商店或公司，都很認真地吸收和培養人才。但實際上，人才並不易培養，這也是經營者的煩惱之一。到底怎樣才能培養人才呢？

也許每一個人想法不盡相同。但就松下自己而言，是盡量發掘員工的優點而不計較其缺點。難免會因過度注意優點，而有讓無充分實力的人擔任重要職位而失敗的經驗，但我覺得這無所謂。

如果松下在用人之時，盡挑毛病，不僅無法放心，甚至會患得患失。這樣，不但會減低經營企業的勇氣，更無法徹底地發展業務。

幸而松下不是這種人，因此松下會想到：「這個人很有才華，他不但能勝任主任或經理的工作，甚至把整個公司交給他經營也不會有問題。」然後有信心地任用他。如此自然就能培養出一個人的能力來。

因此，在上位者要有用人的勇氣，必須盡量地發掘部屬的優點。當然，在發現了缺點之後，也應該馬上糾正。以七分心思去發掘優點，用三分心思去挑剔缺點，就可達到善用人才的理想。

同樣的，每一位部屬也應該抱著尊敬的態度去發掘主管的優點，至於其

缺點則應該盡量補救。如果能好好地做到這點，那麼一定能成為真正輔佐主管的好部屬。據說，豐臣秀吉就是因能注意觀察主人織田信長的優點才得到成功；而明智光秀則只看到其缺點而失敗。我覺得，應該好好地體會這點。

虛心欣賞到別人長處，比批評別人短處，更容易使人成功。我當學徒的時代，很少有自己的時間，可說從一大早一直勤奮地工作，直到晚上，工作大概在晚上八點鐘結束，可是仍要留在店裡照料，到十點才能就寢，這兩個小時，我就用來看一些記述古時歷史人物的故事書，如《大閣記》等等。大概這兩小時就是我的讀書時間，蠻有趣的。

如織田信長、豐臣秀吉、德川家康等人的故事，讀起來都覺得很有趣。這三人的故事大致是這樣的：信長是藩主，秀吉是家臣。信長是個勇猛果敢的人，為人暴躁、獨斷，不容易採納別人的意見，甚至有時十分粗暴、獨裁、剛愎自用。可是他這些特性引起秀吉的共鳴，看在秀吉的眼中，他認為信長是活躍、能幹、很了不起的人。

另外一個人就是明智光秀，他的地位也與秀吉相當，是信長的家臣，但光秀這個人是思考非常細密的人，也是屬於神經質的人，對信長的看法就不一樣，他認為信長雖然是個了不起的人，但仍有很多缺點。如粗暴、任性等等，因此，光秀就勸信長說：「你的勇敢、果斷，將使你取得天下，但如果能修養品德，改掉你暴躁的脾氣，一定更能受服天下之眾。」信長當然不悅於他的批評，他說：「你太囉嗦了，不必說這些話想教訓我，你有今日的地位是誰給你的呢？不知好歹的傢伙。」

另一方面，秀吉因為能欣賞信長，所以他打心裡就佩服信長，他說：「因為你的勇猛、活躍、能幹，使你終於取得天下，我真佩服你、崇拜你。」

二人的差異就在這裡，秀吉看到的是信長的長處而忽視了他的短處，光秀雖然是精通文武的賢者，可是他就喜歡指責別人的短處，在信長的立場來說，他認為秀吉知道他的長處，是了解他，知道他，是個知己，所以感到高興；反過來，光秀一直指出他的缺點。自然他心中會嘀咕說：「這個傢伙真討厭。」因此，就漸漸疏遠他，終於引發二人間的衝突。

這是個重要的問題，一個人要在世界上立足，在性格上，只會指責他人

短處的人確實不少，可是最好還是盡量發現別人的長處。同樣看人或批評人，也有二種不同的情況，有人專看別人的長處，有人專挑剔別人的缺點，秀吉就是屬於前面一類，而光秀則屬後面一型。在實際生活中，兩種看法會產生很大差別。在朋友之間，有人常只看到朋友的缺點而討厭他，有人注意朋友的長處，認為這就是友人偉大的地方，漸漸對友人產生好感。當然誠心誠意要改進朋友的缺點，也有其必要，但是如果老是想改正人家的缺點，終究會失敗的。

　　所以，人際關係上，無論是當課長、經理或者站在部屬的立場，最好還是盡量注意，敬重別人的長處，這樣的人較容易成功。如果只見他人的短處，雖是誠心誠意為了要改正他，結果還是招致失敗的機率大，松下想到秀吉與光秀兩人的例子，應該會了解其中的道理。

　　以松下自己的事為例，似乎不很妥當，其實松下本人身體又不太好，也沒有多少學問，更沒有特別的智慧與才能，而幸運地能有今天，到底原因在哪裡？說來只有一個因素，因為松下能注意各位同事的長處。有時候，當然也會認為這個人沒什麼才能，但一併也會注意到他的長處，所以很容易得他人的認同，而人家也容易在我們這裡工作，這是形成松下的力量的因素。

　　松下之所以有今日，松下深信是由於松下重視「七分注意一個人的長處，三分注意其短處」的原則。

讓員工了解他的錯誤

　　對犯錯的員工給予適當的譴責是必要的，更重要的是讓他了解經營者的苦心，而且不再犯。有一次，公司裡有一位相當有地位的人犯了錯，這是不能置之不問的，所以松下決定發給他譴責狀來警告他。於是松下把他請進來，告訴他說：「松下對於你犯的錯，想發給你譴責狀。如果你覺得不滿，那就不必談了，松下也不浪費這譴責狀；但如果你認為被斥責是應該的，並不斷地反省自己的過錯，將會使你成為一個有作為的人，今天的斥責了有了代價。你覺得如何？」

這個人回答說：「我了解你的苦心。」「如果你真的了解，這樣我也很樂意地把這譴責狀給你。」正說著時，這個人的同事和主管也進來了。松下盼望他們能替松下做個見證，並希望他們也能了解松下的一番苦心。於是松下說了這樣的席話：

「你們是非常幸福的。如果有人也這樣譴責我，我不知要有多高興，如果只罵了我一聲『不像話』，而不給我多方面的指導譴責，那麼以後我一疏忽將會再犯相同的錯誤。你們幸運地有我和其他的主管來指導、譴責你們，這種機會是越在上位的人越得不到的，所以應該認為這是一次很珍貴的機會。」也許這種警告方式是很特殊的，但如果對方能虛心接受而改進的話，將會很有作為。

作了決定就要負責到底，不可盲目聽從多數意見，而三心二意。

公司往往在開會、慎重地討論後，集合大家的意見，才決定事情。這是所謂的「民主」的方式。但是松下認為，縱然是根據大家的意見做決議，最後決定是否採納，仍要靠部長的判斷。換句話話，一個部門的主管，最後還是要負起一切的責任，做取捨的工作。雖然說決議可能是所有後果的責任。做個負責人的條件之一是：能做出「這完全是我的責任」這一句話。但是，實際上敢這樣的擔當的，著實不太多。往往用一句話「這不是大家一起決定的嗎？」來迴避自己該負的責任。

不管是多數人的決議，主管判斷「這個不好，我不能負責」時，他應該明白地表示反對的意思，而適時地否決這個決議。如果不得要領的話，就是不惜辭掉負責人的職位，也要反對到底。

沒有這樣做，而只說：「我雖然反對過了，但這是多數人決定的……」這樣的話，證明了這人缺乏做一個負責人的自覺。

這種負責的態度，並不限於一兩年部門內，而可應用在整個公司問題上。有必要的話以負責任的態度，向會長或社長表明你的看法。你採取這般負責的態度，部屬和主管都會信賴你，這樣一來，你就能夠有動力地推廣業務了。

只有不鬆懈自己，不斷進修的人，才有資格與人一較高下。

　　松下當會長時，常問中堅主管以下的話：「美國有些公司，在開辦新的分公司或增設開工廠時，三十多歲的人，往往就任主管職位。你們大約也與他們同年齡。但是如果現在公司命令你擔任技術部長、廠長，或是分公司的會長的話，你們會怎麼回答？『我會盡力回報公司對我的重用。做為一個廠長，我會生產優良產品，同時也會好好訓練員工。』或者說：『我能勝任愉快。好好做會長的職務，請安心地指派我吧。』你們是否能馬上這樣地回答我呢？」

　　「一向在公司工作，任職十年以上的你們，有了十年以上工作經驗，平時不斷地鍛鍊自己，不斷地進修。一旦被派執行主管職位的時候，有跟外國任何公司一較高下，把工作做好的信念嗎？你們有這種把握嗎？有把握的請舉手。」

　　發現沒有人舉手後，松下繼續說：「各位可能是謙虛，所以沒有舉手。但是我希望至少能在你們心裡，立刻舉手。到目前為止，有很多位你們的前輩被派重任後，表現優異，深深受到公司、同業間和社會的稱讚。由於他們的領導下，公司才有現在的發展。他們都是從年輕的時候，就在自己的工作職位上不斷進修、不斷地磨練自己，認真掌握工作要領。所以一旦被派任主管時，能夠發揮他們的力量，帶來十分良好的成果。

　　「我認為不管時代怎麼變化，這一點是不變的。藝術界的名演員，如果報紙上的影評、劇評，指責他的缺點的話，他會一夜不眠地考慮自己的缺點。這就是我們能欣賞到優良演出的原因。對公司來說，平時認真地磨練和努力，是一樣的重要的。缺少不斷地努力和磨練，絕對不能培養自己的信心和實力，來擔任主管的工作。

　　雖然說起來，是很簡單，理所當然的事；但是每天不斷努力這一回事，其實不那麼簡單。所以你們要時常互相激勵，重新了解自己，不斷保持創新的意念。」

熱忱

永不絕望的誠懇和毅力，會改變既定的事實，化解人的堅定意志。

除了說服別人，偶爾我們也會被人說服。有些是被巧妙地說服了：有時候雖然一直在回絕，卻由於一時難以拒絕，而被說服。像這種被說服的情形，理由很多，不過其中最重要的，恐怕還是因為對方有熱忱和熱心吧。

1927 年松下電氣公司開始和住友銀行往來，這也是由於該銀行分行職員的熱心爭取所致。在此以前的松下電器公司，主要和「十五銀行」往來，另外也和一家名叫「65 銀行」的有部分往來，這樣已經十分足夠，一切非常順利，因此，不需要和其他銀行往來。

但是，後來在松下電器公司附近，設立了一家住友銀行的分行，叫「西野田分行」。自從這家分行成立之後，開始有分行職員來爭取松下電器和該銀行往來，而且不只一次兩次，簡直不知來過多少次了。雖然不知來過幾次了，但是松下的公司對於現狀十分滿足，也就沒有和該銀行建立往來的意思。所以即使來過幾次，松下先生也只是隨便應付，禮貌上聽聽罷了。當然，對於那個經辦的銀行職員，自然有些過意不去。可是，既然沒有必要，也就不能和住友銀行開始往來。因此，他每次都禮貌上聽幾句，然後請他回去。

可是，這個西野男分行的職員，是個十分厲害的對手，一直不放棄爭取松下電器公司，經過半年之後，甚至經過一年之後，還是非常有耐心，但他還是來。經過幾次不斷地拜訪，他們仍然毫無與該銀行往來之意。不過對於這個行員的敬業精神和熱心，倒是深深的感到敬佩。他覺得老是讓他白跑也挺可憐，所以在下一次來的時候，就斷然加以拒絕，叫他以後不必再來，於是，他和這個職員，好好地談了一次。

「你幾次熱心來訪問，實在不敢當。你這麼熱心，使我非常感動。而且貴行是信譽最卓著的住友銀行，更使我感到榮幸。既然你這樣積極地建議敝公司和貴行往來，老實說我們似乎應該點頭和貴行往來的。但是，松下電器公司已經和『十五銀行』有深入的往來，因此要重新開始和其他銀行往來，

229

有一點困難。就人情上而言，我們也不想這麼做，而且就實際交易的觀點看來，反而或許不無吃虧之處，所以雖然承蒙你熱心爭取，實在感到惶恐，不過因為有這樣的背景，請你多多原諒」。

他心想，這在他是斷然拒絕的意思，然而這個行員，還是不放棄努力，依然鍥而不捨地繼續爭取與他們的往來。

「承蒙您坦誠賜告，非常感謝。你所說的極對，我非常明白。松下電器公司在目前，當然一切都很好。可是，難道長久以後，還是會像現在這樣的情況嗎？我認為一定不是這樣，我想松下電器公司將來一定會有很好的發展，根據我們的調查，已經得到這樣的結果。如果今後繼續不斷成長，比起目前僅以『十五銀行』一家為主的往來做法，倒不如以兩家銀行為主的做法來得可靠。這點由很多實際的例子，可以看得出來。因此我倒認為，為了松下電器公司將來的發展，建議您一定要和住友銀行開始往來。這是為了住友銀行，同時，對松下電器來說，也是很有利的。當然，您不必立刻作決定。我改天會再來拜訪討教的。所以，請您繼續做慎重的考慮」。

松下先生覺得這個銀行員真會說話，可是，並非特別為之心動。所以，他又再三叮嚀他說，希望不要再來談銀行往來的事；不過他補充一句，如果是私人來玩就不要緊，他非常歡迎，因為他佩服他的熱心。

沒想到，過了一些時候，這個銀行員又來了，仍然熱心地說服松下先生。他說，和住友銀行往來，對松下電器公司的發展，將有多麼大的貢獻，他極其認真地說服他，懇求他答應。

他那麼熱心，最後，松下先生被他說服了，終於承認輸了。他的心已經動搖。由於前一次肝膽相照的談話，使得他和他之間，不知不覺的，產生了一種親近感。人的心，真是奇妙，這大概就是很自然的人情吧。

接著，便是去尋找讓自己滿意的理由而已。其中一個是，如果和住友銀行往來，那麼在信用上必然有益無損。另一個理由是，松下電器的銀行往來，雖然以「十五銀行」為主，但在另一方面也和「65銀行往來，所以也並非貫徹所謂一行主義。其餘的問題，便是往來的條件了。松下先生開始覺得，如果條件對他有利的話，不妨也開始和住友銀行往來。

對於這個銀行員始終誠懇的說服行動，雖然一直抱著拒絕的態度，最後他還是被他說服了。「你很熱心，我實在佩服，我只有向你投降了。我可以考慮和你們住友銀行往來。不過在開始往來的時候，我期盼有一個條件你們能答應。如果你們能夠接受，就開始往來吧。」

花了一年心血的說服行動，終於有了結果，聽到松下先生終於答應與銀行往來，這個銀行員高興極了。他的眼睛發出炯炯的光芒，臉上不覺浮現笑容。但是，松下先生提出了什麼條件呢？於是他問他：

「到底是什麼條件？請你告訴我，只要我們辦得到的事，一定盡量為您服務。」

他盯著對方認真的神情，心裡想著，既然銀行相信松下電器公司前途看好，並且因為松下電器公司未來的發展，而開始往來。那麼，對現在的松下電器公司，也該給予很大的信用才對。唯有這樣，對新展開的往來才有意義。

於是他提出條件說，一開始就可以對松下電器公司貸款 2 萬元以內，並且要現在就先約定。在當時這是相當優厚的條件。大致說來，這個銀行員還是接受了他的條件。不過，說服者和被說服者之間，所謂溝通的討價還價就此展開。

不過，由於和住友銀行的往來，松下電器公司才能夠度過 1927 年的危機，也是個事實。

對經營有興趣的人，才能在激烈的競爭中，感受無限的快樂。

經營者應具備的條件有很多，譬如：一舉一動都要中規中矩，常有真刀真槍比鬥的心，要有制敵機先的警覺性等等。

這麼一想，經營者真是太難為了。的確，從另一個角度看，經營者比任何人都辛勞。比方說，經營者往往錄用很多人，這些人都聽話嗎？不見得。有聽話的，有不聽話的，有誤解意思的，有發牢騷的，各式各樣的人都有。「用人就是用苦惱」，用 100 個人，就有 100 個苦惱，用 1,000 個人，就有 1,000 個苦惱。

加上今天空前的經濟危機與動盪的社會情勢，想如何克服難關，晚上都睡不著覺了。

　　所以，要做一個成功的經營者不簡單的。只是有學問知識是不夠的，以年資評定，選一個服務時間最久的，也無法勝任；松下先生認為做一個經營者有一個不可或缺的條件。

　　是什麼呢？就是「有經營的興趣」。你也許會以為這個條件太平凡了，可是他覺得非常重要。做一個成功的經營者，條件可能有很多，但以他多年的經驗及見聞，還是覺得「有興趣」最重要。反過來講，對經營沒有興趣的人，絕對不能做經營者；就算是做了也不能成功。

　　不只是經營，藝術、運動也都一樣。喜歡繪畫的人當畫家、喜歡摔角的人當「力士」，（日本的摔角運動員）。可是能成為一流畫家，一流力士的人並不太多。何況是不喜歡的人，在那個圈裡，又怎麼會有出人頭地的一天？

　　既然要做經營者，對經營有興趣的絕對必要的條件。有興趣才不會把經營的艱苦當做苦；相反的，有勇氣向它挑戰，在惡戰苦鬥中發現樂趣。好像運動選手長期訓練的辛苦，不是尋常人能忍耐的；可是他們卻能激烈的競賽中，感受無限的快樂。

　　當然，經營需要有種種的知識和才能；可是對經營有興趣的人，才能透過各種機會吸收必要的才能。古人說：「有興趣才會進步」，就是這個意思。

　　因此，身為經營者，是創意的根源；也會發現無限的改善方法。

　　經營或做買賣有無限的方法，只要觀點改變，便又有很多改善之道。就拿技術來說，今天正以日新月異的姿態，不斷創造新的發明，開發新的事物。換句話說，昨天還可能是最好最新的樣式，今天可能就變成舊的。

　　所以，若你能仔細思考各種銷售的方法、廣告宣傳的方式及人才培育的方法，就可想出許多改善的方式。因此，現在銷售順利的公司或商店，絕不會以現況為滿足，因為它仍有許多需要改善的地方。所以我們必須不斷地更新觀念，並在經營或銷售上注入新觀點，以做必要的改善。

　　這個觀念是值得讓人參考的。公司或商店是否繼續發展或從此衰微下去，全看有沒有動腦筋。由此看來，經營是一件很有趣的事，它需要融合眾人的智慧和經驗。

　　重要的是對經營到底有沒有興趣？若有興趣，那不論是在經營或技術

方面都可想出無限的改善方法，在改善方針上運作創意，便能創造出新的東西。如果覺得動腦筋是件很有趣的事，連睡覺都可以忽略而不斷地去思考，就一定能做出一些成果來。但是，如果只認為思考是件苦差事的話，那就很難有什麼成果了。

正因為改善的方法是無限的，所以經營是否會有成果，這全看是不是對自己的企業、自己的經營，感到興趣而定。

對工作濃厚的興趣及熱忱，是灌溉長青樹最好的肥料。

現在日本的經濟有總虧損的傾向。無論是國家、自治團體或企業，基本上都走向虧損的路。但也有少數例外，他們能克服惡劣的環境，保持穩定的成長。松下先生所認識的某公司就是其中之一。這個公司的競爭對手有百年老鋪，也有新興的製造廠商，而它在這激烈競爭下的銷售量是第 3 位。難得的是在這樣困難的環境中，尚能保持相當的利益，經營也很順利，股票價格更是同業中最高，真令人刮目相看。

能有這樣的成績，當然是靠全體員工的同心協力；但經營者領導有方，也有很大的關係。而創造奇蹟的這位經營者，竟是 92 歲的老先生，今年剛從社長退休擔任會長，身體還很健壯，更使人不敢相信。

松下先生跟他有 20 年以上的交情，最佩服的是他對工作的熱忱。他好像生來就是「生意人」，非常喜歡生意，最近也常見面，一起吃飯，從頭到尾講的都是生意經及有關工作的話。唯一的例外就是談他的休閒活動 —— 舞蹈。現在還時常在家裡聽唱片、做做柔軟的運動，不單是興趣，更是為了健康。所以聊天內容除了生意以外還是生意，對他這種熱心，松下先生只有自嘆不如。

聽說他最近還常常研究這個、研究那個，忙個不停，甚至把別人發明的東西拿來研究一番；有時候連宣傳廣告也親自出馬。因為經營者這樣熱忱，全體員工也受到感動，上上下下連成一氣，努力不懈；所以在日本經濟總虧損中仍能保持盈餘，業績猛進。

這樣的表現和業績，在現時的日本可以說是奇蹟。雖然是奇蹟，別的公司也有可能達到。如果是在特殊情況下受到特別保持而造成這種業績，別的

公司當然無法做到。但這是公平競爭，只要誰肯動腦筋、肯賣力、有熱誠，相信都會成功。

　　但願我們對做生意的熱誠，都不輸給這位 92 高齡的經營者。

第二章　管理之技法

商店興隆七祕訣

　　松下認為，要使商店的生意興隆，必須掌握七項平凡但七妙的原則。這七項原則是：

▌力求創新

　　只有努力創新，才會有前途，墨守成規或一味模仿他人，到最後一定會失敗。

　　任何商品都必須表現出自己的特色，才能創造出附加價值，也才能不斷增加顧客。

　　做生意總會遭遇到困難和挫折，這就得靠自己去突破。不要為商品的滯銷找藉口，也不要藉機削價出售，你一定要拿出魄力和決斷力，在創新方面，去尋求機會。

▌追求成長

　　做生意如果不追求成長，或不向更高的目標挑戰的話，就無法品味出身為商人的喜悅和充實感了。

　　要是生意人只想混口飯吃，抱著成不成長都無所謂的心態，在他底下做事的人，自然就會很散漫了。

　　業務的成長，通常都是以營業額來衡量。要想擴大營業額，就必須加強有關的一切活動，例如銷售、採購、門市、部屬、資金等。

　　當然，這些強化的工作，必須建立在一個完善的總體經營理念上。

▌確保合理的利潤

　　做生意，必須獲得合理的利潤，你不能以賤賣的方式，去吸引顧客。你必須以更好的服務，才能獲得正常的利潤。

　　從正常的利潤中，取出部分再投資到所有事業，以便長期性地對顧客提供更佳的服務以及更佳的商品。

以顧客為出發點

做生意要以顧客的眼光為出發點,才能讓他買到所需要的東西。

顧客的價值觀念,不見得跟我們相同,何況顧客還分男女老幼。因此我們應該設法去了解顧客的需要,然後去滿足他。

經營商店,必須把自己當作是替顧客採購商品,這樣才會去設法了解顧客的需要和數量。因此,了解顧客是開店的第一步。

傾聽顧客的意見

前面提到,必須了解顧客的需要,如何做到這點呢?

最好的辦法,當然是傾聽了。

經營事業,要順其自然,集思廣益,然後,才去做應該做的事,必然無往而不利。

如果只顧推銷商品,而聽不見顧客的意見,就不會受到大眾的歡迎。

在日常生意上,以謙虛的態度,去傾聽顧客的看法,只要持之以恆,必定會大發利市。

掌握良機

生意的成功,在於是否能夠掌握良機。平時,就要選擇適當的時機,調查顧客預訂購買的物品以及購買時機,這樣的銷售上,就方便多了。以電器商店為例。不論是顧客家送貨還是安裝,事情辦妥後,不要轉頭就走,最好再順便看看他家的電器用品是否有小毛病,同時做一點簡單的服務,這樣必然會培養顧客對你的信任感。

發揮特色

賣同樣東西的商店到處都是,要使顧客上門,非得有一些特點不可。

商店的特徵,好比每個人的特點。商店沒有特色,就變得毫無品味。陳列的商品雖然相同,但若服務不同,則會使商品顯得不同,這就是因為發揮商店特色的關係。

商店的特色，當然要配合顧客的需要。至於如何去發揮，則要考慮該地區的所得水準、文化水準等等。

如果在薪水階層地區，最好的禮拜天或假日，也照常營業。必要時還可以開店到深夜。

但有時候，難免受到空間、人事、技能、資金等現實因素的限制。因此，應該先從可能的事項著手，一步步發揮特色。例如：把重點放在自己熟悉、有競爭性的商品上。由較內行的經理，親自對顧客介紹，也是一種很好的辦法。

其實，特色並不限於商品。其他良好的服務如華麗的店面、誠懇的員工等，只要發揮其中一兩項特色，就足以吸引顧客上門了。

經商策略三十條

松下幸之助將他無往不利的經商心得，整理成這些基本須知。這些原則已超越了時代、地域，在今日，仍是最尖端的經商法則。

第一條：生意為社會大眾貢獻的服務，因此，利潤是它應得的合理報酬。

生意是為社會服務而存在的，而報酬就是得到利潤。如果得不到利潤，表現對社會的服務不夠。按道理，只要服務完善必定會產生利潤。

第二條：不可一直盯著顧客，不可糾纏囉嗦。

要讓顧客輕鬆自地盡興逛店，否則顧客會敬而遠之。

第三條：地點的好壞比商店的大小更重要，商品的優劣又比地點的好壞更重要。

即使是小店，但只要能提供令顧客喜愛的優良商品，就能與大商店競爭。

第四條：商店的商品排列得井然有序，不見得生意就好；反倒是雜亂的小店常有顧客上門。不論店面如何，應該讓顧客感到商品豐富，可以隨意挑選。但豐富的商品的種類，還要配合當地風俗習慣和顧客階層，而走向專業化。

第五條：把交易對象都看成自己的親人。能否得到顧客的支持，決定商

店的興衰。

這就是現在所強調的人際關係。要把顧客當成自家人，將心比心，就會得到顧客的好感和支持。因此，要誠懇地去了解顧客，並正確掌握他的實際狀況。

第六條：銷售前的奉承，不如售後服務。這是製造永久顧客的不二法門。

生意的成敗，取決於能否使每一次購買的顧客成為固定的常客。這就全看你是否有完善的售後服務。

第七條：要把顧客的責備當成神佛之聲，不論是責備什麼，都要欣然接受。

「要聽聽顧客的意見」是松下先生經常向員工強調的重點。傾聽之後，要即刻有所行動。這是做生意絕對必要的條件。

第八條：不必憂慮資金短缺，該憂慮的是信用不足。

即使資金充裕，但沒有信用也做不成生意。這裡只是強調信用比一切都重要，並不意味資金不重要。

第九條：採購要穩定、簡化。這是生意興隆的基礎。

這與流通市場的合理化相關，因此也是製造商或批發商的責任。不過，在商店方面可以用有計畫的採購來達成合理化的目的。但在確定採購計畫之前，要先決定銷售計畫；而決定銷售計畫之前，要先確定利潤計畫。

第十條：只花 1 元的顧客，比花 100 元的顧客，對生意的興隆更具有根本的影響力。

這是自古以來的經商原則。但人們往往對購買額較高的顧客殷勤接待，而怠慢購買額低的，要記住若能誠懇接待只買一個乾電池或修理小故障的顧客，他必會成為你永久的顧客，不斷為你帶來大筆生意。

第十一條：不要強迫推銷。不是賣顧客喜歡的東西，而是賣對顧客有用的東西。

這就是松下先生所說：「要做顧客的採購員。」要為顧客考慮哪些東西對他有幫助，但也要尊重他的嗜好。

第十二條：多要周轉資金。100 元的資金轉 10 次，就變成了 1,000 元。

這就是加速總資金的周轉率，做到資金少生意大。

第十三條：遇到顧客前來退貨品時，態度要比原先出售時更和氣。

無論發生什麼情況，都不要對顧客擺出不高興的臉孔，這是商人的基本態度。恆守這種原則，必能建立美好的商譽。一定要避免會有退貨的可能。

第十四條：當著顧客的面斥責店員，或夫妻吵架，是趕走顧客的「妙方」。

讓顧客看到老闆斥責、吵架的場面，會使他感到厭惡難受。但卻有許多老闆常犯這種忌諱。

第十五條：出售好商品是件善事，為好商品打廣告更是件善事。

既然顧客有潛在需要，但若接收到不正確情報，仍然無法達成他的需求。廣告是將商品情報正確、快速地提供給顧客的方法，這也是企業對顧客應盡的義務。

第十六條：「如果我不從事這種銷售，社會就不能圓滿運轉。」要有這種堅定的自信及責任感。

要先深切體會企業對社會的使命，才能有充沛的信心做自己的生意。千萬不可以為自己做生意，是以賺取佣金為目的。

第十七條：對批發商要親切。有正當的要求，就要直截了當的原本說出。

採購時，批發商與商店都會提出嚴格的條件，但一定要以「共存共榮」為原則，比如：要求批發商降價時，不要單方面一味的還價；應該互相磋商，一起想出降價的對策來。不論是廠商或商店，若沒有批發商的合作協助，商業界是無法繁榮的。

第十八條：即使贈品也會高興，這是人情的微妙所在。但如果一直是這麼千篇一律，就會失去原先的魅力，削弱銷售力。因此，要一直維繫著新鮮感，而最穩當的方法，就是微笑再微笑。

第十九條：既然雇用店員為自己工作，就要在待遇、福利方面訂出合理的制度。

這是理所當然的用人基本原則，勿需贅述。

第二十條：要不時創新，美化商品的陳列，這是吸引顧客登門的祕訣

之一。

這會使商店更富有魅力。現今的商店應該轉變「店鋪」的形態成為人群聚集的「大眾廣場。」

第二十一條：浪費一張紙，也會使商品價格上漲。

謹慎節省毫不浪費——是自古以來商人信守的原則之一。但必要的經費要捨得花。總之，在這種競爭激烈的環境下，一定要避免任何無謂的浪費。

第二十二條：商品賣完缺貨，等於是怠慢顧客，也是商店要不得的疏忽。這時應鄭重道歉，並說：「我們會盡快補寄到府上」。要記得留下顧客地址。

這種緊隨的補救行動是理所當然的，但漠視這點的商店卻出奇的多，平日是否就不斷做這種努力，會使經營成果有極大的不同。

第二十三條：嚴守不二價，減價反而會引起混亂與不愉快，有損信用。

對殺價的顧客就減價，對不殺價的顧客就高價出售，這種行徑，對顧客是極不公平的。不論是什麼樣的顧客，都應該統一價格。從顧客身上取得合理利潤後，再以售後服務、改善品質等方式回饋顧客，這是理想正當的經營方法。

第二十四條：孩童是「福神」，對攜帶小孩的顧客，或被使喚前來購物的小孩，要特別照顧。射人先射馬，先在小孩身上下功夫使他信服，是永遠有效的經營方法。

第二十五條：經常思考今日的損益，要養成沒算出今日損益就不睡覺的習慣。當日就要結算清楚，是否真正賺錢？今日的利潤，今日就要確實掌握完成。

第二十六條：要得到顧客的信用和誇讚：「只要這家商店賣的就是好的。」商店正如每人獨特的臉孔。因為信任那張臉，喜愛那張臉，才會去親近光臨。

第二十七條：推銷員一定要隨身攜帶一二件商品及廣告說明書。

有備而來的推銷，才可期待會有成果，切莫空手做不著邊際的推銷。

第二十八條：要精神飽滿地工作，使店裡充滿生氣活力，顧客自然會聚攏過來。

店鋪就是典型的例子。顧客不喜歡靠近毫無生氣的店鋪。要讓顧客推開厚重的大門才能進去，是珠寶店才會有的現象。一般都應該製造使顧客能輕鬆愉快地進出的氣氛。

第二十九條：每天的新聞廣告至少要看一遍。不知道顧客訂購的新產品是什麼，是商人的恥辱。

現在已是情報化的時代，顧客對商品的了解甚至都勝過商人，這點是身為商人不得不警惕的。

第三十條：商人沒有所謂的景氣與不景氣。無論情況如何，非賺錢不可。

在任何不景氣的狀態中，都要靠自己求生存。不發怨言，不怪別人，憑自己的力量，專心去尋求突破之道。

分層負責效率高

分層負責是提升工作效率最有效的方法，因為個人的能力是有限的。豐臣秀吉年輕時，曾在織田信長的手下做事。青州城的城牆曾經有一次倒塌了大約 600 英尺，工人們花了 20 多天，還沒修好。信長對工程進度的緩慢，非常生氣，就說：「現在正處於戰亂時期，不知道敵人什麼時候會進攻，一道城牆修了那麼久還沒完工，是多麼危險的事。」

於是就派秀吉去負責修理城牆的工程官。秀吉接受任務以後，首先把雜亂無章的工程步驟重新規劃，然後把 600 英尺的塌牆分成 10 段，每段 60 英尺，又將全部工人也分成十組，每組派遣一個工頭帶領，採用競賽的方式，分別做自己的工程，結果不到三天，城牆就修復竣工了，他用的就是分層負責的辦法，所以才使工作效率提升數十倍；信長因此相當賞識他的才幹，所以秀吉很快就被升遷重任。松下認為企業的經營，在劃分各部門的工作時，也應該採取和秀吉同樣的辦法。如果把許多人聚集在一起做事，感覺上似乎人手很足，而結果卻是人力和時間的浪費，責任也無法追究。應該把一項大工程分為幾個部分，每一部分都指派專門負責的人督導，並利用人類爭強好勝的天性，就容易激起鬥志，以便能在短期內完成工作。一個領導者應該承

認，個人的能力是極為有限，一個人若做能力以上或以下的工作，都容易遭到失敗。為了避免能力發揮上的缺點，更應該分層負責，這才是提升工作效率最科學的方法。

所以領導者把自己的權力和責任適度地交給部屬分擔，讓部屬盡最大能力，求取好成績，應該是一個可行的好方法。

三頭合議制的作用

「三頭合議制」的採用，使松下電氣公司發揮了「三頭六臂」的神力。

隨著新產品開發而進行的專門細分化改革實施後，1950年的三個事業部，到了1959年底，就增加為20個事業部，使松下電器公司的業務陣容快速擴大。為了使這項細分化的事業能更有效地營運，社長在1956年新設了包括電熱器、洗衣機、暖氣機等三個事業部的電化事業本部，到了1959年，又新設了無線電、電池、配電器等各事業本部，將自主責任經營的體制，更加強化。

同時，為了更迅速地達成經營政策的決定，而開始採用了社長、副社長、常董的「三頭合議制」來配合多方面的事業活動。社長在1960年經營當中，曾對這項三頭合議制，做過以下的敘述：

「所謂的「三頭合議制」就是說，要以三個經營管理階層的商議結果，而去進行每天的工作。在過去是分別商量而展開工作的，但是今後決定在職制上，由這三個人的聯合協定來處理一切事務。

對於各事業部長的責任經營，通常松下是以側面協助的形式去進行，他認為這樣才能發揮松下電器公司的經營特色，而達到今天的成果，在今天以後，這種狀態還是不會有什麼變化的，但是他認為這樣一個方針仍然缺少了些什麼。

以往的做法是各事業部負責人，依據自己本身的判斷，去經營公司的各部門，然而對於重要的問題，仍然會與他商量，而他每一次也都和他們好好地商議。但由於公司越來越擴大，部門也越來越增加，他的事情太忙，沒有

辦法也沒有時間跟他們好好對重要的問題，加以深入探討或商議。在這樣的一個情況下，對專程來找松下商量的人，不但會感覺不太滿意，同時對一個重要的問題，只憑從此人匆匆數語，就做成決定，恐怕也是不太妥當的。

因此他認為此種情形應該想辦法加以改善，所以在設立經理本部的同時，松下就決定社長這個職位，要以三個人的綜合意見去決定。如此一來，過去每星期開一次的本部負責人會議，就改為每個月開兩次會，每天上午九點半開一個小時的三頭會議，而各部門的請示的事項，當場做最後的決定。對於不能立刻決定的事情，千萬不要對員工說『讓我們考慮考慮』一定要訂一個時間，比方說是在幾分鐘以前一定給予確切答覆、除了控制事情本身的決定權外，更要把時間也控制好。」

另一方面，在 1962 年以前新設了經理、人事、會計、特機四個本部，使總社機構變成八個本部，能夠將專門細分化的領域加以統轄，建立了以集合眾智而發揮綜合力量的經營機構。

分層負責組織的建立

松下電器經營組織的設置，一直是以分權管理為原則進行的。早在 1933 年，松下就採取了「產品分類事業部制」。現在這種組織形式在大企業已經司空見慣了，但在當時卻是一種創舉，甚至在事業部制發源地的美國，到 1940 年代才出現這種組織。以後，1935 年松下採取分公司制：把股份有限公司分成控股公司和子公司。隨後又經過 1944 年的「製造所制」、1949 年的「工廠制」、1950 年的「產品分類事業部制」、1954 年「事業本部制」的逐步演變，發展到 1960 年代的 12 個事業本部、46 個事業部、57 個營業所組成的產品分類和職能分類事業部制。無論哪一種，都堅持把分權管理這一原理身為組織計畫的基礎。

根據松下的看法，促成他在 1930 年代進行組織結構改革的，是基於以下原因：

◆ 松下希望透過組織再造，以便對企業實施有效的管理，當時的員工已達1,600多名，個人企業時期的簡單管理方式已經不適應了，迫切需要用一種新的組織制度取而代之；

◆ 根據產品分類建立獨立的事業部長分層負責制，有利於發揮小型公司的優勢，以適應不同產品的市場變化，樹立正確的市場觀念；

◆ 這種分層負責體制，不僅可以增加組織的清晰度及控制力（這也是後來吸引杜邦建立分層負責制的兩個優點），而且有利於調動各部門的積極性、主動性，增強部長們的責任感；

◆ 松下深信，分層負責體制將能訓練出一批社長人才，當公司成長之後，就可以從中選拔任用。

當時的日本企業仍帶有濃厚的舊式作坊的色彩，業主喜歡獨攬大權，專橫獨斷。松下此舉可謂難能可貴，富有開拓意義。

▌授予部長權力

很久以後，松下在回憶當初實行事業部制度的原因時說：「所以這樣做，是因為工作的種類增加的緣故。在小規模經營時由我一個人來經營就足以應付，工作一增加，我一個人就不可能樣樣都能了解。」

松下舉了一個電熱器的例子來說明。電熱器他從來未摸過，也不知道有關的原理、技術、製作工序，他決定請人分勞。「既然要請人擔當，我就想到不如將所有的責任由這個人來負責。」這跟一般公司不同，在那些公司，請來的人只負部分責任。松下卻沒有這樣做。

松下請來了負責電熱器的 A 君，告訴他：「我想設立一個電熱器部，由你全權負責，一切都由你來做，非常重大的決策才來跟我商量。」

松下的事業部，實際上很像是一個獨立經營公司，事業部的一切經營活動都由部長決定，只有資金問題需要告訴松下，由松下最後定壓。事業部有獨立的預算體制，經營狀況 目了然。部長擁有的權力，幾乎與獨立經營的公司經理相差無幾。松下說：「既然選擇了他，就要相信他，讓他全權負責，獨立作業。」

　　分層負責體制的正確性，可以從松下生產電熱鍋這個例子得到證明。松下開始製造電熱鍋的時候，東芝（TOSHIBA）的電熱鍋已在市場上占壓倒優勢，要是別的廠就會用其他產品的利潤來補償電熱鍋的生產而促其發展。可是松下卻不同，不僅不送一程，反而把它從電熱器事業部分離出來，成立一個平行的事業部，讓它獨立經營，在市場競爭中自我發展。如果電熱鍋事業部長不能使其盈利，企業就不能生存下去，他就沒有盡到責任。這就將事業部長推到了背水一戰的絕境──沒有退路。電熱鍋事業部部長果然不負重託，絞盡腦汁，苦心經營，終於使松下的電熱鍋的市場占有率提升到50％。所以，有個松下公司的人說：

　　「正是為了發掘人們的智慧，才進行這種強制性的分割，但在不明究竟的人看來，反倒像是不合理的。」

　　這件事進一步堅定了松下推行分層負責、公權委託的管理模式的決心，在松下電器日後發展的進程中，這種模式得以不斷強化和完善，最重要的原因就在於它本身固有的優點。這些優點至少包括以下幾個方面：

- 即使企業得以順利擴大，又解決了一個人管理力不從心的問題。
- 每個事業部都是一個責任中心，責權分明，盈虧清楚，便於考核。
- 由於各事業部長負責全部盈虧，故非常重視消費者的需要。松下認為這是事業部成功關鍵。

　　事業部制度的推行，有效地解決了松下力不從心的問題，強化了公司的競爭機制。

▋ 特殊的「利益中心」

　　既然每個事業部都是一個責任中心，採取獨立核算的財務政策便是必然的要求，這樣一來，每個事業部就會成為一個特殊的「利益中心」，以便負起盈虧的全部責任。從這點看，它很像一個獨立的公司。但松下的事業部又與獨立公司不同，它只管生產，銷售則交給營業所去完成。這是它的一個特點。

　　事業部是製造部門的利益中心，營業所是銷售部門的利益中心。這樣便

產生了兩方面的利益關係：一是製造部門內部生產零件的事業部與生產成品的事業部之間的利益關係；二是事業部與營業所之間的利益關係。處理好這兩方面的利益關係，是事業部制度能否成功的關鍵。為此，松下手握兩把利劍：一把是以市場價格為依據的內部調撥價格制度；另一把是隨時可出鞘的「拒購權」制度。

事業部供給營業所的產品調撥價是按市場價格確定的，然後按調撥價的 2% -8% 回扣給營業所，以解決營業所的開支和利潤。在 2% -8% 這一幅度內，回扣率的大小，由常務會根據營業所過去的實際做出決定，全公司一視同仁，統一執行。同樣，部件事業部向各成品事業部提供部件時，也以市場價格為依據確定調撥價格，但由於不需要運費，支付又可靠，所以它的供應價格實際上低於市場價格。這就構成了兩種事業部都能成為獨立公司的條件。

為了保證調撥價格的合理，松下確立了「拒購權」。所謂「拒購權」，就是當調撥價格高於市場價格時，受貨公司有權拒絕接受，並有權從松下以外的公司採購部件。儘管這把利劍很少使用，但它的作用是巨大的，它不斷促使部件事業部努力降低自己的生產成本，從而使松下電器整體水準得以穩步提升。

▌內部資本制

以市場價格為依據的調撥價格和「拒購權」的確立，是形成利益中心的基礎。但並不等於這就完全具備了公平競爭的條件。為了給事業部創造一個與獨立公司相同的成長環境，就必須預先確定它使用的資本量。

內部資本額是根據「標準限額」推算確定的。它由固定資本和周轉資本構成。固定資本量的確定很容易，因為它就是設備本身的價值量；確定周轉資本額則要複雜得多。由於各事業部所處市場條件的差異以及產品自然屬性的不同，周轉快慢有很大的差別。在核定內部資本時就要考慮各事業部的差別對庫存的應收帳款帶來的影響，分別規定其標準周轉期，然後根據這種標準推算出各事業部所需的周轉資本量。

對於這種內部資本，總公司可以 10% 的利息。各事業部、營業所在扣除上述資本利息之後，其利潤分配也與獨立公司一樣：必須從利潤中抽出與稅

金和股息相當的金額繳納總公司。這大約相當總利潤的 60%，剩下的 40%的利潤，就是各事業部或營業所的累積。各事業部或所有權按照本身的需要去使用它，但不能作為獎金或福利分掉。一般情況下，這些累積總是用於設備投資，因為設備的投資原則上是由事業部自己解決的。松下之所以不發生設備投資過剩，是因為這一制度起了「自動控制」的作用。

必要的集中

副業部制度也有它與生俱來的缺點。過度的分權最易導致失控局面，松下深明此理。為了防止這種現象的發生，必要的集中管理就是不可避免的。

分權與集中，表面上看來是矛盾的，其實卻是統一的。松下的公司經營活動之所以始終不脫離松下的經營觀點，是因為強大的集中管理起了強大的控制作用。

▌報告和審批

各事業部定期向總公司彙報，接受總公司的指導和檢查，是集中管理的重要方法。總公司不僅透過每月提供的財務報表及時掌握各事業部的經營狀況，而且要求事業部長定期向總公司彙報工作。每月一次的經營檢討會，除了規定部長們都得參加以外，還要求在會上公開報告經營業績及存在問題。這已成為制度。

事業部的各項計畫這是由自己獨立制訂的，但須報告總公司，在獲得批准以後，才能付諸實施。審批制度不只是一種程序，而且具有嚴格要求，其中最重要的是事業計畫的審批。總公司接到各部門報送的事業計畫以後，便組成由總經理、副總經理、常務會計和事務局組成的群體進行研究。他們對計畫草案逐一分析，反覆討論，對資金安排、銷售目標等重大問題仔細推敲，認真審查，然後做出結論，最後定案。這樣，經過最高層的審批程序後，一經批准，便下達「經營基本綱要」，「綱要」包括下一期的資金籌措、生產量、銷售額等十項主要指標，這是事業計畫中的精華。這個綱要就像古

人所說的「軍令狀」一樣，各事業部都必須認真執行。

嚴格的審批制度，既保證了各事業部的經營方向符合松下的基本方針，又有利於松下電器整體結構的合理化。特別在協調各事業部經營擴張計畫的關係時，總公司的審批尤為重要。比如收音機和錄影機部門，因為彼此的產品相互抵觸，發生競爭或衝突的機會較多，緩和矛盾，避免自相殘殺，就需要總公司居中協調，統籌安排。

▌財務控制

按照松下財務制度的規定，各事業部門的創造的利潤均須交存所謂的「松下銀行」，60％稅前利潤上交總公司，40％留歸各部門。這40％的利潤由總公司加以代管，並付利息。松下則利用這些錢來資助新的投資事業，各部門也可以向它申請貸款，但利率卻比銀行要高2％。各部門除了日常開支外，不得擁有自己的帳戶。儘管有些事業部規模很大，但它不得直接向銀行貸款。松下規定，所有貸款、還款都以總公司的名義進行。需要投資擴張的事業部，先將貸款申請交由總公司審定，獲得批准後可以從「松下銀行」借款或由松下總公司出面向銀行貸款然後再轉貸給該事業部，利息照付。經營狀況很差的部門，總公司甚至還會加徵「懲罰」利息。

所謂「松下銀行」是指財務本部的資金課。它對需要貸款的部門審查非常嚴格，特別是因周轉困難需要短期貸款以度過難關的部門，在沒有足夠的理由說明發生困難的原因和找到克服困難的正確對策之前，資金課的人會毫不客氣地告訴他：「這樣搞，怎麼能把錢借給你呢？」

松下電器公司還實行完全支付制：不管資金是否充足，各事業部之間的往來，原則上都得以現金支付。支付困難的部門向總公司的「松下銀行」申請貸款，支付利息。這就奠定了事業部「獨立核算，平等競爭」的預算基礎。

總公司給各事業部、營業所的貸款，在一定數量內，是以月息1分9厘計算的，超過這一數額，經財務本部審查，則以月息2分9厘的高利發放。如果某一事業部資金嚴重不足而不得不借入高利貸款，那就會增加該部產品成本，減少利潤。這就會迫使各部門千方百計提升資金利用率，加快資金周

轉速度。這種資金管理制度不僅是事業部日常業務的「溫度計」，而且也是使它們積極進取的「推進器」。

▎統一人事

人事權統一在總公司。首先是人事升遷一律由總公司裁定。不管是一般職員，還是課長、部長和公司董事的職位的提升，均由總公司決定。而且任何人都得從基層開始，逐級提拔，大學生也不例外，主要看本人的表現。統一任免、統一調配部門主管，是保證總公司集中管理的關鍵。根據總公司的規定，接到任免通知的任何個人都得按時赴任或卸職，這是人事紀律，必須遵守。其次是招聘公司員工的權力統一在總公司的人事本部。公司規定，招收高中以上文化程度的員工，由人事本部統一負責，任何部門都不得自行其是。松下還建立了一套很重要的職務輪換制度。每年有 5% 的松下員工從一個部門輪換到另一個部門，其中部長、領班和工人各占 1/3，獲得調動的員工，要永遠在他的新部門裡工作，直到他們晉升而被調離為止。

▎集中訓練

總公司的人事部門負責職工的集中訓練。松下公司的訓練極為嚴格，從進公司的崗前培訓，到提升後再培訓，都有明確的要求。新進員工只有在接受培養達到規定的合格標準之後，才能從人事部門獲得聘書，成為松下電器的正式員工。培訓是一種制度，所有員工都得遵守，即使是高等學校畢業的高材生也不例外。（我們將在以後的章節中詳細介紹這方面的情況）

透過以上幾個方面的集權管理，松下的事業部制既發揮著獨立公司的經營優勢，又有效地保持著公司的完整，避免了因分權可能導致的失控局面。從事業部制的建立到現在 60 多年，松下始終堅持統分結合的原則，不斷完善事業部制度。當有人對事業部制度中集權與分權能否並行不悖提出懷疑時，松下回答說：「想想看，哪一個人不是在父親和母親這兩位主管的呵護下長大的，所以一個企業為何不可能在兩個部門的監督下，有效地成長與發展呢？」

在運行中不斷調整

　　松下透過事業部制確立了集中管理和分層負責的原則，但同時又注意到，這個原則的貫徹，不能採取僵硬不變的態度。松下認為，應該根據不斷變化的環境，給予靈活的運用，以保持公司的整體活力。專門研究松下的專家岡本先生指出：「當我們研究松下結構的整體特性時，我們將會發現集中管理和分層負責交錯出現，像螺旋一樣糾纏在一起。也就是說，並不是集中管理取代了分層負責，也不是分層負責取代了集中管理，而是這兩種組織型態同時交錯出現，構成一種更為複雜的婚姻關係。」

　　岡本先生特別指出，二戰結束後，身為戰敗國的日本，立即陷入了混亂和經濟蕭條之中，為了應付這種嚴峻的局面，松下斷然取消了它的分層負責組織，把一切事項納入高度的集中管理，由了本人負責一切。直到 1950 年代不景氣開始緩解，日本經濟因占領軍美國的政策改變和美國發動韓戰迅速走出低谷。在經濟全面復甦的過程中，市場競爭日趨激烈，松下認為，在此情況下，公司必須同時對許多方面做出彈性反應，以適應市場競爭的需要。1953 年迅速恢復了分層負責制，為 1956 年推出的 5 年宏偉計畫的實施奠定了組織基礎。到 1960 年代初期，日本經濟又出現了另一個不景氣的停滯時期。這一次，松下採取的對策卻是進一步分權，強化分層負責的事業部制度，而不是像戰後初期的權力集中。這一改變一直進行到 1973 年，期間總部的職能不斷予以調整，人員隨之削減。精簡下來的總部員工被派往各事業部、甚至事業部下的最基層組織，以增強第一線的競爭力。1970 年代的中期和末期，由於石油危機的爆發及經濟不景氣的再度出現，松下又回過頭來進行更強大的集中管理。

　　當然，過於頻繁的組織變更會給下屬的工作帶來不便，甚至使人無所適從。松下的做法就曾遭到部長們的反對。松下說：世間一切都非恆常，順應情勢，自覺調整，這不是反覆無常的變更，而是一種進步。松下常有釋迦牟尼的「諸行無常」來教育員工，不能有僵化的觀念。松下人總是不無驕傲的笑稱松下是「善變的董事長」。

　　由此可見，松下的組織觀念不是固定不變的。他從來不把他的管理體制看成是不能更改的教條。統分結合的管理模式所以不斷得到完善，正是這種靈活態度和求實精神的表現。

事業部制度的生命力

　　事業部制度是一種完全形式的分權負責制，部長是事業部的權力中心，也是責任中心，對事業部經營狀況承擔全部責任的是部長，總公司只負責考核並行使賞罰大權。這是事業部制度無窮動力之源。

　　公司上層對事業部的關心是以它們的業績為重點的，特別是市場占有率和收益率。一旦發現顯著下降時，事業部長就會受到嚴厲指責，並由總公司出面，召集包括社長在內的各部門負責人參加的檢討會。擔任電化製品部門董事的鈴木忠夫對此有過切身體會。那是 1979 年春天，他擔任電熱器事業部長的時候，曾被松下顧問嚴厲訓斥過一頓：「你那裡的咖啡磨豆機是怎麼一回事？」

　　使松下顧問感到不悅的是松下公司的咖啡磨豆機的市場占有率在降低。當時的市場形勢是，飛利浦占 40%，遙遙領先；居第二位的是美利德公司，約占 20%；松下僅占 7% -8%；其他是雜牌。無論什麼商品，松下一定要做到市場占有率 30% 以上，居第一位方可。

　　可是，小小的咖啡磨豆機何必如此呢？但松下認為這並非小事，這是關係到整個日本的一件大事。松下責備地說：「那些位居榜首的名牌，全是外國貨，這與日本被外國軍隊占領有何不同？而你看來無動於衷，你是不是日本人？」

　　松下顧問的指責，使鈴木部長如坐針氈。要知道，那可是在一次有 400 多人參加的經營研究會的主管會議上。松下呵斥他的部下從不考慮場合。他看著鈴木部長立刻轉青的臉，繼續責罵：「假如你有事業家的精神，你一定會夜以繼日地想辦法扭轉敗局，建立商品信譽。」松下只管發洩不快，並不考慮鈴木的窘態，「事業部長並不一定非你不可，你要去想想別的事業部長是如何處理的。」

　　一般公司的會長，在眾多部下面前，也會有所顧忌，不至於如此破口大

罵。但這種事情在松下是司空見慣的。不過,這種責罵在幾分宗教氣氛之下,除了深深體會言之有理外,也成了工作的興奮劑。受到指責的鈴木並未惱羞成怒,而是以坦率的心情反省自己,並表示:「自己有些疏忽是不對的,我一定想辦法趕上去。」

鈴木部長立即著手企劃,將年銷售目標增加 100 萬臺,並打出「CM100大作戰」的旗幟,決心直追,挽回面子。

修訂目標很容易,但做起來卻很難。在松下公司,事業部長的羞恥,向來被視為團體的羞恥。所以,該事業部的員工與部長一樣,有洗刷羞恥的強烈願望。在鈴木部長的領導下,他們團結一致,同心協力,終於在短短的半年內將銷售體制、行銷策略等進行了全面調整,並推出新型咖啡磨豆機「開立佳」。新機種設有噴霧式漏斗,不僅美觀,而且使用時更加方便。這個設計受到顧客的喜愛,銷售量日益上升。

「創造商品,事業部長必須以自己的生命、人生作為賭注。」這是松下的名言。新型的咖啡磨豆機「開立佳」就是鈴木部長投入全部精力,拚命工作的成果。「開立佳」上市之初,廠裡的女員工自告奮勇出來當「開立佳」女孩,她們唱著歌,跳著舞,氣勢大增。就在新產品上市後的一年多時間裡,松下咖啡磨豆機的市場占有率一躍而達 35%,居全國第一。

事業部的員工並不比部長們輕鬆多少。在松下公司,常會看到專心致志地工作,好像著了魔的員工。前任電熱鍋事業部長佐野啟明,就是最佳的例子。那是在他升任事部長前的 1979 年,電熱鍋事業部很久以前上市的電子鍋,一直沒有獲得預期的效果。當時身為技術部長的佐野,為了了解消費者的反應,走訪全國,連冰天雪地的北海道也到處留下了他和部下的足跡。甚至連他們的太太,都被請來參加評鑑會,搜集各方面的資料。擔任課長時,佐野在南美訪問了 45 天,他幾乎天天到消費者家裡去了解電子鍋的使用情況。回到日本之後,立即按照當地的使用方法進行實驗,著手改進,終於開發出更加適應該地居民使用的電子鍋。升任事業部長後的佐野,仍保持著當年深入實際、忘我工作的作風。為了能實地了解主婦的意見,他會經常到展示室參加電子鍋的示範表演。其他主管也一樣,為了開發新產品,不惜去買

各地的米來做實驗，用量多到每個月 400 多公斤。

　　為什麼松下人對工作會如此認真負責？它的祕密就在於獨特的「事業部制」。在松下，不管部門大小，只要做出成績，就會受到重視；不管年資深淺，學歷高低，只要貢獻突出，就會得到重用。否則就會受到指責，直到撤換工作為止。這種賞罰分明的管理作風，是驅使員工、主管、課長、部長乃至董事會成員拚命工作的原動力。而事業部制又為賞罰分明的管理提供了體制基礎。

　　統分結合、活而不亂的松下管理體制的成功，可由松下於 1973 年以會長的身分退休以前創造的記錄來證明。在第二次世界大戰到 1973 年之間，松下的銷售金額以美元計算，成長了 4,000 倍，利潤增加的比例甚至更大。儘管公司規模獲得驚人的擴大，分公司遍及世界各地，但松下公司的效率並未因此而減退，而且生機勃發，更具活力。

高薪之正負作用

　　高薪產生高效率。員工有了安定生活的保障，才能發揮十二分的努力，勤勉工作。有實力者興起，無實力者沒落，所以人需要真才實學。這是自由主義的好處，促使人人不斷充實自己、培養實力，如果沒有經營電氣產品的實力，或不稱職，就不得不敗下陣來。那麼公司要經營得當，應有什麼實質的做法呢？那就要靠各位同仁發揮十二分的努力，勤勉工作，透過各自的努力，在工廠上班工作，企業才能持續成長，而這又須由公司提供諸位生活上安定的保障才能做到。

　　要做到這一點，覺得應該要推行「高薪資、高效率」的原則，這樣大家才能獲得實惠，同時也可增進社會財富，更能充分保障員工的生活幸福。

　　報酬引起強烈的工作即使做得皮破血流，也不向命運低頭。松下回憶時說：

　　在我 9 歲時，也就是小學四年級的那年秋季，因為家境貧困，不得不出外賺取生活費。要遠赴大阪謀職，我成為船場火鉢店的學徒。

在剛開始打工的日子，我早晚都會不自覺的痛哭流淚。因為在家時，我是老么，所以都睡在媽媽懷裡。一旦來大阪打工後，獨自睡在火鉢店的二樓，所以，感到十分孤單無助。而這種心態大概持續了一個禮拜。這時店主人來到此地，我記得當時是 12 月 15 日。

「主人將我叫到他身邊，遞給我一個五錢的白銅貨幣，並對我說：『這個是給你的薪水。』」

「當時，我的確吃了一驚，愣了半晌卻不知如何是好。因為在家鄉時，每當我放學回家，總會向媽媽要一個穿洞的一文錢，那是一文錢可以讓我買到下午的點心 —— 兩根棒棒糖。而我從來沒見過五錢（相當於 50 個 1 文錢）的白銅貨幣，我真是想不到竟然能夠獲得這麼多的報酬。

「從此以後，靠著這個不可思議的欲望支撐，變得更堅強。而這五錢白銅貨幣，也能帶給我強烈的工作狂熱。於是我經常利用照顧孩子的空檔，幫忙打雜和磨火鉢。而磨火鉢這個工作十分辛苦，先要用砂紙用力地磨，然後再用砥草加以潤飾。而在冬季，我一雙手常被磨得皮破血流，連早上提水、打掃都感到非常困難。

「但我在這個困境中，仍能忍受寂寞。逐漸地擦地板、打掃環境對我而言，並不是痛苦的差事了。所以我不斷地埋頭苦幹，承擔惡劣的命運。」

時代雖然不同。年齡、境遇也有差別，但第一次領薪水的感受，相信不會相差太多。

領薪水是值得興奮的，它也是辛勞工作的代價，但是不要把它當做工作的唯一目的。領薪水只是工作的目的之一，還有更重要的，千萬不可忽略。是什麼呢？就是透過自己的工作或服務的公司行號，為社會盡自己應盡的責任。也就是成「職場人」的使命。

要擴大一點，就是完成一個「人」的使命。工作的最高目的就在這裡。只是要完成這種使命，必須要吃飯，也要維持生活、改善生活，所以需要薪水。也可以說，薪水就是你透過工作，貢獻社會的一種報酬。

因此，我們必須了解，薪水雖然是公司發的，實際上是社會給你的，是你完成社會責任的獎品。

高薪也有負作用

公司完善的經營態度，往往比高額的薪資更能吸引人才。

前幾天的報紙刊載：今年（1974 年）公司新進人員初次任職時的月薪，大學畢業男性平均是 8.3 萬元，大約是四年前的二倍，七年前的三倍，也有的已經超過了 10 萬元。明年春天的平均數字可能達到十萬元。四年漲一倍，七年漲三倍的數字比物價指數上漲還高。高中畢業男性，因人數少，供不應求，初次任職時的月薪上漲率比大學畢業生更為厲害。跟以前比，現在年輕人的境遇實在太好了。可是根據總理府所做的世界青年意識調查，日本青年對社會不滿的程度，比任何國家的青年高，真是不可思議的事情。大概，只有豐富的物質生活，人還是不能滿足吧。松下長久經營事業，看過很多公司，發現有下面的情形：甲公司薪水高、福利好，也不加班，條件可以說很好。你說員工一定很滿足吧？答案卻是否定的。不但如此，發牢騷的人比別的公司還要多。而乙公司的薪水不很高，工作很忙，有時還要加班。可是員工對公司一點不滿也沒有，稍微超過時間也不計較，上級指定的工作卻很樂意地去完成，公司上下洋溢著一片祥和的氣氛。

觀察這個現象形成的原因，松下得到以下的結論：甲公司沒有明確的經營方針，沒有中心思想。而乙公司卻有明確的目標，再根據這個目標編印《員工服務手冊》，詳細揭示公司的使命、經營方針、員工的權利與義務……，並經常加以適當的訓育。這樣員工就會感受到自己工作的使命與意義，對工作有喜悅與參與感，因此會產生把公司當成自己事業的風氣。甲公司沒有這種經營觀念，對員工的要求是「給你們這麼多薪水，你們要賣力工作。」而員工也只關心薪水多少，工作時間多少，稍有不如意就發牢騷。年輕人要求薪水多是當然的，公司努力滿足他們的要求也是應該的。可是如果沒有正確的經營觀念，對員工缺少適當的訓育、指導，高薪水反而會造成不滿公司經營態度的不良結果。

公司的工廠所在地門真村，改已改為門真市。那裡現在依然是松下電器的大本營，它的建設與基本方針制定的時間相吻合，所以這個時期在松下電

器的歷史上，是一個重要的里程碑。另外還有一個事件可對比加以證明。那就是每天的早會和晚會制度。這項制度開始於松下制定五大精神之前，是5月分起實施的。

不言而喻，這是為了加強公司全體人員的團結而規定的制度。但據松下說，此項制度的一個目的是，他在發表基本方針時，能使所有在場的人都因他的講話藝術而被捲入興奮的漩渦中去，所以我想，這不只是他的謙遜之詞。

總之，每當早會和晚會時，給每人一分鐘說自己要說的事。這種制度一直延續到現在。今天部長講，明天科長說，然後職員談，實習職員也有表明自己想法的機會。按照這種方式，不論誰都有在大家面前講話的機會和資格。

當然，松下自己每天都對從業人員講話。日積月累，他講過的話現在已經作為一本書出版了。

當然，現在松下只是偶爾直接對員工們說話，但是這種優良的傳統形式已被繼承下來。

例如：每月在職員的薪資袋裡，都裝有山下俊彥總經理寫給大家的小短文，以隨筆的形式表達總經理的想法。其實，由於薪資變成透過銀行發放，所以薪資袋裡，只裝有薪資清單和山下總經理的小短文兩張紙。這是為了加強公司主管與職員之間團結的有效方法。

透過這種方式，把總經理在想些什麼告訴公司職員。最先考慮到這樣做的必要性的人是松下幸之助。

現在，在松下電器公司仍然保留著早會和晚會的制度。對此松下指出：

「現在，即使在學校也不這樣做了，對吧。所以有人把這種活動貶為上一世紀的遺產。但我認為這是一個傳統，最多用兩三分鐘就能完成，所以無論如何都要堅持下去，現在在海外這種早會和晚會制度也很盛行。」

另外，他還給我講了一件軼事。

一次，松下電器秘魯分廠的當地職員參觀松下總公司，回到秘魯後，向常務董事（日本人）報告說，日本的總公司與秘魯的分公司只有一點不同，也就是說，在秘魯的分公司，早會後，大家都跑步到自己的職位工作，而日本的總公司卻晃晃悠悠地走回去，對此難以理解。

　　秘魯分公司的負責人向總公司報告了此事。他說，在總公司也應該命令大家跑著回去，請迅速改變目前的做法。我服氣了，好像早會不是從日本開始的。

　　說到這裡松下得意地笑了。

　　早會是日本式經營的一個特色，這種形式被海外學去了。反過來，日本方面卻在此事上受到指責和刺激，其意義有助於防止這種制度的形式化。

　　總之，基本方針、七大精神、早會和晚會制度，這些都是松下向員工進行精神教育的獨特方式。

以心換心，一觸即發

　　競爭激烈下分秒必爭，有急要事件，不可拘泥於編制或職位，要迅速行動。人員少的公司，會長和員工大概都是在同一場所工作。會長一聲命令，員工都會立刻跑到會長面前來，員工也可以不時到會長那裡去報告請示。這時，公司全體之間會有一種以心傳心、一觸即發的氣氛，效率也將因而提升，大家可以愉快有勁地工作。但當業務擴展，員工增加之後，工作的推進及氣氛，往往就充滿所謂的官僚習氣。

　　因為公司規模一大，必須有規畫嚴謹的部門去推行工作。但往往因為過度拘泥於部門，以致公司的主管與一般員工之間的意志不易溝通，而使效率遲誤。因此，松下曾經對員工發表如下的談話：松下電器公司的員工和社長之間一向是雙行道，這是因為公司的規模還不很大。社長直接對職員說：「喂，你幫我做這些。」受吩咐的人都會立刻照吩咐去做。反之，員工有時也會直接對社長說：「社長，這應該是⋯⋯」積極地提供意見；即使是對新進職員也是該說的就毫不客氣地說，該要求的就明確地要求。

　　現在松下電器公司雖然擴大，人數增加，但那種基本作風仍然未變。不過要注意的一點是，當員工直接向社長報告時，如果直屬主管，如課長或部長有「不對我說，直接就去找社長，真是太豈有此理」的態度，員工就不敢再直接向社長說了。幸好松下電器公司身為社長或部長的人遇到這種情形時，反而會加以讚揚：「哦，好極了，你能及時告訴社長，辛苦你了。」這也

就是說，真正急要的工作不可拘泥於編制或職位，務須迅速處理。這樣，社長才能盡快獲知重要的事情，並在適當的時機做適當的處理。這就是所謂的「整體經營」，也是松下電器公司的良好傳統。但最近我覺得這種良好的傳統好像漸漸消失，譬如說，管理人員告訴職員某些緊急事項，就會有這種問答：「我去報告課長」或「我跟主管商量後再處理」，這就是一種官僚作風。倘若這時主管不在，緊急事項就遲遲無法解決，而會發生不良後果。

如你們正想向頂頭主管課長報告緊急事項，而他正在打電話或不能順利解決事情。不過，等課長打完電話，或回到原位時，還是要做事後報告：「因為我認為必須緊急解決，所以先向部長（或廠長）報告了。」課長這時也必須表示：「那很好，謝謝」，的態度，這時再請教課長有什麼需要更正的事項，再立刻去找部長或廠長更正即可。因此我在這裡特別要強調：「對的事要盡快告訴上級。」換句話說，就是千萬不可失去為經營者擁護公司的精神。

萬事由創意起

有一句話說：「萬事由創意起。」有創意的計畫，配合員工有創意的行動，我雖然不知道它確切的涵義，但覺得拿來做經營上的比喻，也很恰當。

松下電器公司從創辦到現在，每年 1 月 10 日都舉行經營方針發表會。由松下幸之助召集各部門的負責人，宣布今年的經營方針。然後由各部門負責人根據這個方針，擬定營業目標，每一個員工再依這個目標，釐訂自己的工作。以前，在這個發表會上，松下幸之助首先宣布今年度的生產與銷售目標，然後大家溝通檢討，認為可行之後，發動全體員工，全力去做。結果，他每年發表的經營目標，幾乎都能達到。

1955 年松下幸之助發布了 5 年計畫，主旨是：「5 年後的生產銷售目標是今年的四倍，也就是八百億元。」當時，民間企業沒有發表 5 年計畫的先例，而且數目太大了，員工都半信半疑。可是「會長既然那樣說了」，都以姑且一試的心情，拚命工作，結果這個目標四年就達到了。5 年後的生產、銷售量竟超過了 1,000 億元。1959 年發表：「五年後要實行每週工作五天制」。1966

年發表：「五年後，在不失平衡的原則下，把薪資調整為高於西歐而接近美國的水準」。結果，他們都能克服困難，全部實現了。

當然，能達到這些目標，並不是松下幸之助一個人的力量，是公司上下通力合作，奮鬥出來的。在松下發表經營方針之後，常常會加上這樣的話：「目標是我訂的，但是要做的不是我，而是諸位。怎麼樣才能達成目標，請你們站在自己的職位上，認真規劃，切實去執行。」

松下幸之助只是在年頭發表一年的生產、銷售目標或是重大改革，其餘都是全體員工去做。說輕鬆，倒是沒有人比我更輕鬆了。但是發表重大決策，絕不能隨口說說，要有先見之明，要有新創意。大家聽了以後產生共鳴、集思廣益，朝那明確的目標去努力。這樣，經營方針的宣布也才不會失去意義。因此，做為一個企業家或經營者，必須要有先見之明，要有創意，能揭示新目標，具體的做法由大家去檢討決定。但是大目標、新構想一定要自己做，不能依賴別人。

而在經營中模仿別人的特色，必定遭致失敗；每個人都應該尋找適合自己的工作，才能有所發展。

數年前，有人要松下參閱描述德川家康的書籍。他認為非常有趣，於是買了一本《德川家康》回家仔細研讀。

他本來就喜歡研讀有關歷史的書籍。在當學徒時，就曾經一邊照顧店面，一邊看著故事書，偶爾也去觀賞戲劇，因此他對家康抱著濃厚的興趣。各位想必知道，德川家康繼織田信長、豐臣秀吉之後，統一全日本，並且建立了 300 年悠長歷史的德川時代。他雖然不曉得家喻戶曉的家康，為何會如此受到民眾的歡迎。可是，他能巧妙地運用各種方法帶兵，並具有經國濟世的卓越能力；就在目前錯綜複雜的社會之中，這些即相當於處世術與經營法。大多數人認為，只要善加運用家康的各種教誨，必可邁向成功之途。這大概是大家爭著讀他的生平故事的主因吧。放眼古今，能像德川家康創下那樣的豐功偉業的人少之又少。每個人都具有不同特性，因此從古至今，只有一個德川家康而已。即使某個人的某種特性與家康相似，也不可能完全跟他一樣，因為個性、才識以及境遇都不同的關係。假如你想模仿家康那種獨特

的風格。必定會遭至失敗；肯定地說，絕沒有人能夠模仿得與他一模一樣。

松下說過，凡事皆可為我師，松下是指學習的心態而言。他並不是要你外表模仿得維妙維肖。希望各位能抱著旁觀者的態度參閱此書。不顧自己的個性及能力，而相信依照書上所說實行就可邁向成功之途，實在是危險的念頭。

我們絕不可模仿他人，必須秉持自己的信念參閱此書。這並不只是研讀《德川家康》這本書時所須抱持的態度而已。為了過更美好的生活，必須坦誠地常向別人請教，學習他的生活方式，然後反省自己的作風以及養成寬闊的心境。如此來，你必能培養出自己的獨特風格與積極樂觀的人生態度。這種屬於自己的獨特風格，換句話說，即是適應人生問題的能力。每個人都具有天賦不同的個性，憑著人力絕不可能輕易將它改變。個性雖然不能更改，能力卻可以無窮地倍增。產生自己個性的特色之後，才能生存下去。

舉一個淺顯的例子，橋幸夫是一位頗受歡迎的歌星，他穿著華麗，也擁有一大筆財富。可是，即沒有人能跟他一模一樣地引吭高歌，因為只有橋幸夫才具有那種獨特的風格。雖然他的歌曲非常叫座，可是我卻能發揮他所沒有的特點 —— 假如你抱著這個念頭，那麼你必定能夠出人頭地，有可觀的成就。

松下認為無論個人、社會，乃至於國家的發展，都必須適合它的特色與個性，才能安定地生存。政治家創造適合國民生存的環境，企業家提供適合員工發展的工作環境、員工們了解適合自己的個性，並且努力地發揮所長，以創新改造環境，社會才能因此整體配合著，而發展進步。

不為物役

企業不可太短視眼前的利益，忽視了社會長遠的計畫及所應負的道德責任。

如果有人說：「人不是為了麵包、也不是為了薪水而工作」，你可能會認為這種想法不切實際。麵包、薪水當然重要，可是他覺得那句話也不無道理。人有時不必太斤斤計較待遇的多少，而應該在乎從工作中，到底獲得了

多少做為一個人的尊嚴。

以公司的經營為例，花 100 元成本產出來的製品，賣 120 元，得到 20 元的利潤，這是正當的要求。不過如果公司沒有把促進社會繁榮當作目標，而只是為了利潤而經營，那就沒有意義了。可是公司為了促進社會繁榮，它也需要資金，這些資金可能要用「利潤」當誘因，向社會調借，這時就像人沒有麵包與薪水無法生存一樣，公司若無法獲取利注，也就失去了發展和達成使命的功能。換句話說，在社會感的責任底下，獲取利潤又變成一件有意義的事了。所以賺錢要看目的，這是松下的想法。

從這個觀點來看，獲得利潤顯然是公司的一項莊嚴使命。所以對獲得的利潤絕不能濫用。要保留一些身為繼續生產的資本，一部分用以改善從業員的生活；一部分用以擴充或更新公司的設備；另一部分用以促進社會福利。經營者能抱持這種理念來從事企業經營，則員工薪水和投資利潤，都將能獲得社會源源不絕地供應。那麼公司對社會貢獻越大，相對的也能從社會獲得更大的報酬。

相反的，如果太斤斤計較於獲取利潤，而不做與所獲利潤相稱的社會投資，企業就無法獲得良好的社會形象。一旦我們的工作不受社會歡迎，便無法期待社會的回饋；利潤亦將逐漸減少。這是領導者非注意不可的問題。

他認為員工只有對公司的存在價值有充分的了解，才會產生拚命工作的心願，提升公司的生產力。

當然，公司的努力一定要社會所承認，否則就毫無意義了。

一件好事得不到別人的賞識，可以解釋說，那是人們「不識貨」的錯。不過，心存忍耐與等待，直到終於得到別人承認，可能也是個好辦法吧。今天有許多業務興隆的公司，最初都經歷過這個過程，才得到成就的。

今天在公司裡服務的年輕人，應該觀察前輩們走過的路，設法從中找出優點來學習，並檢討趕不上時代潮流的缺點來改進。這種觀察與檢討，常需根據各人的智慧來判斷取捨。最重要的，是在公司內部要善意地相互溝通，不斷修正。須知其最終目的是在締造對社會有貢獻的優良公司，使社會更加繁榮。

　　年輕人從學校踏進社會就業，不光是「畢業」；其實是另一種形式的「入學」——接受社會的新教育。這雖然和學校的教法不同，但在增加人們適應社會生活的能力上，目的卻是一致的。公司中有許多前輩職員，新進人員一開始只要照著做就行了。換句話說，前輩的言行就像一部活的教科書，至於如何讀它，如何活用，就得看各人的領悟能力了。

　　松下開始獨立做生意的時候，工作人員很少，工廠規模也很小，所以他打電話時，店員往往就在旁邊聽，在他們腦海中，就留下他打電話時的形象了。後來他們自己打電話時，就自然而然地採取和松下相同的方式。到最後，整個工廠員工打電話的方式都固定成某種典型。有些客戶反映說松下公司的人很有「電話禮貌」，稱讚松下訓練很好，其實他並沒有教導他們，這全都是他們自動學習來的。

　　在一個公司裡，每個員工的實力要能一起提升，公司才能獲得更好的成長。如果認為單獨培養某一個職員的實力，公司就能發展，那就錯了。這個觀念很重要：公司成長的關鍵不在一兩點突出，而在整體程度的提升。

　　在一些財大氣粗的公司，認為錢可以滾錢，所以一開始就忽略公司的經營管理，只坐享其成。一旦公司在意識上鬆懈，遲早總會走上衰敗的道路。所以公司一方面要培養員工個人的力量；另一方面也要設法將培養出的個別「實力派」加以調整運用。這情形就像打棒球時，一壘手和捕手隨時保持警戒，準備互相補位；擔任其他守備位置的人也相互支援，毫不鬆懈。如此，集合眾人的力量，才能使工作順利進行，而整體的力量，更足以對公司和社會都發揮貢獻。

　　身為企業經營者，最重要的是，是要對他的公司懷著信心；而好職員更要時常懷抱著為社會貢獻心力的想法。這樣的人很少會失敗的。不管經營者或從業員，都應該覺悟到自己的一舉一動，都有影響公司，甚至於社會的可能。除此之外，任何一個員工在心理上，也要重視主管交辦的工作。譬如說，主管交代你打電話取消一個約會，那麼在打完電話之後，就算主管沒有再問起，也應該把結果告知。雖然這只是件微小的事，卻可以由此逐漸贏得依賴。主管也往往從這些小事，來判斷他的員工值不值得依賴，能不能託付大事。

　　連尋常小事都辦不好的人，偶爾完成一件大事，絕對不可因此驕傲。因為平凡的事比困難的事重要。公司的成長，往往是從一連串平凡的瑣事中，累積起來的。根據松下多年的經驗，也只有在處理例行的業務時，智慧才能充分活用，並且沒有風險。

　　在例行的一般性業務處理得遊刃有餘之後，學習中的年輕人才，不妨去選擇工作較繁重的營業部門，懷著銳氣，衝刺一番。年輕人在公司中，尤其要去做一些別人不願做的工作，或者培養出在辛苦部門學習的興趣，試著去享受成長的歡樂，愉快而勇敢地奮鬥。別老是往消極的方向想，以為人生處處滿布荊棘，工作了無樂趣；否則，真的只有自殺一途了。總而言之，不要太短視眼前的利益，忽視了長遠的計畫。要做使用金錢的人，而不是被金錢所驅使的人。我們可以為金錢而工作，卻不可為金錢而出賣尊嚴。

　　對顧客必須小心服侍，同時必須保持信用，不可貪圖暴利。

　　人與人之間要互相尊重，以一人的意見為意見，使用強制行動的權力是要非常謹慎的。獨裁是封建時代才有的情況，在今天這個時代應該已近乎絕跡了，然而，某些野心家以謬論煽動人心來達成獨裁的目的的情形還是有的，也因此產生種種禍害。

　　金錢不是想賺就有的。最想賺錢的應該是盜賊了，他們往往又最不易如願。石川五右衛門是盜賊高手，結果還是難逃法網。盜賊是絕對不會成功的，所以說想賺錢不一定就能賺到錢，最好順其自然。拚命工作自然就會有收入。在生產時，不要衡量能賺到多少，而要先考慮到能造福多少人類，那麼最高興的莫過於家庭主婦了。

　　松下最初是為謀生而開始做生意的。因為家中貧困不得不工作，身體孱弱又使他無法在公司上班，靠薪水過活，如果休息一天就無法度日了，所以只好做生意，即使休息，也有太太可以幫忙做，多少還有點希望。這是從商的第一個原因。做生意後他才發覺顧客非常重要。即使極平凡的事業，對顧客仍需小心服侍，同時必須保持信用，不可貪圖暴利，我就是在不斷苦心經營下，將獲得的正常利潤又投資下去，擴張事業，才有今天這種規模。

第四篇　經營之策略

第一章　經營理念

比別人搶先一步

「比別人搶先走一步」說來可能平淡無奇，可是在企業競爭上，由於每個對手都在傾盡全力想先走一步，所以要真正做到，真是非常不容易。

每人都想搶先一步，因此你除了要四肢發達，還得離不簡單。

人類的體能，在過了 30 歲的頂峰以後就慢慢衰弱；智力的頂峰則在 40 歲。一過了 40 歲，無論分析、理解、綜合、記憶的能力都會越來越差。但有些公司的社長，過了這個極限，仍能有效地從事經營，那是由於累積了長期工作的經驗；而這些經驗已經成為智慧的一部分了。經驗是可貴的，尤其失敗的經驗，對於未來再做相同的工作，常有前車之鑑的效果。一般而言，經驗豐富的人，各種知識也一定很廣泛。所以 40 歲以後，儘管智力已逐漸退化；但經驗不怕增加，對業務的處理也能有所貢獻。在日本，我們就是基於這種對經驗的尊重，所以 50 歲的人照樣能管理 40 歲的精力旺盛的員工。假使我們忽視經驗的重要性，完全以智力為中心來競爭的話，顯然 50 歲的人是注定要失敗的。

可是經驗也不是萬用靈丹。實際上只有在從事需經磋商才能著手的工作時，前輩的經驗才能發揮價值。譬如說社長往往年紀大，智力、體力都已衰弱。但公司中的主要人員承認他是領導者，所以他仍能繼續工作。然而在另一方面，公司中的主管必須體認自己不只是一個「領薪的職員」，而是經營責任的分擔者。換句話說，他必須了解自己也是經營者之一，並努力實踐；而不是把責任都推給社長，公司才能經營下去。

不過進一步看，像這種經營問題，總是不宜模稜兩可，在「經驗」和「智力」掛帥的分歧點擺盪，而應該將企業合理化起來。

以今日世界言，對合理化要求最嚴格的是美國的企業組織。他們的合理化有許多明顯的特色。譬如人事運用，在美國公司中就很少冗員。他們隨著市場環境的變動，不斷調整公司經營的方式。在合理化的過程中，如果產生剩餘的人力，一定會非常明快地把他遷調到其他部門；假使其他部門無法吸收，便直截了當地以裁員來解決。

　　當然我們不能不承認美國有其獨特的社會性與經濟背景，使得這些措施得以順利進行。由於社會的福利制度發達，對失業者有充足的救濟，使得被裁的人員在生活上不致立刻發生問題。另一方面，成長中的公司又可以對這些人力加以吸收採用（這就是一般所討論的「社會分發轉調作用」），使得人們仍舊擁有適當的出路，對國家社會有所貢獻，所以不會引起社會的混亂。如果用這種標準來評判日本社會，就顯得非常落後了。日本社會福利制度很不完善，所以被裁的人員一時無法被其他公司吸收；相對的，公司方面也不敢放手整頓，裁減多餘的人員。在這種惡性循環中，有的公司不得不浪費許多經費去保障這些冗員，造成公司的沉重負擔。像這樣不能適當地使每個人都提供足夠的貢獻，不只妨礙了日本社會的繁榮，也成為日本經濟發展的一大阻力。

　　經濟環境不斷在進步，各公司為了跟上進步的步伐，不斷地徵求人才，可是往往徵求不到適當的人選。而另一方面，那些可能適合的人選去在另一公司成為冗員，不但工作不能發揮，更成為公司進步的絆腳石。這真是個嚴重的問題。

　　以松下的想法和作風，總是不斷地在前進，這可能引起一些人的側目，但那也許和他生於和歌山縣有點關聯吧。抱著前進的思想和作風去開拓事業的人，固然每個地方都有，不過地方性多少還是有些影響。有的地區民情保守，有的地區風氣開放進取。在他的故鄉和歌山縣，遠渡海外求發展的人很多，從這一點看來，這應該是日本較開放的地區。在德川幕府元祿時代，某一年除夕，冒著太平洋的驚濤駭浪，把大理柑桔用船舶運到東京，而獲得暴利；以後在東京經營木材業，專門供應幕府土木工程材料，被稱為「政治商人」的紀伊國屋文左衛門這位有名的投機客，也是他的同鄉。

　　由於故鄉中彌漫著這種冒險犯難、投機進取的風氣，所以松下更深切地體會到在經營上，「比別人先走一步」，是多麼重要的事。

　　「比別人先走一步」說來可能平淡無奇，可是在企業競爭上，由於每個對手都在傾盡全力想先走一步，所以要真正做到，真是非常不容易。

　　經營者稍一遲疑，被後來的人趕過，一步可能變成十步，然後變成百

步、千步，距離越拉越遠，終致無法補救。所以他覺得任何工作都要加速推動，尤其是需要花費時間的茶。也正因為有這種顧慮，經營者不可好大喜功，想去完成那些「必須要漫長時間才能有生產效果」的工作，或者是太固執的想追求「發明」，因為那太過於冒險。在瞬息萬變的現代社會，存在著太多不確定的因素，可能使原先非常傑出的構思，在片刻之間變得一文不值。不論做任何事，在前提上必須了解，我們正處在一個講求效率的時代。一個好的構想，若不立即付諸實施，稍一遲疑，半年過去，可能就不值一提。因此今天想到的好主意，今天就得實行。但為了要減低冒進的風險，經營者平時就應訓練自己對事物的觀察力和對未知因素的評估能力，當機立斷，才不致被人搶先一步，遭致無可彌補的遺憾。

做同行中的專家

　　滿身大汗地工作固然值得讚美，不流汗仍能有驚人的效率，卻更可貴。

　　滿身大汗地工作，固然可貴。然而，如果自始至終都是滿身大汗，未免太不理智了，無異於一個人捨棄火車不搭，情願一步一步走到目的地。時代是進步的；由徒步到轎子，由轎子到火車，再由火車到飛機，無時不在進步中。流汗的機會越來越少，顯示人類生活進步的軌跡。

　　比別人多工作一小時，固然能表示他的努力和勤勉，但是，能夠減少工作時間而提升工作效果，不是更可貴嗎？這正是人類的工作方法有進步的表現。

　　希望如此，必須具備創新的見解。工作固然可貴，卻需要有效率。流汗固然值得讚美，「不必流汗的舒適」也是值得稱讚的。

　　這並不是主張「怠惰」，而是強調要有效率，要用心去推敲；怎麼才能使工作舒適而仍然可以獲得驚人的成果？社會的繁榮即由來於此。

　　有一天，這位理髮師又對他說：「做生意的目的就是為顧客服務，讓我好好地替您整理一下頭髮。」松下對於他的這種舉動非常高興。可是，平常花費一個鐘頭即可整理好的頭，他卻花了 70 分鐘才完成，也就是說這位理髮師為了替我服務，而多花了 10 分鐘的時間。於是他對他說：「你想替我服務這

個構想很好，可是，為了整理好我的頭髮，卻多花費了 10 分鐘的時間，我認為這不是真正的服務。假若你能專心地工作，並且在 50 分鐘之內完成它，這才是最好的服務。」

他認為這位理髮師跟大多數的工匠一樣，都抱著德川時代的想法，這種觀念在當時可說屢見不鮮。可是處在注重時間觀念的今天，在接受服務要求時，無論工作如何慎重，也不可忽視時間，這才是真正的服務。「時間即是金錢」，這是從事工作所必須遵循的法則。

過了一段時間，他再度光顧那家理髮廳，這次他只花了 50 分鐘，便將他的頭髮整理好了。

花費時間雖然有它的道理，可是，如果認為這便是服務，就大錯特錯了，無論是理髮師，或是從事其他工作的人，假若要發揮真正的服務態度，除了慎重的工作之外，還要想出一個在短時間內完成工作的方法。假若能夠做到這一點，松下相信顧客必定會非常高興，理髮店的生意也會蒸蒸日上。

一件理所當然的事，你會不加思索地接受它，或者因為它是當然的事，而存著不必加以改良的心理，那就錯了，太平時，可以過著安穩的日子，這是普遍的常理；然而，「居安思危」這句話卻突破了這種常理。不只是在政治上如此，就是在經濟上或是處在日常生活的各種層面中，都必須持有這種心態。做事小心謹慎，企求萬無一失，這是非常重要的態度。疏忽小事，將無從成就大事，任何小的事情，都應該仔細去做，不可粗心大意。

然而，為此而耗費太多的時間，並不足以真正成就事業。在古代，能夠做到精緻細密的地步，已經值得自豪，時間的快慢猶在其次。而現在卻是分秒必爭的時代，因此，除小心謹慎之外，更要迅速，才能稱為「成就事業」，才能受到別人的歡迎。

做得快而粗製濫造，是不足取的；同樣的，做得細緻而過於遲緩，也是不足取的。「精密而迅速」，這才是現在所要求的「專家」的表現。

在企業經營裡面，有所謂多角化、綜合化以及專業化的經營方法，但是松下原則上認為與其多角化，不如想辦法實行專業化。當然，多角化、綜合化也有其優點，但是一般看來，專業化總是容易獲得具體的成果。也就是

說，各個企業在自己所能夠擁有的經營、技術、資金等力量的範圍內去經營時，如何才能最有效地活用這些力量呢？他認為集中使用比分散力量更能夠產生巨在的效果。

企業經常處於激烈的競爭中，如果將擁有的力量分散於好幾項事業中，而想在各種事業裡都出類拔萃，實際上是非常困難的，除非擁有相當的實力。但是，只要將全部力量集中在一種事業上，即使沒有特殊的經營能力，也應該會比其他的公司容易成功。

事實上，在當今社會裡，即使是小型企業，只要能專精於某一事業領域，它所得到的成就，絕不會比大型企業集團差。很多公司以一種產品而稱霸世界，就是最實際的例證。

進行多角化經營，擁有好幾個部門的公司，即使某一個部門業績不好，還可以用其他部門的成果來彌補，這種經營方法在謀求整個社會的安定上或許可行，而且事實上像這樣的企業也不少，因此他並非完全否定多角化經營。只是如果產生「即使某個部門不順利，可用其他部門來彌補」的這種想法，是極為不好的事，而且多角化經營，是否能像專業化那麼成功，實在令人懷疑。

松下認為，將公司擁有的經營、技術、資金等力量集中於一項事業，使其在這方面絕不輸給其他公司，是非常理想的經營方式。即使目前仍然從事兩項事業的公司，也要勇於將其中一項放棄，然後專精於一項事業。

話雖然這麼說，在實際的經營上，有時候基於社會的需要，一家公司必須同時進行兩項事業，而且即使目前只從事一種事業，以後仍然會有和目前所從事的發生關連的新事業出現。如果遇到這種情形，當然應該參加這項新的事業，並努力去做，但最重要的還是要以專業而獨立性高的形態，去經營每一項事業，也就是使每一項事業成為一家獨立公司，或是以接近這種獨立形態的組織去營運。多角化經營的公司裡，每個部門都要像一家專業化公司，在其所負責的工作上，要有絕不輸給他人的精神，絕不是某個部門虧損就可以用其他部門的盈餘來彌補，而是各個部門以獨立的經營形態，來獲取它所應該獲得的成果。

　　這樣的企業，即使在形態上是多角化經營，在實質上則已專業細分化，猶如專業化的獨立公司的集合體。

　　但是實際上，即使像這樣的多角化經營公司，它的專業部門在與專業化公司競爭時也會處於不利地位。因此，無論在想法上或實際的經營上，必須建立獨立經營的意識，將經營的主權交給各個部門，以產生激勵的作用。

小椅子的啟發

　　專門化的生產，只要經營得法，即使一張小小的椅子，也能向世界進軍。

　　信用膨脹引起社會體質病弱化，使社會經不起任何考驗。舉一個例子來說，最近松下被一家叫「寶椅子」的椅子製造公司所震驚，由於過去他也曾想過類似的經營法，所以覺得格外有趣。這家公司製造理髮用的椅子，幾十年來為改良產品而不斷努力，終獲今日的大成就。日本理髮廳用的椅子大半都是這家公司的產品，並且「寶椅子」已向美國進軍，使美國的理髮椅子逐漸被「寶椅子」產品所取代。歐洲也有同樣的趨勢。

　　最近因運費提升，所以他們準備在比利時建分廠，別看他們只做這種椅子，他們已進軍世界了。他問他，賺錢嗎？他回答說；「很賺錢，客戶都照我的開價購買，收帳也很容易。」所以他很少使用支票，這種經營法是否適當，是見仁見智的問題，不過，只要能夠獲得成功就可說是適當的經營法。日本的經濟界，有多角經營的傾向。綜合經營與多角經營各有好處，但與產業的種類，時代性及經營者的經營有相當的關係，經過綜合地多角經營即獲得成功當然是很好的。

　　但是，目前都只說多角經營是好的，卻不問條件如何，尤其在證券界更是如此。他們認為，某家公司這項股票不賺錢，可以另一項賺錢來彌補，遂以安全性高，向顧客推銷這家公司的股票，外行人往往也誤以為是。

　　雖然這種經營也有成功的時候，松下認為還是專門化、細分化非常理想。從前日本屬於保護貿易、產業均以內銷為主，規模小不必太多資本，因此想做大事業，就要向各部門發展。現在貿易開放了，我們可以向世界發

展，要綜合經營非常吃力，但他認為最好還是細分化、專門化，這樣才可以向世界進軍，成為一個龐大的事業。

自來水經營理念

物美價廉和不虞匱乏的供應，是企業界共同追求的目標。

在一個炎熱的夏天，松下在孤天王寺附近的街上走著。那一帶人家的門前裝有共用的自來水。這時有一個拉貨車的人走過來，抽了一支菸後，就以嘴巴對著水龍頭津津有味地喝起水來。自來水並非不要錢的，由天然的河水經過水廠加工之後，才能成為飲用水，所以要付水費。現在這個人未徵得所有人的同意，便擅飲有價之物，卻沒有人阻止他。

松下不禁想，為什麼沒有人阻止這擅自飲水的人？但是假使要指責他，也只能指責他不守規矩？能不能對他說「取用他人之水要歸還」呢？自來水對於在炎日下拉貨車的人來說，是比什麼都好的飲料，應該十分高價的東西，任意取用這高價的，需要付費的水，卻不能當他做小偷。只因為水固然是高貴的東西，而一旦處處可見，價值也就等於零了。在人類的世界裡，不論是冰箱或衣料以及其他一切用品，無疑都像水一樣是必需品。如果這一切必需品都能大量生產，使其取用不盡，那麼它的價格都會相當低，世界上也就沒有貧窮了。沒有貧窮的世界，對於人們是無上的幸運，想想看，有多少犯罪都因貧窮而產生。

如果一切東西都像自來水一樣，能夠隨便取用的話，社會上的情形就將完全變了。他的任務就是製造像自來水一樣多的電氣用具，這是他的生產使命。儘管實際上不容易辦得到，但他仍要盡力使物品的價格降低到最便宜的水準。現在國際貿易逐漸傾向自由化。人們擔心廉價物品輸入後，會引起經濟秩序的混亂。為了避免這種現象，就必須使設備近代化，投入資本，改良品質，降低價格，這麼一來輸出能力自然提升，就不會在乎貿易自由帶來惡性的競爭了。政府的方針，現在也正朝著這個方向努力。但是現在的事實又如何呢？企業家雖然投入資本使設備現代化，物價不斷上升。這又是事與願

273

違的例子，可是我們終究不能因此主張不要現代化，而保持從前的狀態，那將會造成更大的錯誤。增產絕對是必要的。價錢的降低則只能抱持著樂觀的狀態，等待未來能得到改進罷。使物價日漸低廉雖然不容易，但這是產業界共同追求的一個目標。只是這件事不能光靠日本來推行，而必須靠全世界共同的力量，使物價降低，然後變成一個富足的世界──生產的使命就在這裡。事實上自來水不是已經這樣普遍而廉價了嗎？這就是松下自來水哲學。雖然在目前這仍只是他的理想，但他相信只要政治、經濟發展都朝這個目標推進，總有一天會達到這個目標。松下平時經營時也在盡量實現這個目標。

根據訂單作計畫，這是一般廠商的習慣做法。訂數多少，生產多少，就能避免風險，但松下電器從不按訂單數目安排生產。方型車燈推出之際，一張訂單都沒有，松下卻斷然決定，年產 20 萬支，結果第一年銷售了 40 多萬支；最能說明松下這種思想的實例是紅外線家用電熱器，它是 1960 年由松下電器公司研究出來，當時的副社長稻井隆義做了市場調查，並以此為根據，制定了年產兩萬臺的計畫。按理，該計畫應是無可指責的。但是，當稻井隆義拿給松下過目時，卻遭到了松下的怒斥：

「只有這麼少的產量怎麼一炮打響？做好生產 10 萬臺的準備！」

「這樣太冒險了。」稻井斗膽進言道。

於是松下表示：「要是賣不掉，我用自己的錢全部買下！」充分表現了他的自信。

大批量生產是松下的一貫作風，即使在經濟不景氣時期，松下電器從不減產裁員（戰後初期被指控為財閥受政治左右期間例外），松下認為，只有大批量，才能降低成本，保證低價策略的貫徹，達到不戰而勝的目的。

1950 年代初，日本的經濟尚處在不景氣之中，剛解除財閥禁錮的松下應邀參加一次座談會，在談到松下電器公司的發展規畫時，松下說：「今年要做 100 億日元的生意，明年要做 120 億日元。」言畢，舉座皆驚。當時有人直言不諱地問道：「松下先生，你說要做 100 億日元的生意，真的能做到嗎？」其實，在場的人都有這種懷疑，在不景氣的經濟背景下，做 100 億日元的生意談何容易！

松下站起來，慢條斯理，胸有成竹地解釋說：「這是千真萬確的，而且有買賣的契約，我們非做不可，同時也有製造這些商品的義務。」

這話更使人糊塗起來。在座的人都知道，松下電器從不以訂單以依據決定生產，何來如此眾多的契約？

松下接著說：「不錯，我們不是靠訂單生產，是自由的買賣，因此，所謂契約並不是指正式的，而是與社會大眾之間，心裡的契約，一種無形契約。明白地說，我們的心裡認為社會上有這麼多的需要，無論如非趕出來滿足大家的要求不可。這種要求，我們解釋為一種無形的契約。」

事實上，松下一直以此為目標來經營公司。雖然沒有什麼有形的契約，但為了滿足社會大眾需要，松下電器的營業額一直上升，由每年 1,000 萬、1 億、100 億、1,000 億，到 1970 年代初的 1 萬億。生產出來的產品都能銷售一空，不能不說是奇蹟！

事先沒有訂單就要生產 1 萬億元的產品，從另一個角度來說，是一種冒險，倘若賣不掉，向誰去訴苦呢？

可松下毫不擔心，他認為，只要是社會大眾所需要的物美價廉的產品就能賣出去。

當人們在不景氣中徘徊觀望的時候，松下借助「自來水」般廉價實惠的產品迅速搶占市場，擴大市占率。這就是所謂「不流血的政變」。在這類「政變」中，松下電器並未與對手發生面對面的衝突而一舉奪得別人的市場。被奪者驚醒之後，欲想奪回自己失去的「領地」則比登天還難。因為他的對手 —— 松下電器公司已經將其置於無還手之力的困境。許多中小企業往往在這個時候加盟松下，成為松下電器公司的夥伴或關係企業 —— 此時上不戰而勝的果實更是輝煌奪目。

為雙方的利潤打算

在採購時，要顧及對方應有的合理利潤，即使對一家快倒閉的工廠，也不可以趁火打劫。就買賣交易而言，松下幸之助覺得買方比賣方有利的情況

似乎非常多。當然，賣方有利的情況並不是沒有，但就一般情形來說，還是
買方有利的時候多。如站在買方的立場來看，東西當是越便宜越好，碰上賣
方正好有弱點的話，買方有時也會乘機狠狠殺價一番。然而，就一個經營者
所該採取的正確態度而言，看法可能就有所不同了。很早以前他就有種經
驗，那是在松下電器公司已經製造插座，但尚未生產電木（Bakelite）時所發
生的事情。那時候，松下公司很希望自己擁有一家電木工廠。正好當時有一
家生產電木和插座的 H 電器公司經營不善，於是他們就向松下公司提議買下
他們的工廠。

這對於早就希望擁有一家電木工廠的松下電器公司，是一個很好的消
息。於是他就立刻回答對方表示有意思想買，然後雙方很快地就進入具體細
節的交涉階段，最大的問題，當然還是在價格方面。

對方是個經營不善的公司，立場可以說非常不穩，照理應該低價就可以
把它買過來。如果再過個短時間，等它情況更惡化的時候，就不定還可以更
低價就買到手，他想一般人可能會有這種想法。因此，假如松下電器公司藉
機來個大殺價，對方或其他人也會認為理所當然。事實上這應該也沒有什麼
不可以的。

但是，他卻決定：「絕不可低價購買。」這在當時一般的想法來看，實在
極異常，但他還是這麼做，為什麼？

他的想法是，松下電器公司急需一個電木工廠，假如買不到別家現成工
廠的話，那就只有自行研究開發電木，這需要花很多的錢。如今有一個這麼
好的機會，對於松下電器公司而言，必須加以好好掌握。因而，他認為以它
的實價來購買，才是正確的。

對方如果是一個即將倒閉的工廠，一般人都希望以低價購買，但是他決
定不殺價，而以合理的價格購入，這對於一個經營者來講，他覺得是非常重
要的一點。

簡單地說，這是很合理的處事方式，其他的採購場合也應該如此。例如
在採購團體力工廠的產品時，已確定對方應有的合理利潤之後，我們也該以
讓對方有利可圖的價格，購買其產品。

同時把經銷商的專櫃，看成是自己的店鋪，雙方的合作就會更積極，更具實質效益。

不久以前，擁有 1,700 家大連鎖店的美國副董事長，造訪松下公司，希望批購松下公司的產品。其時，他帶來的幻燈片簡報，以介紹他們公司的盛大規模和經營情形。看了約 100 張幻燈片後，松下幸之助覺得他們的照相技巧和說明都很成功，投影片放映約 30 分鐘結束後，松下幸之助很受感動，因為他們是來批購我們的產品，而不是來推銷他們的產品，但卻準備了一系列的幻燈片，向我們鄭重地介紹他們連鎖店是如何的設備，服務顧客的態度是怎麼的好，其介紹說明，都非常的適切得體，令人一看就明白他們充實的經營內容，使松下非常敬佩他們高明的做生意手法。尤其引起松下興趣的是：在說明中，提到他們公司的 7 大基本精神，這和我們公司所遵守的精神，內容相通，意義相同，當時松下也告訴他們：我們也是遵奉這種做生意的基本精神。於是皆大歡喜。

就是這樣，松下已明瞭對方公司的實情；當觀賞幻燈片時松下忽然覺得，他們既然以設備這麼豪華的專櫃來銷售我們的製品，不能只以代銷的狹隘想法看待他們。應進一步想，認為這些專櫃都是我們公司的店鋪，而予以有效地輔導運用，才是賢明的辦法。好在雙方經營方針相同，假如將他們的專櫃當作我們自己的店鋪看待，那麼對方便不得不大大地廣為推銷了。所以，我們應該製造出優良的產品，交給他們推銷相信一定很暢銷。

於是，松下就向對方的副董事長提議：「副董事長先生，本人很高興與貴公司之交易成立，從今天起，就等於我們在美國各地新開張了 1,700 家豪華商店一樣。從剛才幻燈片中所觀賞到的那些豪華氣派的店鋪，以後我們將要把它當作是自己經營的一樣，而且有優秀的經營者 —— 董事長和副董事長以及有才能的主管，更有訓練有素成千上萬的從業員工在服務，這些我們也認作是我們自己公司的優秀職員了。想到這一點，我就很放心地將優秀的產品運交你們了。」最後松下幸之助還請問他：「對我這種想法是否同意？」這位副董事長回答說：「嗯，我第一次聽到這種話，我也覺得，你們這種說法，也很有道理。本人贊成你們這種說法。」於是很激動地，再和他握手，雙方喜氣

洋洋，皆大歡喜。像這種作風與想法，不僅可用於做生意方面，在社會各層面亦可以適用。

因為，今天的社會，人們或多或少，對所擁有的東西，都視為個人之所有，假如站在更高遠更寬廣的角度看，或許每一個人，都會認為自己所有的東西，亦不過是為了社會共同生活之方便而暫時持有罷了。

本來社會上所存在的一切東西，都是為了社會共同的目的而存在的，或者是為了社會上每一個人之共同利益而存在的，所以有這種見解，藉以理解各類事物的話，則「你的公司就是我的」，這種想法便沒有錯了。相反的，「我的公司亦是你的公司」的想法，亦可以說得通。如果社會上所有人士，都同樣具有這種想法的話，松下想由此為出發點，便可互相策勵、諧和，共同創造繁榮之社會，那麼戰爭或者爭鬥，也就可消除於無形了。

最近看到企業界一部分業者，在進行過度地競爭，可以說是缺乏遠見，如果大家站在寬廣高遠的角度上，便能高瞻遠矚，尤其是在今天這種局勢下，他特別強調這種做法，藉以達成企業界共同之繁榮。

同時要想促銷產品，就應建立起與供應商之間的依賴。

自古就有「利在其源」這種說法。簡單地說，它是指善於採購，才能獲得利益。也就是說，盡量以有利的方式，適當的價錢進貨。這確是很妙的一句話。實際上，如想使生意成功，進貨是很重要的事。因此，做生意的人，必須先爭取到一些經常提供好商品的供應商，並且就像對顧客一樣地重視他們。否則，生意不會興隆。這雖是很簡單的道理，但真正能做到的人並不多。

最近，常聽說在公司或商店經辦採購的人，難免有些蠻橫。這可能是由於誤會了「利在其源」的意義，以為一味地要求減價才是達成任務。但他認為應該是更深入體會其意義，然後自然會考慮到供應商跟顧客一樣的重要。就他所知，過去有許多公司、商店，因能為供應商設想而成功。他常常感到，那家商店既然肯替供應商設想，當然自己的生意會成功。如果你能為供應商設想，那麼對方也會想到：「既然能為我們設想，我也應該以便宜的價錢供應好的商品。」這是人之常情。他覺得，唯有跟供應商彼此之間建立此種微妙人情的依賴關係，才能使「利在其源」這句名言，真正有它的意義。

製造商品迷

先買新產品的人，促成產品的改進和成本的降低。任何產品，如果沒有人買，就不會獲得改良。

每一種商品都是越來越精良，尤其是購買電器的顧客，常常認為「後買的人，往往能買到更好的東西，因此先買不划算」。我們也常常聽說「從前的產品，沒有附加這種東西，我後悔先買了它」之類的怨言。

這是事實，而且，這種現象可能會永遠存在。

廠商在擁出某種產品時，都認為那是當時最好的。但由於不斷地努力，新構想會陸續產生。在進步快速的業界，商品會不斷推陳出新。

不僅電器廠商，甚至所有從事買賣的人，對於這點，都應該有肯定的信念，如果經商者本身也認為「先買的會吃虧，後買的較划得來」，就沒有辦法做買賣了。

有一次聚會時，有人抱怨：「在電視剛生產出來時，我花了 12 萬元去買，但最近已經跌價到一半，這真叫人後悔。因為不斷地出現廉價的優良產品，我再也不能粗心地去買電器了」。松下先生回答說：「你說的不錯。但如果沒有你這種人，製造電視的技術，怎麼會進步呢？由於在定價 12 萬元時，你肯買它，今天才能以 6 萬元供應。也許你覺得吃虧了 6 萬元，但你卻因而造福了很多的人，並且最早享受電視的好處。你不妨認為你自己最偉大吧。如果大家都想明年才買，那麼電視根本不會有銷路，永遠會保持 12 萬元的價格。松下想任何事情都是如此的」。結果他說：「你說的真有道理。還是先買的好，先買的人比別人偉大」。而引得大家哄堂大笑。任何產品，如果沒有人肯先買，就不會有進步。

松下先生也談到：「汽車剛問世時，品質不怎麼理想，但仍有很多人好奇地買了它。雖然一年之後，廠商就推出性能提升三倍的汽車，但你不要認為自己吃了虧。你不妨想，『我當初肯花錢去買，汽車才得以普及。我是有功勞的，又最早得到汽車的好處，怎能算是吃了虧？』我覺得，如果大家沒有這種觀念，社會就不會進進步」。實際上，不是真的如此嗎？

製造一個對自己品版的愛好迷，比開發一件新產品還要困難。

數年前，松下先生曾經和將棋（類似象棋）高手大山名人暢談過。

大山名人，年紀很輕時就榮獲第 15 代的名人。數年來，以爐火純青的棋藝，擁有許多頭銜，獨占日本將棋界之首。

松下先生對棋不很了解，但他想這樣還是不能致勝的。除非還能把實力十分有效地應用在每一盤的決戰上，也就是說那種對局的態度與精神才真正能一決勝負。

這一點，大山名人是一位能淡泊發揮實的人，好像有一種悠然超越勝負的氣度，也就是對勝負已有覺悟似的。局面有利時不鬆懈，形勢不利時也不急躁，始終以率直的心情判斷應付。這可能就是大山名人勝利的祕訣。

然而大山名人突然告訴他：「松下先生，贈送你『將棋二段』的資格吧」。

起先松下先生實在不太懂這句話的意思。可是聽完他種種說明以後，最後決定接受那二段的段位。經過是這樣的：

「那不行呀，我只在孩童時期跟朋友下了一點而已。這 30 年來，我就沒有拿過一顆棋子。竟然贈我二段……」。

「不，這並不是要正式贈送你二段段位，而是「名譽二段」，當然有真本事是再好不過，但只要符合下列三條件，就是沒有實力也是可以贈送的」。

「那三條件是？……」

「第一，要懂得走棋。第二，要有將棋盤。第三，要有接受段位的意志。只要備齊這三個條件就可以贈送名譽段位給你」。

他想了一下，他確實是懂得飛車應走縱橫，角應走斜角等的棋子走法。家裡也有為客人備置的棋盤。最後，問題就在有沒有意志去接受了。難得大山名人好意推薦我，總不便開口說「不」吧。

於是他決定：

「那我就恭敬不如從命了」。

在一片笑聲中，「松下名譽二段」就誕生了。

可是，為什麼要有這種「名譽段位」的制度呢？一問之下，才知道這可

使將棋更為普及。

如果是職業棋士，不論實力多高，必須在正式比賽中得到足夠的勝利局數才能取得段位。可是業餘的只是把將棋當做趣味的玩賞、決勝，所以不能、也沒有必要嚴格審查。何況援予「名譽段位」時就更不用說了。

因此把段位贈送給像松下先生這種對將棋稍有興趣的實業人，藉以普及將棋，製造將棋迷，就是將棋聯盟的想法吧。說來也奇怪，像他這樣已經好久沒有下過將棋的人，一旦成為「名譽二段」，就會興起「來舉辦一次將棋會」的念頭。這就表示他已經成為一半將棋迷了吧。無論是做生意或者做什麼，要抓住顧客是非常重要的。他也常常認真想過要如何才能盡量多製造一個國際牌的愛好迷，並且多方的嘗試，想到什麼就做什麼，但是製造愛好者確實非常困難。

但象棋聯盟想出來的「名譽段位」授予法，一邊授給人欣喜，一邊又能達到目的。可見考慮到彼此利益時，可能就會產生出愛好者來。他不禁有這種感覺。

勿忘勤儉節約

▎精打細算

要避免浪費，提升效率，爭取適當利潤，這是做買賣時最重要的原則。

一般人往往認為，自己所做的買賣是完全屬於自己的，不需要別人幫忙或過問。這是錯誤的觀念。買賣看起來雖然屬於自己，而實際上卻不是這樣。他覺得，這或許就是買賣的真諦之一，誰都知道有了顧客及供應商，才能維持生意，而有意去報答他們。這樣的想法固然沒什麼不對，但他以為還有另外值得考慮的事。

拿道路來說，我們每天不斷地使用公共道路，而不重視其重要性，但一旦缺少了它，就寸步難行，動彈不得。因此，對於經常使用，卻不覺得要去感謝的道路，也應該報答才對。但怎麼報答呢？除了大家繳稅，靠稅收保

養、改良道路之外，沒有其他的途徑。為了繳稅，大家得爭利取潤。否則，大家繳不起稅金，造成使用道路的保養不周，任其荒廢，結果大家都會受害。

　　因此，在做買賣時，應該節省，避免浪費，提升效率，爭取適當的利潤，這也是國民應盡的義務。例如：就以打電來說，不妨想一想有沒有減少次數，而一樣可以達成目的的方法。講講求方法，可以省掉許多在不知不覺中的浪費，或徒勞無功的事，減少支出的經費，且可以提升利潤。松下覺得，應該確實了解此種需要，並請顧客也能建立起這種觀念，承認應有的適當利潤，因為買賣畢竟是為彼此需要而存在的。

▌不可浪費老百姓的錢

　　把經費減少到現在的 1/3，並進一步要求做出更好的工作來。

　　對任何經費的運用，是否徹底想辦法把費用控制到最低限度？

　　當然，現在對這些問題可能已經有某些程度的考慮，並且經過多方考慮的結果，「要節省很困難」的情形很多。換句話說，也就是「這些都非做不可，當然需要錢」的想法。

　　可是，若一直這樣想，節省經費恐怕永遠辦不到。因此，必須要有更積極的想法。

　　例如：把經費減少到現在的 1/3，並進一步要求做出更好的工作來。有些公司已經成功地採用這種方法，盡量動腦筋想辦法節省經費。

　　當然有人會認為這種做法很過分，可是，大都會想「好歹試試看吧」，於是認真去做。結果，能如願以償的很多。過去需要 1 億元的經費，現在居然只需 3,000 萬元就可以完成，而且還能做得更好 —— 在實際的企業經營中，常常看到。

　　因此，務必認真研究「是不是可以把過去的費用削減 2 成後，仍然可以提升成果？」若能這樣想，自然就會了解可行的方法其實很多。

大企業家珍惜一張用紙

企業要努力賺錢，好繳給聖誕老公公（政府）買禮物。

企業的目的是服務社會、貢獻社會，也是為整個社會共存共榮。那麼是不是就不必賺進利益，或者不准它賺錢？他想都不是的。

在現在自由民主、資本主義的體制下，經營企業，經過企業活動後，原則上應該產生利益，這是被允許的。如果經營的主旨，非營利為目的，那麼任何企業都不能生存，除非由政府或其他團體獲得資金，類似捐濟慈善事業一樣的捐款，否則企業就非賺錢不可了。

然而，政府不是聖誕老人，也沒有搖錢樹，是將國民辛勤工作之剩餘所繳納之稅款，為國民提升福利，為國家維持秩序。所以他想，企業還是需要獲得利潤，而以繳稅或其他方式還原於國家，始有存在的意義，因此，原則上社會應該認定企業必須獲取適當利益。

可是，口頭上說獲取適當利益，實際上是很難做到的，那麼賣高價獲利可以嗎？現在企業間之競爭激烈，消費者是選擇便宜者購買的，所以高價不可能。因為要考慮如何做到消費者所歡迎「適當價格」銷售，而獲取適當的利益，這就是企業經營之苦心所在，也是最困難的事。

被稱為優秀的企業家，都是由日常細微之事物注意起，督導和訓練職員：連一張紙都不浪費，一通電話，就可以辦妥之工作績效等，這樣地節制浪費，為求獲取適當的利益而努力。假如不要它獲利，或認為不必賺錢的話，那麼任何一種企業，都不會這樣認真努力地去經營了。

舉例說，全部資金由政府供應的慈善事業，如從經營企業的角度看的話，差不多都是不及格的。還是以流汗苦心經營的事業，才會真正地被社會大眾所接受，他想這也是企業經營上的一項原則。

銷售策略

儘管市場反應冷淡，但是松下對「炮彈型電池車燈」的信心，絲毫沒有動搖。

—— 如果人們能真正了解到這種產品的優點，就一定能賣出去。現在的問題是怎樣做才能使人們看到它的長處。

「窮則變，變則通」，松下忽然之間產生了這樣一個「荒謬」的想法。

與其向批發商推銷，不如直接和那些消費者密切連繫的小商店進行推銷。於是，他決定向大阪市內的每個自行車店免費提供兩三個「炮彈型電池燈」。並將其中的一個作為樣品點亮，向人們展示。

如果像說明書所寫的那樣，能夠持續亮上 30 個小時，產品的優點被認可的話，就委託商店直接向顧客推薦這種電池燈。顧客購買和使用後，並表示這種產品是可靠的之後，再付錢給我們。

拿定主意之後，松下就雇用了 3 個對外業務員，並決定了投放的地點，讓他們將電池燈送到各個小自行車店裡。

只是去零售店將電池燈放在那裡，這對於推銷員們來說，真是再簡單不過的工作了。

「這樣去做，賺得到錢嗎？」

有的對外業務員流露出這樣的疑問。

松下計劃在大阪市區投放 1 萬個電池車燈，銷售額相當於 1.5 萬日元。有點背水一戰的陣勢。不過，這是松下對自己的產品有著充分自信心的展現。

他並不把產品放在零售店後只等待著回音，而是隔幾天就派對外業務員去主動問一下市場的反應情況。

其中一個對外業務員一走進被委託代銷電池車燈的零售店，店主就迎上來興奮地說：

「燈的使用時間比說明書上寫的還要長，剩下的兩個燈都賣給兩位朋友了，希望能馬上再送一些來。」

而且，那位店家立即支付了 3 個燈的錢。松下的計畫成功了。

1 個月之後，不僅收回了全部代銷燈的現金，同時追加訂貨的訂單接連不斷。

這時，聽到這個消息的批發商們也沉不住氣了。他們最初對這種新產品不信任，甚至嗤之以鼻。而如今卻是爭先恐後地說：「讓我們來推銷產品吧！」並且寄來了訂貨單。

這時，松下已不需要親自去推銷產品了，情況完全發生了變化。

進攻型的銷售策略

前面已經說到，松下設計的角型車燈，是決定著松下電器用品製造所今後命運的最大的賭注。在發售前的宣傳活動中，他的熱忱和幹勁就已充分表現出來。

他將把1萬個新型角型車燈免費發放在市場上，車燈的價格是 1.25 日元，這就意味著總投入比賠償山本商店的違約費還要多 2,500 日元。

當初，「炮彈型車燈」開始銷售時，也是免費寄放在零售商店，這是在走投無路時被逼出來的苦肉計。而這次則完全不同。松下從一開始就採取了進攻的姿態，因為他對這種商品的使用價值堅信不疑。

可是，松下製作的僅僅是燈體本身，而使用的電池，則是向東京的岡田乾電池廠訂購。如果免費發放 1 萬個角型燈而不放電池，那就失去了宣傳的意義。因此，電池的來源就成了主要問題。

松下對此想用一種與眾不同的方式來解決。於是他就去東京找到了岡田總經理。

「能免費提供 1 萬個電池嗎？」

喜歡喝酒的岡田，那天晚上邊喝酒邊聽松下介紹新型車燈的優點。當松下突然冒出這句話時，他幾乎懷疑自己的耳朵，眼珠一動不動地直愣愣地盯著看松下，剛舉起酒杯的手也一下停在了半空。

坐在一旁的岡田夫人見此懷景，插嘴說：

「松下先生，能不能麻煩您再重複一遍剛才您所說的話？」

松下又把剛才的話重講了一遍。岡田這時總算開了口。

「你這傢伙，是不是太不講理了！」

但松下沒有表現出半點的動搖。

「你這樣驚訝並不是沒有道理的。但是，我對這種商品有絕對的信心。所以，不只是打算讓你免費提供 1 萬個電池，而是在年底之前，我還想從貴公司購買 20 萬個電池。因此，才希望你能先免費提供 1 萬個。」

這時是 4 月分，也就是說，到 12 月之前松下將購買 20 萬個，雖然先免費提供 1 萬個電池，但 20 萬個電池已有約在先。聽到這裡，岡田情緒變得好起來。

「我經商 15 年，還是第一次遇到這種交易。好！只要你在年底之前買 20 萬個，我就先送你 1 萬個。」

就這樣，這個前所未聞的交涉順利地成功了。

製造商也需培養

雖然產品不夠好，只要有競爭對手，就可以成為最好的。

那是早在 40 年前，松下電器公司首次製造電燈泡準備在北海道銷售的事。松下把電燈泡的樣品寄給北海道的批發商及一部分有力的零售店後，立刻到北海道與他們相聚，懇請他們銷售那電燈泡。可是那些批發商和零售商都異口同聲地說：「那電燈泡雖然做得相當不錯，但是和超一流廠商製品比起來就稍有遜色，所以應該降低售價，或者等不比 A 公司遜色的製品出來時再說吧。」

松下聽了也覺得頗有道理；他自己也不認為當時的電燈泡是最好的。那是剛完成的東西，老實說，是不能與超過一流的產品比較。可是他卻不說：「各位說得有理，那就沒辦法了，等以後我們製造出更好的電燈泡，再請你們銷售吧。」相反的，他說：

「各位說得很不錯。可是，如果現在各位不買下這些電燈泡，今後松下電器公司就是想研究、製造更好的電燈泡也沒有辦法了。現在和超一流的比起來，也許有些不如的地方，但如果各位能幫忙，把這些買下來，我們就可以

陸續製造更好的電燈泡。我不是在講歪理,我是要請各位能了解,培養製造商也是很重要的事實。

「目前在許多電燈泡公司中,只有一家是屬於橫綱級的(日本相撲的冠軍名稱,轉義為首屈一指者)。如此一來,電燈業是不容易發展的。如果相撲只有一位橫綱也不容易旺盛,因為沒有看頭,觀眾就不去看了。可是,如果第二位橫綱,而且都非常有力,根本無法預料誰勝誰負,這樣相撲才會吸引人,才會受歡迎。所以我請各位讓我來當橫綱吧。即使現在地位仍然很低,但我不打算永遠都處在低位。各位若能再稍微忍耐一下,嚴格地培養我們,我一定會當橫綱給各位看的。」松下誠心誠意地訴說。

結果,在場的各位都熱烈地拍手。並用懇切告訴他:

「從來沒有人這樣說過。既然這麼說,我們就推銷松下電器的電燈泡吧。」

松下也了解這種訴求不是最好的,但對當時技術還不夠完美的松下電器公司來說,不得不這麼做。而且,當時產業界只有一家公司的產品特別好,就不容易進步發展。因此他根據將來一定要製造出優秀產品的信念,以及要改變產業界,帶來全體繁榮與發展的強烈意願,才這麼懇求他們。

既然松下公然這麼說,松下電器公司當然也必須負起責任,努力去開發最好的電燈泡。因此,松下電器公司後來真正豁出一切,認真研究,不斷努力。結果,現在國際牌電燈泡不僅在國內,可以說無論銷往哪裡,都是一流的,不比別的廠牌差。他們把這種優秀的電燈泡銷到世界各地,廣受消費者愛用。同時,也刺激電燈泡業的發展。

這些都是 40 年前,承蒙北海道批發商及零售商好意經銷的結果。

「這真是我一生無法忘記、非常感激的回憶。」

松下在席上告訴各位,並重新致謝。

仔細想來,一個人到完全成人以前,至少也有一兩次需要借助他人之力提拔照顧。換言之,這就是承受社會的恩惠。在有生之日如何報答這些恩惠,是絕對不可忘記的,至於用何種式來報答則因事而異,但每日以這種報恩之心過日子,乃是做人的重要態度。如此,自己和別人的幸福也自然而生。

權威是公司的精神中樞

要充分利用權威的說服力，必能消除工作上的疑懼，使大家勇於衝刺。雖然松下的人事調動，引起了社會的議論紛紛，可是在公司內部卻出奇的平靜。有很多人認為，他從默默無聞的主管中，提拔新人來擔任社長一職，而忽略了副社長、常務董事的擢升，這種作法是不可取的。而問他說：「這種違反社會觀念的作風，不會招致困擾嗎？」可是就他所知，公司內部至今，不但沒有困擾，反而都贊成這個決定。不過這次人事的調動，能在風平浪靜中，順利達成目標，他得感謝全體員工；因為，他們顯然都能尊重決策者的權威，才能讓業務迅速穩定下來，並持續成長。在完成人事調動之後，他分出了許多職責，所以有空到東京散散心，也要順道去分公司，視察業務狀況。

有一天當他走到東京分公司正門口時，突然有位儀表堂堂的紳士迎面過來，很有禮貌地向他行禮，並不斷道謝。松下幸之助不認識他，也不知道他為何事道謝。於是，松下幸之助說：「請問您是？」他馬上回答說：「我是東京分公司工會的主管。」「原來就是您在負責東京分公司的工會業務，有什麼事嗎？」他說：「業務上沒有困難，是因為您這次賢明地委派年輕人，擔任社長一職，以及一連串適當的職位調整，所以，代表同仁們向您致謝。」於是松下幸之助了解他的意思了，就反問他：「你們認為調動的決定對嗎？」「絕對正確，我們工會絕對支持。」所以，松下幸之助客氣地說：「那麼，工會的業務，還是要偏勞您了。」

目前，松下幸之助已經辭去社長和工會會長的職務了，所以這次的基層人事調整，是由新的社長和工會會長決定的。照理說，如果調整很成功，也應是松下幸之助向他們感謝才對，怎麼反過來，由松下幸之助接受他們的謝意呢？松下幸之助在這裡提出這個問題，只是想說明，員工們仍然尊重松下幸之助的權威，所以公司才能在相輔相成中，更上層樓。雖然松下幸之助在以顧問的身分，從經營管理陣線上，退居幕後，可是，大家仍尊重松下幸之助是松下的創辦人；同時，了解松下幸之助的個性和為人，這也就是松下幸之助的權威能歷久不衰的原因。從這次人事調整，松下幸之助深深感受到，

公司的主管對松下幸之助的作風還算滿意。松下幸之助向來都相信，在一個企業團體中，只要部屬能尊重主管的權威，而主管也能採納部屬的意見，一切都可順利推動。

以宗教為例，我們知道每個宗教，都尊奉某種神明作為信仰中心，可見宗教，也是講究尊重權威的團體。否則，信徒們只要有教義，就可以規範自己的行為了，又何必要有某個特定對象呢？宗教團體的存在，絕不是牧師或和尚，利用高壓的強制方法，逼壓信徒去舉行什麼清規戒律。而是信徒們基於自己的宗教信仰，服從宗教先知的權威指導，而願意終身奉行不渝，所以，宗教團體才能日漸興盛。

松下幸之助和日本最大的佛教組織「創價學會」的會長池田先生，常常見面。雖然，他們年紀很輕，可是無論從哪方面看，他無疑是一位傑出的領導者。所以，松下幸之助也很尊重他。他有兩句口禪，常掛在嘴上，那就是：「釋迦牟尼認為……」「日蓮大聖人認為……」雖然，有許多話可能都是他自己「認為」的，但他絕不說：「我認為……」而是釋加牟尼或日蓮大聖人的看法。從嚴格的角度去批評，那無疑是一串謊言，可是他的謊言並不是要為自己謀利，而只是希望能為信徒所信服，從而過著善良和平的生活，提升世人的道德水準。所以，松下認為池田先生很善於利用權威，來增加自己的說服力。松下之所以尊敬他，一方面是佩服他的才幹，把創價學會辦得那麼成功；一方面是尊敬他的聰明，會利用權威，來使眾人信服。

因此，無論是經營企業或管理團體，都必須使大家有尊重權威的認知，並且依照權威的指示做事，那麼對於工作的進展，一定會有很大的幫助。當然，夠資格稱「權威」，技術有技術權威，確定經營目標和理念的，也有一位「精神」上的權威，只要充分利用權威的說服力，必能消除許多工作上的疑懼，而使大家勇於衝刺。若公司內部缺少權威，可由外部聘請顧問，以他的專業知識，提供諮詢和指導。

在企業中，無論是作業上的創新，或傳統精神的維護，都應以權威的意見，為衡量標準。即使是經營管理者在人格道德上的修養，也以權威模範，走向「止於至善」的目標。總而言之，要理智不盲目附和權威，但卻有尊重

權威的信仰，才能使公司的業務欣欣向榮。

在現今的社會，否定權威、反對權威的風氣日益熾烈，每個人打著個人主義的幌子，追求特立獨行。可是，就經營而言，領導者和員工仍然應明白，權威，是公司的精神中樞；愚妄地否定權威，只會產生整個公司四分五裂的結果。

水壩與玻璃「水壩式」與「玻璃式」的經營方法，在企業發展與人才的培養有著很大的作用。

水壩是用來儲水或作水力發電用的。企業也需要有這種調節和運用的設備，才能穩定發展。

維持企業的穩定成長，是天經地義的事。為了使企業確實能夠穩定地發展，「水壩式經營」是很重要的觀念。

水壩的意義，這裡不再多加說明。修築水壩的目的是攔阻和儲存河川的水，因應季節或天候的變化，經常保持必要的用水量。如果公司的各部門都能像水壩一樣，一旦外界情勢有變化，也不會大受影響，而能夠維持穩定的發展，這就是「水壩式經營」的觀念。設備、資金、人員、庫存、技術、企劃或新產品的開發等等，各方面都必須有水壩，發揮其功能。換句話說，在經營上，各方面都要保留寬裕的運用彈性。

譬如生產設備。如果使用率未達100%就會出現赤字，那是很危險的。換句話說，平時即使只運用80%或90%的生產設備，也應該有獲利的能力。那麼當市場需求量突然增加時，因為設備有餘，才可以立即提升生產量，達到市場的要求。這便是「設備水壩」充分發揮了功能。再談資金。譬如經營一個需要10億資金的事業，如果只準備10億，萬一發生事情，10億不夠時，問題就不能夠解決。因此需要10億時，不妨準備11億或12億的資金，這就是「資金水壩」。另外，經常保持適當的庫存，以應付需要的急增，不斷開發新產品，永遠要為下一次的新產品做準備，這些都應該考慮到。不管怎樣，如果公司能隨時運用這種水壩式的經營法，即使外界有變化，也一定能夠迅速而適當地應付這種變化，維持穩定的經營與成長。這就好像水壩在乾旱時能藉洩洪來解決水源短缺。

但是，還有一點必須注意的是，「設備水壩」或「庫存水壩」並不是所謂的設備閒置或庫存過剩。如果一個企業預估他的銷售量，並依據這一項預測來購置設備和決定生產量，卻因為賣不出去而有庫存，設備也沒有完全利用，這和「水壩式經營」扯不上關係。這只不過是估計錯誤所造成的，而這種剩餘是不應該發生的。松下所謂的水壩式經營是基於正確的估計，事先保留 10%或 20%的準備。

各種有形的「經營水壩」剛才已經說過，而比它們都重要的則是「心理的水壩」，也就是要先具有「水壩意識」。如果能以水壩意識去經營，就會配合各企業的形態而擬定不同的「水壩式經營」方法。然後，無論在什麼時候，都能夠穩定的發展「水壩式經營」的企業。他深信，只要能遵循這種方法，隨時作好準備，能寬裕地運用各項資源，企業不論遇到什麼困難，都能長期而穩定地成長。

以公開的經營方式，建立相互了解，不僅可提升員工工作意願，也能培養出經營主管。

在松下只雇用七八位職員的時候，每個月都與公司會計作公開地結算，並將結算的結果向社員公開發表，這就是所謂「玻璃式」的經營法。公司的員工都十分喜歡這種作法，而且很興奮地認為，下個月非加倍努力工作不可。由於這種熱烈的氣氛推動，公司業績自然越做越好。所以在另設分廠時，他也考慮到，本店已經實施經營公開的缺席，那麼分廠也應給予獨立自主，讓他們也公開結算吧。就是將分廠的負責人變為事業的經營者。所以以後向他報告每月結算時，就有了如下的對話:「本月分賺進了這麼多。」「噢，那太好了。」或者:「這個月，只有這些利潤。」「那太差勁了，你得檢討一下。」

像這樣，有互相檢討的機會，才能漸漸明瞭事業經營的得失，光明正大地做生意。所以說「玻璃式」的經營方法，不僅可增進公司員工的工作意願，更可以栽培出經營事業的主管來。

1960 年代松下到歐洲旅行，在回程時，又順道經過美國，有一件事使他有很有感觸。那是美國一家製造並銷售乾電池的聯合電池公司，當他前往拜

訪時，剛好看到他們的乾電池產品，問他們說：

「這個乾電池一顆賣多少錢？」

「一毛五分錢。」

「什麼時候開始改為一毛五分錢一顆？」

「30 年前就以這種價格出售。」

後來他到百貨公司去時，注意一看，的確是賣一毛五分，這件事確實使他吃驚。從 30 年前到現在，這中間經過了兩次的世界大戰，可是他們卻在 30 年之間，一直沒有改變售價，仍然是一毛五分一顆。

乾電池要使用錳、碳等原料，這些原料因美國參加了第二次世界大戰，一定消耗了不少。在這樣一種物資異常變動之中，30 年都維持同一價格，是很不簡單的。所以松下聽到這件事，很欽佩這個公司的經營方法，同時對美國的這種經濟安定情形，有更多的感觸。

由此，松下悟出了一種「水壩式」經營方法。

河川的水流失而不能發揮價值是很可惜的。不但如此，如果一下子水流暴漲，氾濫成災也不行，然而乾旱缺水也不行，所以在河川適當的地方建造水壩，調節河水流量，又可利用來發電。上天所賜的水，一滴都不浪費，而能有效地使用它。

公司的經營也可以用這道理來說。經營上也需要有個水壩，剛才所舉的美國公司，能夠 30 年不改變售價地出售乾電池，其實就是實行了「水壩經營法」。

「水壩經營法」是一開始就先把設備增加一成或兩成，這也就是平時安定經營的姿態，這樣一來經濟即使需要稍有變動，也不至於物品不足，而使物價上漲，那時只要開勞增置的那些設備就可以應付了；相反地，如果生產過多，就把設備多停一部分就行了。這就像把存於水庫的水，依其需要量慢慢地放水一樣，這是極為安全的。那麼其划算的基準應訂在哪裡呢？松下認為設備中有九成為正常操作就可以了。

別把需要估計得過高，依據這種不確實的估計，會很勉強地將設備拚命地擴充。正因為是勉強地擴充，所以要盡量開動所有的設備，使它全數操

作，否則不夠成本。大部分是這樣的經營法，這不能算是「水壩經營法」。這是沒掌握的經營，也是不負責任的經營，這是不可以的。

定價鐵律

松下電器定價策略的唯一目標是保證合理的利潤，與其說是松下電器的傳統，不如說是它的鐵打鋼鑄的原則。在談到這個問題時，松下說：「本公司在產品的價格上，是從所有的觀點去慎重考慮的。定下有利於研究、售後服務、安全經營策略的正當利潤。這是本公司 30 多年來的傳統。」

基於這一傳統，松下電器在同業競爭中，極力反對削價傾售。「以雄厚資本作後盾，用成本價格傾銷，這是一種霸道的不良行為。」松下電器創業初期屢受這種「不良行為」的打擊，曾導致經銷商被迫解約，松下重蹈困境之苦。松下電器騰飛壯大以後，從未還牙復仇，以洩憤恨。

在對外貿易中，許多廠商為了輸出商品，不惜代價，松下把這種「流血輸出」斥之為「過良慷慨」的不智之舉，松下從不做這種買賣！

以合理利潤為基礎制訂價格，也要考慮對方的合理利潤。這種思想，對於生意人來說，恐怕是前無古人的。松下這麼說，你也許認為他唱高調，而他卻是這麼做的，實屬難得。

創業之初，松下推出暢銷產品雙燈用插頭，很希望自己擁有一家與之配套的電木廠。正好此時有一家行將破產的電木廠求他買下。按常理，松下趁機殺價，理所當然。但松下決定，「絕不可低價收購」。松下當時是這麼想的：假如他去建這個廠要這麼多錢，就應該以這個價格買下，「因而，我認為以它的實價來購買，才是正確的。」

假如大家都以這種心態發展商業，社會就無欺詐可言。松下的經營理念，實非尋常！

保證至少 10%的銷售利潤 —— 是鐵打鋼鑄的定價準繩。松下以此為旗幟，指揮各事業部為之奮鬥，不許抽肥補瘦，抑強護弱。

這個看上去並不高的利潤率，意義卻十分重大。它是企業生存的基礎，

也是企業得以發展壯大的基礎。按松下的話說，企業的使命是賺錢，賺錢才能對社會有所貢獻。因此，這 10％的銷售利潤，是完成企業使命的保證，是對社會有所貢獻的保證。

松下反對暴利，反對不合理的高利潤率。因為那是透過不正當的途徑去侵占別人的合理利潤。強取豪奪，必致社會於動亂之中，談不上對社會的貢獻。

查閱一下松下電器每年度的會計報表，除了戰後幾年被指控為財閥期間，造成非正常虧損以外，松下電器每年的財務狀況均是盈利的記錄。

一個原則

「成本＋適當利潤＝價格」是松下電器定價的基本原則。這一原則的出發點是：「如果成本加上適當利潤所得的價格不能被消費者接受的話，那就是貢獻不大。」松下嚴格遵循這一原則。

松下常遇到的最頭痛的問題是新產品開發初期，規模效益尚未形成，產品成本偏高，加上合理利潤，價格自然居高難下。遇到這種情況，一般企業總是先採取虧本或非盈利的辦法推銷產品，搶占市場，然後待站穩腳跟以後漲價獲利。松下不這麼做。在這個原則問題上，他從來沒有「靈活」過。

1930 年代，松下電器推出改良的國際牌收音機，品質是無可挑剔的，但價格卻比當時最馳名的收音機還貴一成，這個定價一公布，經銷商一致反對。

在經銷商的心中，松下電器成功的祕密在於質優價廉。但他們實在不太清楚松下電器質優價廉的背後，還有一條牢不可破的原則，這就是合理的成本，再加上合理的利潤，最後定出合理的售價。自然，這種定價方式在當時顯得有些古板、奇特。經銷商只知道一般廠商的做法：在沒有競爭或競爭不激烈的時候，就追求高額利潤，賣得特別貴，在競爭激烈的時候，就犧牲利潤，甚至賠上血本，進行賤價大拍賣。眼下收音機市場，正處於惡性競爭狀態。經銷商對松下電器的定價百思不解。

松下說：「現在收音機界的狀態大家一定比我更了解，恕不贅述。我認

為，價格定得太高或太低，都是違背經濟規律的，從商業道德的角度看是一種罪惡，勢必造成市場混亂，不利產業的發展……」

「商場是以成敗論英雄的，不承認商業道德。」一個經銷商忍不住插嘴道。

松下說：「成功與商業道德絕不矛盾。我認為我們定的這個價格是合理的。我也相信我們的國際牌收音機能被顧客所接受 —— 因為我們的收音機品質優良，榮獲日本電臺評比第一。」經銷商說：「像這類榮譽，其他廠牌的收音機得過很多，現在評獎過濫，顧客都不太相信了。唯一的行銷武器，只有低價。」

松下說：「請相信國際牌收音機是名副其實的，評比的結果也是公正的。現在諸位都咬住低價不放。其實，我比我們中的每一位都希望低價。我並沒有忘記我們一貫奉行的質優價廉的經營方針，我們的價廉是建立在大批量生產的基礎上的。批量大，成本勢必低，加上合理利潤，售價自然低於其他製造商。然而現在，我們還沒有這個能力投入大批量生產，要形成大批量生產的規模，我們需投入 100 萬日元，這是目前的財力無論如何也承受不了的。我們只能利用銷售利潤，逐步擴大生產規模，從而實現質優價廉，惠及每戶消費家庭。請大家暫時離開經銷商的位置，真正站在松下電器代理商的立場來看問題，支持合理利潤的銷售，為普及收音機而作貢獻。互惠互利、榮辱與共是我們長期合作的基礎。我相信諸位一定不會強求我們虧本賤賣，一定希望松下電器持續繁榮發展，一定會體諒我們的難處，並鼎力相助。謝謝大家！請多多關照！」

松下的誠懇，打動了每位經銷商，他們不再堅持意見，國際牌收音機經這些經銷商推向市場，售價雖然偏高，但確實質佳物美，很快就得到顧客認可，並開始暢銷起來。

國際牌收音機最後月產高達 3 萬臺，占全國月總額的 30%，市場占有率全國第一。因生產批量大，成本降低，打上利潤，售價仍比其他廠商出品的更要便宜一半。

松下又一次成功實現了質優價廉的行銷方針，使收音機這種只為少數人

享用的奢侈品，轉化為國民所必需的大眾商品。

經濟學家田中氏指出：「不受市場價格所左右，始終堅持自定的合理價格，最後形成自定價格左右市場價格的局面。這種行銷方針，只有松下幸之助這樣的經營之神才能做到。」

松下的定價原則有時也會受到挑戰，就是說，按原則規定的價格客戶無法接受。是放棄原則，還是放棄客戶呢？松下說：「都不能放棄」。

豐田汽車的收音機，是由松下電器公司製造的，為了增強在美國市場的競爭力，豐田公司計劃整體成本降低二成以上，為配合這個計畫的實施，豐田要求供應收音機的松下電器降價 50％，並在今年半年內再降 15％。當時松下提供的收音機價格本來就偏低，只有 5％的利潤，低於 10％的要求，倘若再降，虧本無疑。為此，負責生產該收音機的松下通信工業公司連日開會，討論對策。正在一籌莫展之際，前來視察工作的松下了解事情的原委後說：「低於 10％的利潤我們本來就不能接受，降低 5％的價格，我們只剩 3％的利潤，更不能接受。但豐田是大客戶，絕不能放棄，現在只有一條路可走，就是重新設計我們的產品，使新產品的性能和品質符合豐田的要求，同時又能達到我們規定的利潤。」按照松下的要求，設計人員從頭開始，徹底改進整個製程。一年多以後，不僅依照豐田公司的要求降低了價格，而且真正獲得了 10％的利潤。

松下定價的原則雖是鐵板一塊，但他處理具體問題的方法卻靈活多變。

一個價格

松下的定價原則是其產品定價的最高準則，他以此來決定適當的批發和零售價格，以確保製造商、代理商和零售商的合理利潤。但事實上，松下所定出的價格很少有人遵守。市場上經常出現這樣的情形：同樣是松下電器的同種產品，不同的店家價格不一樣。

這種做法，既損害了松下電器的信譽，影響零售商店的生意，又違背松下產品定價的原則，更使顧客無所適從。

為了杜絕這種現象，1934 年 7 月，松下電器開始實施「正價不二銷售運動」，所謂「正價」，就是「合理價格」的意思，是為了要和「定價」有所區別而採用的說法。「正價不二」就是統一全國的銷售價格。這一舉動，既開創了商界先例，又給顧客以實在可靠的感覺。

松下說，討價還價的時代應該結束。「我覺得，現代的商人必須依照自己的經營觀念，確保適當的利潤。因此，不應該藉巧妙的討價還價賺錢，必須一開始就訂出合理的價格。」

松下接著說：「即使對方要求減價也不同意，而且相反地，去說顧客接受這個價格。依我的看法，採取這個辦法最成功。」

一點不錯，松下的成功與他的特殊定價密不可分。「不二價銷售運動」開展以後，顧客對購買松下電器馬上產生了真實感、安全感、信任感，在他們的心中，擔心上當吃虧的心理蕩然無存，一種從未有過的放心驀然升起。

「不二價銷售運動」首先在收音機、乾電池這兩種產品上推行。運動開展之初，松下在致所有零售商的謝函中說：「正價運動，可以使消費者安心購買，並確保各位的利益，我深信這是達成共存共榮，提升社會生活的大道。」

為確保「不二價銷售運動」的發展，松下推出了連鎖店制度。既然是連鎖店，就必須實施所有零售商統一價格的做法。連鎖店的利潤由松下電器支付，每隔半年，松下公司按營業額，給各地零售商固定比率的「感謝金」 —— 合理利潤。這樣既減輕了代理商的負擔，又能杜絕零售商為生存而偷賣高價，更重要的是確保了零售商的合理利潤。在全國銷售商的有力配合下，「正價不二」運動一舉成功，松下電器名聲大振。

松下不愧是「經營之神」，做得這麼出色！

一個方針

松下的定價原則是奇特的，但他的定價方針卻無驚人之處 —— 「質優價廉」，這個方針，自古有之，現今尚存。不過，松下賦予了它豐富的意義。

傳統的「質優觀」僅指實惠耐用而已，松下的「質優觀」，其內涵則十

分豐富。功能增加，使用方面，美觀舒適，如此等等，均屬「質優」範疇。還在松下創業之初，他的「質優觀」就顯示了與眾不同的內涵。在他推出多功能兩用燈插座不久，松下又推出了使用方便的炮彈型電池車燈，不久又推出比炮彈型車燈更方便、更實惠，不僅適宜配在腳踏車上，更適宜於攜帶照明的二用方型車燈。這種可貴的不斷追求完美的品質，是松下事業日後不斷興旺發達的主觀因素。

杜絕劣質產品進入市場是保證「質優」的關鍵。松下要求工廠保證絕對不生產不合格的產品。在一次廠長會議上他說：「無論從事任何經營，都要嚴格要求產品品質，『凡是松下電器公司的產品，都是最優良的』，這是我們一貫的經營觀念。」松下接著說：「對我們所有的產品，要站在客戶的立場，來重新檢查性能、品質。工廠方面及營業部門也要這樣做，稍有不滿意，立即退回工廠再檢查。」後來，松下對這種思想，又做了進一步的發展。松下說：「退貨是消極的作法，因為退貨並不能使瑕疵品絕跡。何況處理這些退貨，也得花費一些時間和功夫。」因此，松下要求各部門要「一心一意地為提供100%的優良產品而努力」。

松下對品質問題的重視可見一斑。回顧松下電器成長的歷程，不難發現，以品質取勝是松下電器公司經營的一貫方針。

在電器世界，松下產品絕大多數屬於後起之秀。松下常對研究人員說：「我們開發產品比別人落後，但產品品質一定要領先別人。」

松下製造收音機，起步比別人晚得多，但國際牌收音機一問世，超群的品質令人讚嘆不已。在松下電器發展史上，類似的事例俯拾即得。難怪松下敢說，松下電器都是最優秀的。

誰都想製造優質的產品，但事實上，能夠保護產品一貫優良的公司屈指可數。在日本，最初的電器廠商成千上萬，到最後，優勝劣汰，所剩寥寥。以 100 日元起家、三人開創的松下電器竟然長盛不衰，勇居電器行業榜首，原因十分簡單：質優與價廉才能永保不衰。

然而，創造優良的產品決非易事，除了具備優秀的研究人才，必要的研究設備，還要冒投資風險。一旦不慎，可能血本無歸。松下電器公司曾投入

鉅資改良真空管收音機，正值該產品暢銷之際，比真空管更省電、更經濟的電晶體問世，轉眼之間，真空管收音機就被淘汰了。松下在回顧這件事情時，不無痛心地告誡員工：要保持 24 小時的危機感！

研發優質產品要冒風險，推出優質產品也要冒風險。對此松下深有感觸。當年，松下為了推出比炮彈型車燈更優秀的方型車燈，幾乎冒了傾家蕩產的風險。若換他人，絕不做這種傻事。那時，炮彈型車燈推出不久，而且很受顧客青睞，經銷商山本信心十足的時候，松下斷然停止生產該燈，推出前途未卜的方型車燈，遭到山本經銷商的堅決反對。最後松下因違約而賠償山本 1 萬日元，這在當時可是一筆鉅款。為使顧客了解方型車燈的優良品質，打開銷售局面，松下又決定免費投放 1 萬支方型車燈，此舉倘若失敗，松下破產無疑！後來的事實自然是成功的，否則就沒有今天的松下電器。從這裡我們可以看出松下幸之助的自信和魄力。

然而，質優並不是價廉的前提。比經濟學的角度來看，質優與價廉恰恰是矛盾的。優質優價才符合經濟規律。因為道理很簡單，生產優質的產品比生產劣質的同類產品所花的成本要多，粗製濫造永遠不能與精雕細琢等量齊觀。

人人都知道：「質優價廉」是經營取勝的法寶，但很少有人能夠自始至終地做到這一點。在常人看來，質優價廉是難以兼顧的，但松下卻把它們結合得非常完美。

一條途徑

大批量、低成本是松下通往「質優價廉」的橋梁。松下電器每一種新產品問世之初，價格往往高於同類產品，究其原因，主要是未形成規模效益，產量少，成本高。松下在經營實踐中，很早就洞察生產量與成本的內在連繫，實屬不易。優質與大批量生產最終成為松下電器迅速成長的兩個車輪，即使在產品滯銷時期，松下也很少允許「大批量生產」這個車輪停止運轉。

松下推出國際牌收音機時，價格比當時市場一流的收音機還要高出一成

以上。當它的月產量達到 3 萬臺,占全國月產總額的 30% 以後,國際牌收音機的售價降至其他廠商出品的同類產品的一半左右,質優價廉的夢想果成現實。松下說:「我們的廉價是建立在大批量生產的基礎上的,批量大,成本勢必降低,加上合理利潤,售價自然低於其他製造商。」

在松下的經營理念中,還包含著其他更深層次的哲理。松下認為,量大促使價廉,價廉又使奢侈品大眾化,從而擴大市場潛力,市場潛力的擴大,又為大批量生產創造了銷路,企業應進入這種良性循環,社會才有進步。

1927 年,松下電器公司推出「超級電熨斗」。松下對中尾苦心研發的樣品十分滿意,剩下的問題是生產和銷售。那時,市面上有名氣的電熨斗,已有東京的 MI 牌、大阪的 NI 牌、京都的 OI 牌等等,松下的超級電熨斗屬後來者。

問題是電熨斗的市場潛力已不大。據市場估測,全國的年銷量還不到 10 萬個,除了上述三大生產廠商,還有眾多的小廠出品,另外,西方工業國家也紛紛將電熨斗打入日本市場。這樣,每家製造廠的年產量是很有限的。至於價格,通常由三大廠商來定,它們均吃不飽,因此價格定得很高。

松下電器要想後來者居上,只能走「品質比別人優良,價格比別人低廉」的路線。中尾的樣品,是在別人的基礎上改良的,自然勝人一籌。價格要低廉,是可行的辦法是大批量生產,數量多,成本才能攤平。但是產出大量,市場消化得了嗎?

松下已有炮彈型電池燈的銷售經驗。因價廉,使得電池燈由奢侈品降為大眾品,買的人多了,產量自然大了。當時的電熨斗售價每支高達 5 日元,只是富有家庭才使用,若價廉,就會進入平民百姓家庭,這是巨大的潛在市場。

松下定下總方針:「價格一定要比別家的便宜三成以上。品質一定要比別家好。產量不必擔心,如果月產 1 萬支才能便宜三成,就生產 1 萬支;如果非得月產 1.5 萬支,就放膽生產 1.5 萬支。」

經過核算,只需月產 1 萬支就能降低三成。當時全日本的年需求量不到 10 萬支,松下電器一家的年產量就要超過 10 萬支,這需要冒很大的風險,在

別人看來，無疑是發瘋。

只有松下才有這份聰明，這等氣魄！

超級電熨斗與方型電池車燈同時問世，也被冠以「國際牌」，批發給代理商的價格是 1.8 日元一支，零售價是 3.2 日元一支。1927 年 4 月，國際牌電池燈和電熨斗雙雙推向市場，石破天驚！

銷售結果：方型電池車燈月銷 3 萬支，電池月銷 10 萬支；電熨斗月銷 1 萬支。方型車燈無人競爭，獨家經營，創造那樣的業績儘管驚人，但尚能理解。電熨斗則不然，在此之前，全國的總銷量每月才不過 1 萬支左右，有幾十家廠商供貨。松下果然實現月銷 1 萬的目標，這對他的競爭對手來說無疑是一種毀滅性的打擊。從此，國際牌電熨斗從同類產品中脫疑而出，一枝獨秀，雄霸市場。

電熨斗事業的優異成績在後來表現得更為出色。1960 年代，只有 390 多名員工的電熨斗事業部年產電熨斗高達 320 多萬支，人均近萬支，勞動生產率之高是驚人的。電熨斗的品質和功能也在不斷優化。石油危機爆發之前，日本國內的自動熨斗的普及率達 100%，蒸氣熨斗的普及率也提升到 51%。經濟學家是這樣評論的：松下開發電熨斗的貢獻在於，他自覺地成功實現了奢侈品大眾化，從而使更多的大眾消費者受益。

「低成本，高品質，大批量」的松下商法，在過去是松下電器公司興隆發達的祕訣，進入電腦時代以後，仍有值得商榷的必要。像乾電池等一般零件是可以的，但現在新開發的商品，大部分是定量生產，多種少量，變化很快——幾乎都是毫無生產經驗的東西。代表著松下公司經營觀念的「自來水哲學」，由於時代的嬗變，自然受到了來自技術革命的挑戰。

松下的定價策略是一個有機整體，從目標、原則、方針到途徑，相互銜接，不可缺一。它像一座宮殿，既結構完美，又富麗堂皇。這座宮殿的設計師，是僅受過 4 年小學教育的松下幸之助，它的建設者，也是原本名不見經傳，但後來被人們譽之為「經營之神」的松下幸之助。宮殿的主人，已經將它貢獻給人類，任何人都可以進去參觀、學習，但千萬不能產生獨占它的念頭。

從模仿到獨創

　　松下創業早期，主要模仿別人的產品，在此基礎上作些品質或功能上的改良，再配以批量生產、低價促銷策略，迅速搶占市場。松下公司後被同行稱為「模仿公司」，松下一笑置之，並不理會。

　　從產品的結構品質和功能等方面來看，「模仿」可以分為簡單模仿和創新模仿，兩者與「冒牌」均有本質的區別。當前市場的「假冒」產品，不僅模仿名牌產品的結構和功能，品質低劣，而且盜用人家的品牌或商標，以假亂真，牟取暴利，純屬違法之舉，不能與合法模仿相提並論。當然，在智慧財產權受到廣泛重視和法律保護的當今社會，模仿行為應在不侵犯他人權利的前提下進行，這對簡單模仿的生產者來說是無疑是一種約束。而創立新模仿則不受此限制。在一般意義上，創新模仿本身便受法律的保護。松下電器多屬新模仿之列。使松下脫穎而出，一舉奠定事業基礎的關鍵產品——炮彈型車燈及後來在此基礎上進一步改良的國際牌方型電池車燈就屬創新模仿產品。在此以前，人們為了夜間行車的方便，在自行車上安裝車燈，最早是蠟燭車燈，因其固有缺陷，便有人發明了電池車燈。但當時的電池車燈壽命短，只能使用兩小時左右，而且價格昂貴，一般消費者乏人問津。松下在做了充分的市場調查以後，深信車燈的市場前景十分廣闊，便著手研發新型車燈。松下於 1923 年大功告成，研發出形狀似炮彈的炮彈型車燈。該燈充電（換電池）一次使用壽命延長到 30 小時以上，且價格低廉，比蠟燭燈便宜得多。為此松下獲得專利。後業的方型車燈，品質更高一籌，價格更為低廉，從而使普通消費者也能輕鬆使用時髦車燈，極大地開拓了市場潛力。

　　與方型車燈同年推出的「超級電熨斗」和 1930 年代獲得全國評比第一名的「三用式收音機」等，也屬創新模仿產品。縱觀松下電器發展的歷史，使松下電器飛的槓桿主要是創新模仿，真正屬於松下發明創造的全新產品並不多。

　　松下的做法，又是日本電器業初級階段的普遍做法。大家都不願投入大量的人力財力冒風險真正開發新產品。「開發」被賦予不正確的涵義，甚至

跟「模仿」混為一談。那時,新產品早已給西方國家源源不斷發明出來,拿來利用都嫌來不及呢。日本的電器業,先是模仿舶來品,然後互相模仿國產貨。

戰後日本經濟復甦,歐美等國以貿易壁壘為要脅,向日本政府施加壓力,內閣再三敦促產業界遵守智慧財產權國際公約。這樣,日本產業界的模仿之風不得不收斂,並且變得日益艱難。另一方面,這時日本產業界的模仿技術已相當成熟,該模仿的都差不多模仿完了。在這種形勢下,日本產業界開始由模仿進而進入發明創造階段。

1960 年,松下公司推出自己發明的紅外線家用電暖器。松下得知這一喜訊,立即下令製造年產 10 萬臺的生產流水線,並說:「從未有過的好東西,沒有理由不受歡迎。若賣不動,我個人掏錢全買下!」

松下是在 1963 年,才深切感到「模仿公司」的奇恥大辱的。他在公司會議上做了深刻的檢討,鼓勵大家要早日除去「模仿公司」的綽號。

早在 1950 年代初,松下對自己開發新產品的重要性有了明確的了解。有兩件事對他感觸很大。第一件是松下第一次赴美時,曾採購了號稱美國最新式的乾電池機器;而第二次到美參觀一家很有實力的乾電池製造廠時,看了他們的機器設備後,松下大吃一驚。因為當初以為最新式的機器,在這個工廠卻是最老舊的。

松下說:「原來社會上出售的機器只是普通的商品,那些特殊或者一流廠商,都祕密開發優秀機器,對外不公開。我認為這樣才能真正地發展。」

這件事對松下的影響,與其說是啟發,不如說是棒喝。

松下從中悟出了一個道理:「他人的研究發展雖然可貴,總不如自己的有價值。自己不動手研究發展,技術就不可能進步。」

第二件事是想從美國 E 公司引進生產超級乾電池的技術。因價格談判失敗,松下電器公司主管技術人員主動請戰,建議自行開發。無計可施的松下,考慮再三,決定讓其一試。後來,在大家拚命努力下,松下電器終於在甚短的時間內,開發出比 E 公司更好的國際牌乾電池。這件事不僅使松下,而且使所有松下電器的技術人員受到鼓舞,增強了自信。

　　從此以後，松下電器開發新產品的力度大大加強。1953 年，松下改研究所為中央研究所，並斥鉅資興建中央研究所大樓和添置研究設備。擔任基礎研究的中央研究所的活動經費每年都有大幅度的成長，到 1970 年代突破 100 億日元，這還不包括各事業部委託中央研究所的研究專案所需費用，這些費用是由委託單位負擔的。松下認為，二戰以後的產品競爭，實質上是科技競爭，沒有雄厚的經費投入，不會有一流的科技成果，自然不會有一流的產品。

　　松下甚至提出「不限制技術經費」，打破將開發研究限制在成本範圍的「自我約束」。松下說：「根據這種想法，我們的工作範圍可以無限延伸，新知識、新構想不斷產生。我們要在經營上、工作上、觀念上，有更自由奔放的作風。」所以，1950 年代以後，松下自行研究開發的新產品逐漸增多。

第二章　經營技法

權威的力量

在推展某項措施時，有時可用權威的力量，增加說服力。

織田信長在桶狹間會戰前，把全體軍隊集中在熱田的廣場前，恭敬地焚祭了必勝祈禱文。在儀式進行中，後殿突然傳來兵刃交擊的聲音，於是織田信長對軍隊說：「大家聽見了沒有？神明已經接受了我的祈禱，答應以威力來保佑我們的戰士。」官兵們聽了這句話，士氣都激昂起來。

本來信長的兵力居於劣勢，部下又都主張閉關自守，但在信長用祭祀神明的機會，把士氣激發起來以後，軍隊都願出城攻擊，而終於獲得奇蹟的勝利。信長雖然並不信佛，但卻巧妙地利用了群眾的心理，以鼓舞士氣。這故事成為一段佳話。

可見一位領導者，在想推展某一項措施時，雖然堅持自己的信念去力求貫徹，也是一個好辦法，但如能借助高於自己的權威力量，來說服部屬，往往更能獲得意料之外的效果。

正如和尚或牧師在勸告世人時，往往不說「我的意思是……」而說「釋迦牟尼認為……」或「耶穌認為……」這個用意在借助釋迦牟尼或耶穌的權威來加強說服力。松下認為，人們都有相信權威的心理，所以，如果能假設以某個權威為中心，去引導人們推理事務的道理，便很容易形成一致的想法及統一的步調，而能發揮強大的力量。

所以，領導者如果能有效地借用神明的威信、偉大的教誨，或引據傳學習俗、格言諺語，去說服別人，事情將更容易推展。

找一點輕鬆話題

有高貴情操的人，容易掌握人心，使之在一念之間軟化下來。

從前由於松下在電器公司工作的關係，曾赴歐洲與人交涉。那一次的交涉很不順利。雙方都爭執不下，不肯讓步。甚至拍桌子互相爭吵。到底為何爭吵，也弄不清楚，雙方激昂的情緒，弄得場面很尷尬。

由於無法解決，只好先休戰散會，各自吃飯去了。吃飯之後。松下到一家科學館去看一項展覽，在展覽會場所看到的景象，竟影響了爭執不下的爭論。

在會場裡，松下忽然看到一個原子模型。這是個電子在核子周圍轉動的模型。最初，他並不了解原子，也沒有這方面的知識。他請教館內人員有關這項展示品的知識。館內人員以鐵為例，將鐵細分，是很多鐵分子所組成；而把這些分子再細分的話，只是原子的集合；若把原子再做劃分之後，則是許多電子圍繞核子運轉。

在目前，這些只是一種常識而已，但在當時了解的人並不普遍。一般對鐵的了解，只是表面上的。並不知道鐵的內部，是如眼前所看到的模型運轉現象。是誰告訴人們這些現象呢？這是由於科學的發展，進步所致。而這些科學發展的結果。是由人類去發掘、研究出來的。人類的研究能有如此偉大的成果，深深地感動松下，於是他決定，在下午開會時，先將這件事情說出來。

「我剛才去科學館看到了原子模型，心中有很大感受。人類的進步及其成果，實在是太偉大了。同時在另一方面，阿波羅十一號（Apollo 11）很快就要向月球出發，我們的科學發展實在太迅速了，人類的智慧，真可說是發揮得淋漓盡致。

儘管如此，人與人之間的關係並沒有因此而改善，大家互不信任，甚而互相憎恨、打架，世界各地都有戰爭。很多人表面上是和善的，而內心卻充滿了猜疑和忌恨。

我認為，人我之間應該互相信任，並能原諒對方的過錯，而能共存共榮。科學不斷進步，但人類的精神文明卻停滯不前。這是個很危險的訊號，如果不改善，未來可能發生人類使用核子武器相互毀滅的可怕事件。日本在不久之前，就被投下原子彈，而遭受莫大的浩劫，這就是一個歷史的見證。

跟他交涉的人員，起先不明白他到底在說些什麼，感到有些莫名其妙，但他們仍然抱持相當的興趣聽他說話。在他說完這些感受後，大家的態度都緩和下來，上午僵持的氣氛，在這時刻被融化了。上午拍桌子大吵，幾乎使

談判決裂的狀況，竟因他說的這段話而被扭轉了。

而且，他一直堅持的主張，被對方接受了。

最初松下並不曾想要用這些話，來達成他的願望，只是很感慨地想將中午在科學館看到原子模型後的心情、感想，說給在場與會的人員聽聽而已。意外的，聽到他說話的這些人，卻改變了他們上午的固執，接受他的主張，這真是件出乎意料的事情。

究竟是怎麼回事呢？松下也無法回答。但很肯定地說，人的心意是可以改變的。互相憎恨、互相打鬥，是情緒形於外的一種表現；互相親密，互相握手，也是人的心理作用而已。人心彼此的變化，完全在一念之間。

領導者應如何掌握員工的心態，是一個非常重要的課題。

說服妙招

對付逞口舌之辯的妙招之一，是還以機智的行動。一休和尚和故事，是最佳的例子。

有時候只靠語言說服他人，是很難的。有效的說服，必須視情況，運用各種方法，才能達到目的。一休和尚的故事，正是一個很恰當的例子。

一休和尚從小就才智過人，並且經常教導別人。但是有些人卻認為他年輕氣盛，太過驕傲。一天，有一個人就質問一休說：

「一休和尚，真的有地獄和天堂嗎？」

「有」。一休和尚回答說。

「可是，聽說不論是地獄或天堂，在死亡以前誰也不能去，是這樣的嗎？」

「對。」

「一個人如在生前做了壞事，死後會越過刀山等難關，然後進入地獄。而所謂極樂淨土，是在距此『十萬億土』的遙遠之境，我想，像我這樣瘦弱的身體，別說極樂淨土，恐怕連地獄都去不了，你認為如何？」

一休和尚被這樣一問，仍泰然地回答說：「地獄和天堂都不在遙遠的地

方，而是存在於眼前的這個世界。」

這個人於是說：「不對。你說地獄、天堂都在眼前，但是我看不見。像你這樣年輕的和尚，還是不能把起初情形讓我完全明白吧？哈哈……」

被人嘲笑之後，一休和尚很氣憤地說：「你看我年輕，想欺負我嗎？」

說著抓起一條繩子，走到那個人背後，把繩子套在他的脖子上，並用力地勒緊。然後問題：「怎樣？你覺得如何？

被勒住脖子總是不好受，於是哀叫：「哎唷，痛死了，我明白了，我明白了。這是地獄，對，這就是地獄！」

於是一休把繩子解開後，又問他：「現在這個情況又是什麼？」

那個人舒了一口氣，回答說：「現在就像是在極樂淨土的天堂一樣，我明白了。原本以為你年輕，一定不能解答這個問題。現在我知道是錯了，我鄭重道歉。以你的才華，一定能出人頭地的。」

一休和尚當時覺得既然用言語不能使他了解，只好以行動，來說明意思了。結果，不費唇舌，便能使對方深刻地認清其中的道理，並且心服口服。

當然，不同的情形，有不同的表達方式。如何有條理地說服對方，使其信服，這點在經營的觀念上，也是十分重要的。

掌握的時機

掌握對方的性格、情緒，不存說服之心地去說服，才有成功的可能。

據說數百年前德川幕府第三代將軍 —— 德川家光，有過這樣的故事：

有一年春天，德川家光出去打獵。打獵回來後，家光正在洗澡，不知怎麼一回事，負責浴室專門替將軍沖水的部下，誤將滾燙的熱水，往家光的身上澆下去，家光的皮膚，立刻燙紅了。

他非常憤怒，根本不理會嚇得不知所措、正跪在求饒的部下，憤憤地回到自己的房間，立即叫來「老中」（總管家）阿部豐後守，並且下令說：「那個替我沖水的人，簡直混蛋，立即判處他死罪？」判處死罪未免太過分了，但這是天下權勢最大的幕府將軍的命令，不得已，豐後守只好說：「是，遵

辦。」就這樣，接受了將軍的命令。

　　往常豐後守會這樣地退下去做事，可是這次卻退到侍從的房間，向家光貼身侍從們說：

　　「將軍的情緒轉平靜、心情好一點的時候，就通知我一下。」豐後守這才退下去。

　　到了晚上，家光將軍用過晚餐，情緒平靜了些，心情也好多了。於是，談起這天去打獵的趣事的感想，將軍開始有了笑容，這時，在場的待從們，立即和豐後守聯絡說：「將軍的心情好多了，現在看來情緒也很好。」

　　豐後守聽了，立即登城上殿，會見家光說：

　　「剛才主公曾經指示，處罰那個沖洗澡水的人，在下一時疏忽，沒記清楚是什麼內容，非常抱歉，敢請主公重做指示，究竟如何處置這個人？」

　　家光將軍並沒有立即回答，盯著豐後守，想了一會之後才說：

　　「那個人由於不小心，而犯了嚴重的過錯，我看判處他流放八丈島好了。」豐後守受到家光的指示後回答一聲：「是，遵辦。」便退下去了。

　　豐後守一退下，在家光旁邊的貼身侍從們，將這事情當作飯後的話題說：

　　「最初，我們聽到將軍的指示是：『判處他死罪』，連豐後守也明確說過：『是，遵辦』，然後他就下去了。可是他好像忘了，連豐後守也會忘了將軍的指示，那麼假如我們有時候忘了，也是非不得已的。」

　　聽到侍從們聊天的家光將軍笑了一下說：「豐後守這個老孤狸怎麼會忘？他記得才清楚呢。在政治上，判處死刑，需要格外慎重，豐後守明知其重要，卻故意說他忘了；實際上他是想提醒我重新考慮，收回成命，只是不明說而已，所以我也打消了原意，把這個人的罪刑，由死刑改為流放八丈島之刑。豐後守考慮得真是周到。我因一時衝動而開口大叫判處死罪，現在倒覺得很慚愧。」侍從們聽了，十分惶恐，都說不出一句話來。據傳，從此以後，阿部豐後守的聲譽，大為提升。

　　這可以成為一個態度極端慎重的例子。但是，從另一個角度來看，也可以說是，豐後守對將軍家光，做了一種說服。當然，豐後守頭一次奉命時，並沒有說「將軍身上被澆了滾燙的熱水，必定燙得痛苦難堪，可是，還不至

於需要將沖水的人判處死刑吧」這一類說服的話，即使他說了，對於一時衝動的家光，也不可能產生任何效用，頂多是連豐後守本人也挨罵而已。

豐後守對於家光將軍命令判死刑這件事，只有回答：「是，遵辦。」而唯唯諾諾地奉接旨令。然而，奉命是奉命，他沒有依命「行事」。在感情衝動的時候，即使是將軍，也往往無法做正確妥善的判斷。然而，明知將軍的判斷並不妥善，指出他的不對，想請將軍改正過來，反而會使他的火氣更大，像這樣，就不是說服了。

俗語說：「逢人說人話，見鬼說鬼話。」這裡所說的人「人」，除了是指一個人的人格之外，也包括了這個人的情緒、心態等等。正確地掌握到這些後，才能在妥切的狀態下，進行說服，這是極其重要的。

就豐後守的例子來說，豐後守並沒有做實際「說服」。這實際是一種不是說服的說服，他只是選擇適當的時刻，重新請示一次，加以確認而已。這個例子，就等於做到了有效的說服。

一般觀念裡往往認為，說服就是用言語進行，其實未必盡然。事實上這種不是說服的說服，亦即不必以語言實際進行的說服，往往也能把自己所想的事，傳達給對方。這些在實際上或許非常困難，但松下倒覺得，這一點非常值得大家學習。

善用物品

任何東西本身皆具有說服力，要善用物品的說服力，但不可用來賄賂。

拿到別人送的東西，每個人都會很高興。當然，也有一些人脾氣古怪，別人送他東西，他反而不高興。不過一般而言，有人送你東西，總是件值得高興的事。

九歲的時候，松下離開鄉下到大阪，在一家火鉢店裡當學徒。當時他的工作之一，是幫師傅照顧小孩。由於那時正是愛玩的年齡，所以常常加入附近小孩遊戲的行列。其中松下最喜歡玩一種叫「打陀螺」的遊戲。

有一天松下背著小孩。參加打陀螺遊戲。由於玩的時候，至少得用一隻

手才能使小陀螺打轉，所以只剩一隻手支撐著背上的小孩。這種情況很危險。不過，因為常這樣玩，也就成了習慣，一點點搖擺不定，也不致發生問題。但是那一天扔小陀螺的時候用力過猛，身體忽然向後傾斜，弄得他背上的小孩也向後仰翻，他只來得及捉住小孩兩隻腳，他上身卻向後面仰翻，頭撞在地上。

這小孩痛的大哭，松下比小孩更驚慌，心想不能再玩了。但是任他如何哄騙，小孩子仍哭鬧不停，一點效果都沒有，松下真的傷透腦筋了；他又不敢回店裡，怕師傅知道原由。會受到責罵。

那時松下真的進退兩難，不知如何是好。後來，他跑到附近的糕餅店，買了一個小饅頭給小孩吃，這小孩竟然不哭了，這時，他才放下心來。

從小家裡就很貧窮，但是能和母親、姐姐生活在一起，卻感到非常快樂。後來，松下離開家鄉，一個人來到大阪當小學徒，雖然工作並不辛苦，但心裡卻異常的寂寞。

每當晚上工作做完之後，一個人鑽進被窩，心裡就想起母親。在家的時候，松下都和母親睡在一起。而如今卻是孤單單的一個人，他覺得好寂寞，想到這裡，眼淚就流了下來了。記得來大阪的那一天，母親送他到紀之川火車站，還拜託其他乘客說：「我這小孩子，要去大阪，一到大阪有人會接他，中途到車上，就拜託各位代為照顧。」母親還不斷地叮嚀著，要小心這個、要注意那些，說到最後眼眶都紅了。之後，松下常咬緊牙關，強忍住心中的寂寞。但是，一想起母親的身影，便忍不住暗自哭泣。

做工做了大約半個月之後，師傅給他一個五分錢的銅板，當做零用錢。那是一個亮晶晶的白銅，松下大為吃驚。在家的時候，每天從學校放學回來，就向母親要一個「一文」的小銅板，買兩個糖果吃。當時的「五分」，等於五十個「一文」從來沒有人給過松下五分錢。這是松下有生以來第一次擁有這麼多錢。他非常高興。

他把師傅給他的五分銅錢，放在手掌上，一直端詳了好一會，他心裡覺得，真是拿了相當多的錢，而且聽說每個月會發兩次。當小學徒，實在也太寂寞了，但是只要在這裡這樣工作下去，就能拿到五分錢。他想，可能在不

知不覺之間，「這也不算太壞，還算不錯」這種想法，在他心裡已經產生了。

　　自從松下得到五分錢之後，晚上睡覺時，居然不再感到傷心和寂寞。於是，他又抱定努力工作的決心。

不能只顧眼前

　　從長遠來衡量輕重之後，就要力爭到底，成功必屬於你。

　　1928 年，松下公司正在進行一項新的建設。那項工程的土地需要 5.5 萬元，建築物需 9 萬元，內部設備需 5 萬元，合計是 19.5 萬元。在當時，這是一個規模相當大的工廠。松下那時打定注意，無論如何，一定要把它建造起來。

　　問題是，當時他手裡只有 5 萬元，還差 14.5 萬元。這筆錢，無論如何，他得想辦法籌到。於是，他選擇了唯一的一條路 —— 貸款。除非向銀行貸款，否則這項工程無法進行。

　　決定之後，松下馬上與有來往的銀行負責人見面，說明新廠的建設計畫，並要求貸款 15 萬元。這家分行經理向他提出很多細節問題，他都據實一一相告，包括：生產能力、銷售狀況、資金回收情形等等。

　　聽了他的說明，這位經理點點頭說：「我明白了，你這個計畫非常好，但是 15 萬元這個數目太龐大了，我必須跟總行商量過後，才能給你答覆。」

　　這位經理的回答，松下十分滿意，於是他就回來了。心想借錢的事，應該不會有問題了。不過，在得到正式答覆之前，還是不要把話說得太早。三天之後，答覆來了。經理說，可以替松下籌 15 萬元，松下心裡正高興，但是銀行經理緊接著又說：

　　「但是，要我們將這筆錢以無擔保的方式貸出，恐怕有困難……」

　　「……」松下盯著他。

　　「通常貸出這麼龐大金額，需要實價 20 萬元以上的擔保物。但是聽過你上次的說明，我知道，實際上你們根本無法提出這些擔保，所以我們希望，你能夠將你的土地、建築物拿來擔保，如果再不夠，以松下的信用作保，也

可以。」經理說。

　　這樣的回答應該叫人感謝萬分了。目前松下所能擔保的，確實只有 5 萬元。然而銀行願意將此做為 15 萬元的擔保，這實在是很大的優待。他相信，換作其他人，也會感激這位銀行經理的。

　　但是，當時，松下並未馬上做決定，因為他對「信用」二字感到疙疙瘩瘩的，假如不動產做擔保來貸款的話，那麼就著著實實發展下去的松下的信用來看，這樣做是不理想的。

　　雖然這樣不理想，但是我們實在需要借錢。依目前看來，也只有將「信用」二字暫時撇下，將此事先談妥再說。

　　松下接著想，假使放棄公司多年來打下的信譽，那麼目前的問題，就可以擺平了。可是松下的事業並不僅止於目前，這個經營將來還要發展下去。很顯然的，他必須以長遠的眼光來看此事。想到這裡，他開始反省，這樣的意義何在。他若只顧目前有利條件，忽略這件對松下公司信譽可能的傷害，是否會造成更大的損失？因此，松下必須好好地重新考慮這件事。

　　要放棄他堅持的立場很簡單，松下隨時可以同意對方的決定。但是，如他一旦放充，就再也無法挽回了。斟酌良久，最後他對經理說：

　　「對貴行的決定，我個人衷心地感激。但是，若將不動產作擔保來貸款，對松下公司一貫的企業經營形象，恐有影響，所以很冒昧地向您提出這個要求 —— 是否貴行可以用無擔保的方式，借給松下公司 15 萬元呢？」

　　這位銀行經理沉思半天，並不開口。松下繼續說：

　　「至於還錢的事，我認為兩年就足夠了，請您放心。而且，敝廠的土地權利書及稅捐處的建築物保存登記權利書，也可以寄放在貴銀行。我很希望您再給我一次機會，無條件地借給松下公司，可以嗎？」這位銀行經理點點頭，他說：

　　「很好，我明白了，祝你能夠如願如償。我會跟總行再聯絡一次，並且好好地說服他們。」兩三天後，銀行通知松下，決定無條件借松下 15 萬元。

以商量口氣去命令

「我是這麼想，你認為呢？」雖然是下命令，卻是用商量的方式。

不論是企業或團體的領導者，要使屬下能高高興興、自動自發地做事，重要的，要在用人和被用人之間，建立雙向的，也就是精神與精神，心與心的契合、溝通。

例如：你命令員工去做事時，千萬不要以為只要下了命令，事情就能夠達成。作指示、下命令，當然是必要的。然而，同時必須仔細考慮，對方接受指示、命令時，有什麼反應？這個人的感情，是怎樣接受你的命令？

社會上有一種獨裁性很強的人，這種有「獨裁」之稱的人，想事情時，總是擺脫不了命令式的和單行道的作法。當然這種人大多是富於各種經驗，而非常優秀的。所以大致說，照他的命令去做，會沒什麼錯誤。可是如果老是這樣一個做法，總會留下一些不滿，令人感受到壓制，而不能從心底產生共鳴；同時也變成因為沒法子，只好「好吧，跟著你走吧。」這樣一個情況。

所以在對人作指示或命令時，要像這樣地發問：「你的意見怎樣？我是這麼想的，你呢？」

然後必須留意到，是否合乎此人的意見，以及是否徹底了解，並且要問。至於問的，也必須使對方容易回答。這便是訣竅。這在人盡其才的用人之時，不是非常重要嗎？

松下自從創立松下電器公司以來，始終是站在領導者的地位。但在此以前，也曾經站在被人主管的立場，所以員工的心情，多半能夠察知。由於自己有過這樣的體驗，所以在下命令或作指示時，也都盡量採取商量的：「我是這麼想，你認為呢？」這樣一種方式。

如果採取商量的方式，對方就會把心中的想法講出來，而你認為「言之有理」，你就不妨說：「我明白了，你說的很有道理，關於這一點，我想就這樣做好不好？」諸如此類，一面吸收對方的想法建議，一面推進工作。這樣對方會覺得，既然自己的意見被採用，自然就會把這件事當做是自己的事，而認真去做；同時，因為他的熱心，所以在成果上，自然而然會產生不同的

效果，這便成為大有可為的活動潛力。

即使在從前的封建時代，凡是成功的領導者，表面上雖然下命令，實際上卻經常和部下商量。

如能以這樣的想法來用人，則被用的人會自動自發，用人的人也會輕鬆愉快。因此用人時，應該盡量以商量的態度，去推動一切事務。

笑臉就是服務

如果在走廊上碰見人不打招呼，還談什麼服務？

現在人與人之間的相處，好像越來越枯燥無味，因此松下覺得，更需要以服務的精神去潤澤，甚至一切都應由服務做起。能否適當地提供服務，足以決定能否讓別人滿意，然後影響到能否得到別人的支持，進而左右生意的興隆。不但商人不可缺少這種精神，大家都應該本著服務第一的觀念，不僅對於朋友，且對於自己工作的公司、商店，甚至顧客或社會，都應有服務的熱忱。

在公司或商店工作的人，就得以服務的態度，從自己所屬的公司或商店做起。但真正了解此種服務真義的人並不多。就國際間的關係來說，不肯熱心提供服務的國家，必定非常落後，即使不落後，也很難得到別國的支持。現在，即是此種時代。如果現代人忽略了彼此之間容易做到的服務，那就太不夠意思了。提供服務的方式很多。有時可以用笑容當做服務，有時可以用禮貌當做服務，甚至有時可以透過更確實的工作，去為別人服務。如果在公司走廊遇到人都不打招呼，還談得上其他服務嗎？就算分辨不出是否為顧客的人，也照樣地跟他打招呼，這是做人起碼的禮貌修養。動物就沒有這種智慧。以狗來說，看見不熟識的人，牠可能會吠叫、咬你一口或不聲響地跑走。但既然你是萬物之靈。遇見前來公司的人，就應該想到他們可能多少跟公司有一點關係，帶一點笑容去招呼，這就是一種服務，松下認為，這是每一個人應有的修養。

應持謙虛有禮的態度

掌握任何時刻與機會，以謙虛有禮的太度，服務顧客。

與松下電器公司的產品關連的行業相當多。例如：建築公司的相關工程向本公司採購製品的金額，比本公司向建築公司定約的金額，高出許多。這一點希望大家都有所了解。

過去大家都認為松下電器公司是他們的顧客，但事實不然，他們反而更是松下電器的顧客。所以，在建築公司擔任工程的職員，來本公司接洽事務總會說：「課長先生，這次又接到貴公司的工程。謝謝。」這樣向松下公司稱謝。「辛苦你了。」

松下先生認為如果不這樣對待他們，以後我們銷到建築公司的產品，就不會像過去那麼暢銷了，這一點請大家注意，你以為是向他們訂貨，但對方卻向我們公司採購更多的相關產品。所以各位應該有這個觀念，接待建築公司的職員，就要以『祝貴公司生意旺盛，請以後多多惠顧本公司產品』這樣謙恭有禮的態度，來接待他們才是正確的。事實上，不止是建築公司，所有出入松下公司的人士，全部都是松下的顧客。最近松下電器公司的產品，銷售到社會各個角落，可說大多數人都用過他們的產品。所以松下說，路上行人都是他們的顧客。因此如果路上遇到相識的人，就應該說聲「銘謝惠顧」點頭稱謝才對。

將敵人當顧客

做生意必須公正，不可摻雜自己的好惡，而且不可被一時的情勢左右而猶豫不決。據說，日本戰國時代的商人，一方面跟織田氏交易，另一方面又跟織田氏的敵人毛利氏做買賣。他們認為：凡是肯買我們東西的就是顧客，不必因為政治因素考慮賣不賣。松下覺得，站在做買賣的立場看來，這種觀念是正確的。由於商人有供應商品的使命，如果憑自己的好惡去決定賣或不賣，就不合買賣之道。不論你多麼喜歡或憎恨某人，在買賣時必須公正。松

下認為他們的祖先，一向這樣做。有時候，或許會因被誤會通敵而喪命，但他們甘冒這種危險從事買賣。如果想到這種情形，即使現在環繞我們的經營環境如何險惡，仍會覺得是很幸運的時代。即使政治非常低潮，經濟非常不景氣，除非是世界末日，否則不至於被奪去性命。松下覺得，切忌被一時的情勢左右，而猶豫不決。

經營者首先必須牢牢掌握商人的買賣正道或使命。只要尋求並堅持這種放心或歡喜的心境做買賣，還怕不會產生勇氣及智慧嗎？松下認為在本質上，人類的社會，不可能走到盡頭。幾百萬年來，人類一直繼續生存及進步到今天，絕對永無止境。因此，松下相信今後仍然會如此，儘管會遭遇許多困難，但最後必能找到因應的對策。這雖然不容易，但為了適應動盪時代，經營者至少在基本上，需要這種信念。

以乞丐為最大的貴客

某個乞丐到一家名店買豆餡饅頭，居然勞駕老闆接待……

松下開始做買賣之後不久，有一位前輩告訴他下面一段故事：在某一條街上，有一家很出名的商店。有一天，一位乞丐專程來買一塊豆餡饅頭。乞丐只為了買一塊豆餡饅頭而來這種名店，的確是一件稀罕的事。因此，店裡的學徒包好了之後總覺得不對勁，而不敢貿然地交給他。這時候，店長叫一聲「等一下，由我來交給他。」然後，親自交給對方，並在收錢之後，鞠躬說：「謝謝您的惠顧。」乞丐走了之後，學徒好奇地問店長：「過去不論是什麼顧客光臨，都是由我們把東西交給顧客，好像從來沒有見過由店長您，親自交給對方。而今天的情形卻不一樣，這是為了什麼？」店長回答：「難怪你覺得奇怪，但你要記住，這就是做買賣的原則。店裡的常客固然值得感謝，應該好好地接待，但對剛才來的那位，也有特殊的意義。」「有什麼不同。」「平常那些顧客，都是有錢、有身分的人。他們光臨我們的店沒有什麼稀罕。但這位乞丐是為了想嘗一嘗我們做的豆餡饅頭，而掏出了身上僅有的一點錢。這真是千載難逢的機會，因此，當然應該由我親自交給他。這也是做買

賣的人，應有的態度。」經過了幾十年後，松下仍然清楚地記住這件事。他覺得，在這種地方去休會商人的感激，才能算是真正的商人。

顧客的連帶效應

好好留住一位顧客，可能就此增加許多顧客。失去老顧客，即是喪失許多生意上的新機會。從事買賣的人，誰不希望顧客盡量增加呢？但這絕不是一件容易的事。你必須隨時考慮各種策略、努力不斷地實踐，才能達到目的。不過，松下覺得如果在平時有敬業的精神，即使不積極地去爭取，顧客也會自動上門。因為老顧客對你經營的商店抱有好感，會為你帶來新的顧客。例如：有一位顧客對他的朋友說：「我經常在那家商店買東西。他們很親切而且服務周到，我對他們很有好感。」如果這話說得很真誠，那位朋友一定會說：「既然你這麼說，一定不會有問題，我也去試試看。」結果必會光臨，對做買賣的人來說，這等於是別人為你開個生路。基於這種想法，平時不斷地設法爭取新的顧客，固然重要，更應該留住老顧客。總而言之，只要能好好地留住一位顧客，或許能因此而增加更多新的顧客；相反的，失去了一位老顧客，則可能使你失去許多新顧客上門的機會。我覺得，做買賣絕不能缺少這種信念。

測試一下顧客的滿意程度

要常常檢討自己有沒有好好經營到一旦停止經營時，會令顧客遺憾的地步？平常在買賣上要注意的事情可能很多，而我覺得下列這一點絕不可忽略。那就是必須不斷地從各種角度，去檢討自己所經營的商店，到底為顧客貢獻了多少？他們到底喜愛、感謝到哪一種程度？例如：不妨反省和檢討，有沒有好好地經營到一旦不再經營時，顧客會遺憾的地步？只要隨時不斷地這樣檢討，松下想一定會時常想到「我還是考慮得不周到。怎麼可以忽略對顧客的這種服務」之類的事。就改換陳列方式來說，認為是為了引起顧客的

注意而盡量陳列商品也沒錯。但，如果進一步的是為了使特意光臨的顧客高興，起好感，而多下功夫，那麼必定能想到能讓顧客更高興，且更好的陳列方式，而更提升成果吧。松下覺得，只要每一個人都能徹底地關心顧客、不斷地自我反省及檢討，即會對於自己商店存在的意義，產生堅定的信念，不僅能為買賣付出全部精神，不斷創新，更能使生意日益興隆。這雖是從事買賣的人應有的態度，卻往往被忽略。因此，希望大家能夠再三地反省。

市場不可能獨占

提升商品的品質和發揮服務特色，才會使經營者與顧客皆大歡喜。做生意免不了競爭，但是競爭必須正當合理。當許多廠商在有限的市場展開激烈競爭時，很容易就只顧眼前，或附送大獎品，或做瘋狂折扣，想盡辦法要擴大自己的地盤，使自己在市場上占優勢。這原本是無可厚非的事，然而，若以為這樣就能確保市場，那就錯了。有一句話說「人各有所好」。A喜歡的，不一定就是B喜歡的。有人喜歡那個人鼻子的形狀，也有人討厭。同一個地方有兩家咖啡店，卻隨顧客的喜好，自然分成兩種不同的顧客群。想把顧客獨占，或打折扣或多送火柴，是徒勞無助的。因此，為了能使大家都能順利經營，社會更繁榮，必須尊重各人的喜好，發揮各自的特性。倘若沒有這種想法，一味想盡辦法獨占市場，則必使業界陷入無法收拾的混亂局面。松下公司基於傳統精神，一直努力避免發生這種現象，但也許努力還不夠，效果不彰。但願各位繼續努力排除不當競爭。用品質和正當的服務來取勝，進而促進整個業界的繁榮。

不可把腳尖朝向顧客

一切都是靠顧客才度過難關，所以睡覺時，不可把腳尖朝向顧客。回顧松下電器公司50多年來的經營，有許多值得回味的事。既有叫人歡欣鼓舞的事，也深切地體會了經營的辛酸及困難。回憶往事，真使人感慨萬千，最令

人難忘的,就是在困難時,顧客所給予我們的援助。當商品不易賣出、庫存積壓、資金短絀,甚至明天該付的錢都沒有時,只有靠顧客幫忙,才能度過難關。據說,從前大阪或江戶的商人,在睡覺時,不把腳尖朝向顧客。而以這種謙遜的態度當做店訓,代代相傳。在各種書籍上都有這類的記載,這點大家可能都知道了。江戶時代的商人認為,自己商店所以繁榮,完全是顧客所賜,故睡覺時,不可把腳尖朝向顧客;而聽到火災的警鐘時,也應該立刻跑去幫忙。依照松下自己的經驗,不管面臨任何困難,都會想到這點。

松下隨時牢牢記住,對商人來說,沒有比顧客更可貴的。人情的微妙,到了今天還是一樣。有些顧客會為你捧場,他不計損益惠顧,一心一意地幫忙,使你成為真正能為社會服務的人,這種熱忱實在是令人感動。這才是他們對你真正的愛護。選準時機商場上,時間就是金錢,誰願意在專心爭取賺錢機會的同時,讓你來分散他的衝動?做生意時,常有接待客戶或接受別人招待的機會。這潤滑了我們的人際關係,並使生意的往來更加緊密。只是交際活動,也有應該注意的事項,因為我們也有不方便讓對方來訪的時候。在商界大都是分秒必爭,因此要把時間騰出來很不容易的。有時候我們會在午餐時間去拜訪客戶,對方也許會因用餐,而無法招待,自己又不便打擾而告退了。還有一種情形是對方邀請你一起用餐,邊吃邊談,這時你也可能會因不好意思而婉拒了。總之,不管是什麼情況,都不該失去禮節。如果言詞誠懇,不但不會使對方因你的造訪而感到不愉快,反而覺得你十分尊重他的時間。當然,依各種場合和時間,有不同的說話方式,最重要的是要利用機會,把生意正事談妥。但松下想如為了節省雙方的時間,這種接待方式,的確要有所突破。

體會顧客的眼光

企業應重視顧客的感受與眼光,因為他們比生意人更清楚一切。越文明的人,對美的感受越強烈。未開化國家連廁所都是落後的,而有高度文明的國家用的是抽水馬桶。「美」和「清潔」是連結在一起的。松下曾被人指

責為披頭散髮，所以也許不夠資格稱為文明人。以前他一直認為頭是他自己的，他愛怎樣就怎樣。但錯也就在這裡。自己雖看不見自己的頭，別人卻看得清清楚楚。人既然活在這個世界上，不論是頭或臉，都要讓別人看，髒兮兮的臉，別人一看就討厭，所以，把自己的頭髮容貌整理得清爽整潔，也可以說是做人的義務。

女人也是一樣，應該穿美麗的服裝，好好打扮，讓路過的男人想回頭多看一眼，讓人回頭來看，不但自己高興，看到美麗女人的男人回家後，吃起飯來，也會覺得味道特別好，消化也更好，於是對健康有益處。換句話說，女人的美可給予男人健康。認為女子不必化妝的想法是錯誤的。不過，化妝的方法一定要加以研究，必須適合自己的個性和特色。有一種所謂「白痴美」，這種美不會使人欣賞。女性真正的美，絕不是與生俱來的，是從平時的教養中磨練出來的。人類欣賞美的眼光，逐漸在進步。大眾是最聰明，也是最公正的。我們絕對不能輕視大眾的眼光。就像商人不能欺瞞顧客一般，顧客比生意人更清楚一切。俗語說：「明眼者千人，盲者千人」，但松下覺得世界上「明眼者千人」，卻沒有看到過盲者，欺騙的手段是行不通的。

視商品為女兒

產品賣出去，經銷者是不是注意到能預期地替顧客效勞呢？到了結婚季節時，有許多父母就得把女兒嫁出。眼看著從小就費盡心血養育的可愛女兒，已經成年而將開始自立，在他們的內心，必有不願女兒離開的寂寞感和有緣得到新姻親的喜悅以及但願她永遠幸福之類的感觸交錯著。在女兒出嫁之後，則會隨時關心婚後的生活是否美滿。他們擔心：是否對方的家人都喜歡她？是否健康平安的做事？這大概就是一般父母的心態。

對買賣來說也是一樣。每天所經手的商品，就像自己多年來費盡心血養育的女兒。顧客購置商品，就等於娶個自己的女兒，因此商店與顧客之間，就成了姻親。如果能這樣想，那麼自然就會關心顧客的需要，會重視商品是否符合顧客的心意。如此必須會對出售的商品品質關切，例如會想到：「顧客

使用後是否覺得滿意？」「到底有沒有發生故障？」甚至「我既然到了這附近，乾脆就去聽聽顧客的意見吧。」這種感覺跟嫁了女兒，還依依不捨的心情是一樣的。如果每天都能抱著「這種態度」做買賣，就能跟顧客建立超越純粹買賣關係的相互依賴感。一旦到了這種程度，必會受顧客的歡迎，進而使生意日益興隆。希望大家能重新檢討，反省自己，平時做買賣時，有沒有抱著把商品當做自己女兒，而把顧客視同姻親的觀念。

多一些心理異位

　　若能秉著顧客至上的心態，經常為顧客主動挑選好物品，任何行業必會生意興隆。有一次，松下有機會聆聽了安田善次郎先生的笑話。安田先生曾服務於東京一家錢莊，因為服務年資屆滿，退休後開設一家小小的店鋪，店裡販賣些鰹魚乾。那時他做生意的態度，說起來真是有趣。店裡排放的鰹魚乾，總是將色澤美好的上品，先行挑選給顧客，這種情形頗讓顧客樂於再次光臨。就是顧客親手挑選，當然也是挑選上品，但總不好意思全部挑選上品，所以店家替顧客代選好的東西，就是顧客至上，完全為顧客服務。所以我們製造產品，推銷給顧客的商品，在銷售時，若能做到成為顧客的掌櫃，替顧客挑選好物品，那麼我們相信這家商店或公司，一定會發展和繁榮的。

　　商店的採購員決定進什麼貨來銷售，在心態上要當成自己是替顧客採購一樣，才能恰到好處。從事買賣時，當然要先衡量自己所經銷的商品，然後信心十足地銷售。不過，松下覺得也應該站在消費者，或代表顧客採購的立場，去衡量商品的內容，不應該有無所謂的態度。經辦採購的人，通常應該要分別檢討品質如何、價錢是否合理、需要多少數量、該在什麼時候買進等等問題，盡量符合所服務公司或商店的需要。

　　因此，如果你當做自己是在代表顧客採購，那就得隨時想到顧客現在需要什麼，需要的是哪類的東西，這樣才能提供讓顧客滿意的建議。例如：一位太太為了做晚餐而到魚店買魚，如果魚店老闆了解她的需要，而建議地說：「太太，這種魚現在買正是時候，而且價錢也不貴。相信您的先生一定喜

歡。」這種適當的意見，必定會被她採納，生意也就會成交了。如此，不僅能使顧客滿意貨品，店裡的生意也必定不會差。這種種情形在其他商店也是一樣。經辦採購的人，往往會為了公司利益，貪圖便宜而一味地要求降價。這雖是人之常情，但松下卻以為這不是正常的現象。因為，必須以雙方滿意，且互相受益的方式買賣，否則無法保持交易，結果彼此都不會有好處。因此，應該以替顧客採買物品的態度，一方面必須堅持公道的買賣原則，另一方面也要為顧客設想，而注重商品的品質。

笑臉是競爭的法寶

　　爭取顧客的辦法很多，招待觀光絕對比不過親切的笑容。最近，由於激烈的競爭，每一家商號都在銷售技巧上下功夫。附獎的銷售方法也是其中之一。大家都費盡心思地去吸引顧客，甚至舉辦招待顧客到國外觀光的活動。松下覺得，這種銷售方式如果真的能滿足顧客，且利於促銷，那麼確實很有意義。但如果問起在類似這種贈獎活動中，哪一種形式最好，每個人的看法都不盡相同。

　　事實上，松下認為親切的「笑容」才是最重要。雖然招待顧客觀光的方法不錯，但只要隨時以一顆感謝的心，用笑容接待經常光臨的顧客，那麼即使沒有招待旅遊的活動，顧客也會滿意的。相反的，如果缺少笑容，則即使招待顧客觀光，也無法與顧客維持良好的長期關係。因此，如果只為別家商店附贈大獎吸引顧客，而以為自己也應該這樣做，松下覺得這絕不是好現象。因為，這樣只會引起惡性的競爭。

招呼式服務

　　主動地詢問顧客的想法和需要，是贏得依賴、取得意見的方法。在任何時代，從事商業活動必須要注重服務。尤其是新產品陸續出現，應該更重視服務。一般來說，生意興隆的商店在銷售上用盡心思，在服務上，也給予更

多的關心。而在產品不足或發生故障時所做的服務，更是重要。例如：天氣開始炎熱而需用電扇時，不妨問問顧客：「去年產品的電扇有沒有什麼毛病？」或「我們的商品是否令你滿意？」這就是所謂「招呼式的服務」。這種完全屬於問候性質的服務，雖然不可能馬上就有什麼結果，但對於需要的人來說，聽起來會比什麼都高興，且會覺得公司值得依賴。由這點，便可以考驗出一個商人的榮譽與責任。但如果只是抱著不負責任的態度，那是很難有服務的熱誠。店長不僅本身需要有這種深刻的強烈意識，且需隨時向店員強調其重要性。不僅是擁有許多店員的商店，即使只有一位店員的，也應該強調並要求實行。這樣一來，不怕生意不興隆。因為有這種觀念的商店，不但在交貨時會親切說明使用方法，也會熱心地為顧客保養，以防止發生故障。如此不但會減少顧客的怨言，相對的，商品也會大受歡迎。當然，這種服務應該由經銷商、批發商以及製造商共同密切配合，但站在第一線、直接與消費者接觸的經銷店所負的責任最大。

顧客是君主的真義

有人認為：「顧客是君主，而經營的公司就是家臣。」但松下先生更進一步地以為……記得 22 年以前，松下第一次到歐洲時，某家大公司的董事長告訴他：「松下先生，我認為顧客就是君主，而我們所經營的公司，即是他的家臣。因此，即使消費者所說的話很過度，我們也應該樂於聽從。我一向是抱著這種態度。」「消費者即是商人的君主」這種說法，目前在日本國內也很普遍。但在當時聽起來，覺得很新鮮。「的確如此，這是很透徹的觀念。」松下十分佩服他的卓見。但松下又想到一件事，自古以來，如果君主不能為家臣或百姓設想，那麼會使臣民喪失效忠的意願，甚至導致人民生活的困苦，國家因而衰退。歷史上有不少這種例子。

換句話說，如果君主任意行事，將會導致他自食惡果的下場。因此，若不管君主說的有沒有道理，做臣子的都遵照辦理，或許是一種表現忠誠的方法。但他卻認為，真正的忠臣，應在必要時勇敢地提出忠言，甚至觸怒君主

也不惜，以免誤了國家大事。唯有盡心地使君主成為肯為別人設想的明君，才能算是真正效忠君主的忠臣。最近，消費者的利益十分受到重視，這是很可喜的現象。所以松下想借這個機會請大家體會「消費者就是商人的君主」這句話的真義，並希望大家都成為所謂明君與忠臣，以促進國家真正的發展。

感謝顧客不通融

客戶訂了貨就會等著到貨，而銷售者不也是送了貨，就是等著收取貨款嗎？生意上總會遇到各式各樣的顧客，有的要求嚴格。有的非常隨和。比如說某個人訂購一批東西，並要求早些送貨。於是我們回答說：「好的，馬上給你送去。」但總會等上一段時間。也許打算和明天要送的貨一起送。但到了第二天，可能會因突來的急事，而忽略了送貨這件事。只好把別人訂的東西又順延一天，這是常有的事。這種情形，雖然對方無可奈何，但仍能體諒，就可讓它延上一天。但也有的顧客並不這麼想，並且還再三催促：「上次訂購的東西馬上送來！」「正想明天送去。」「不行。明天來不及了，今天馬上送來！」「可是今天沒辦法。」「想辦法送來，我們急著要用。」像這樣再三催促，也只好特別為他送去。由於這種嚴格的要求使我們注意到，只要一有訂購，就該馬上送達。這是必須銘記在心的。不管是什麼方式的訂購，都要做快速的處理，並且設想對方期待的心情。因此對於任何訂購，都應機警地準時送達，才能維持商譽信用，也才能使生意越做越大。總之，在嚴格的要求下，才會有進步，這實在要感謝那些要求嚴格的顧客。

挑剔是策動力

不挑剔的顧客反而對我們有害，因為社會的縱容很容易使我們怠惰下來。做生意，有時也會碰到很好的顧客。他們常說一些鼓勵、讚美的話，例如：「這是松下辛苦製造出來的產品，做得好棒。」，使我們感到心情振奮、工作有意義。當然，也有不同的顧客，連東西看都沒看就拒絕：「這種東西不

好，別家的比這更好。這個又貴又做得不好。」

　　如果因此打道回府，生意就做不成了。高明的銷售者往往會更加熱心推薦道：「先不要這樣說，請你再仔細看看。」顧客的反應也有多種，有的會說：「這個真的不錯。」有的則否。到底哪一種顧客最難能可貴呢？當然，高高興興買下，又美言幾句的顧客最好。但例如車床打造好後，卻遭到買方種種挑剔：「這種車床不好，搖晃不穩定。」「不，這在別的地方有很高的評價。」「別的地方認為不錯。在我這裡可不這麼認為。這種東西太差。」被批評得一文不值。即使覺得對方可惡，也不得不忍耐，找出缺點所在，再加以修正。這樣，下次定能打造出千分之一毫米誤差也沒有的車床來，第一具無缺點的車床也就因而誕生了。

　　所以，關鍵仍然在買方。買方如果沒有見識，車床機械商也無從向上發展。今天，日本商品不斷外銷。當中，仍然有不良品退貨的情形。但是進口的產品卻少有退貨的情形發生。理由何在？為什麼舶來品較好呢？這並非外國工廠致力於無缺點之故，而是在國外，東西即使有100%的誤差，也不會有人買。就美國市場的買方來說，東西即使有 1/50 的誤差，也無人問津。因為沒有人買，賣方就要想盡辦法盡力提升技術水準，來配合顧客的需求。如果在美國，大家都對 1/10 誤差的東西不介意的話，大部分的美國工程師就會認為 1/20 誤差，更無所謂，也就造成大家都生產次級的產品。

抱怨是警鐘

　　顧客的抱怨是很嚴重的警告，但誠心誠意地去處理顧客抱怨的事，往往又是創造另一個機會的開始。由於長時期擔任社長及會長的職務，松下常常會接到客戶寄來的信件。這些信件有的是褒獎，但大多數是指責和抱怨。他對於讚美的信固然感激，但對於抱怨的意見，也同樣接納。

　　舉個例子來說，某位大學教授曾給他一封信，抱怨他們學校向松下公司購買的產品發生故障。他立刻請一位負責此事的高級職員去處理這件事。起先，對方因為東西故障顯得不太高興。但這位負責人以誠心誠意的態度解

釋，並做適當的處理。結果不但令客戶感到很滿意，同時還好意地告訴這位負責人如何到其他學校去銷售。像這樣以誠意的態度去處理客戶的抱怨，反而獲得了一個做生意的機會。

所以，應該非常感謝曾對我們抱怨的客戶。借著顧客的抱怨，使我們得以與顧客間建立起另一種新的關係。而不把抱怨說出來的人，很可能只說句「再也不買那家的東西了」，就沒有下文了。但是只要向我們表示不滿的人，即使想說「再也不買了」，一看到我們的人到他那裡，他便會說：「專程到這裡來的啊」，這句話只以表示他已領受到我們的誠意。所以，由於處理某件事抱怨，而獲得另一種新關係的例子是很多的。

把抱怨當作是另一個機會的開始。這比不在意抱怨要來得重要。

被要求降低銷售價格時，絕不可說會虧本，只有要求自己不斷在製造上有突破性的創意。

長久以來，松下和許多協力廠商來往，他見這些廠商的老闆們，各有不同的特徵。但有一個共同點，凡是經營有盈餘的廠商老闆，都很堅定、進取。所以，即使拜託他能不能再降低銷售價格時，也絕不說「那我們會虧本」之類的話。他會說：「我也想以這種價格出售。讓我努力看看。我一定設計降到那個價格，不過請等三個月後再降低，我們會拚命努力的。我相信我們辦得到。

各位能不能說這種話？或者，各位有沒有讓對方說這種話？這麼做的廠商，就能生產價廉物美的產品。能應付要求降低要求得特別厲害的顧客，自己越能學到東西，也越能進步。如果公司所訂的價格，允許顧客隨意殺價，公司也許當時有好處，但經過一兩年後，就不會有發展。

當你的顧客是經營非常嚴格的公司時，你就會常受「欺負」。但不要覺得這種欺負很可惡。要把這種欺負，轉為為自己學習、求進步的動機。只要你決心設法降低價格，讓那個難纏的顧客嚇一跳，你就會有突破性的創意與工作改善，不但自己因此獲得進步。終也能使顧客滿意。

顧客的憤怒就是經營的危機點

平時就真誠為客戶的利益打算，才能在危機時，及時想出對策。

一個人如果無緣無故地被人責罵，那麼這個人因此而發脾氣，是很正常的一件事。而這個例子也告訴我們，不要為了一件小事，就輕易地去責備別人。但是做生意的時候，客戶的責罵，卻是不會有絲毫的保留。假如你的商品或服務有了缺陷，他們就會很直接提出抗議，你要是因此而生氣，那麼生意就做不成了。

所以，對於客戶的責罵，我們只好試著去與他們接觸，這是非常重要的。另外，同樣是責罵，也有程度上的不同。例如：有的責罵是要你用心一點，有的是要你想辦法解決事情，也有那種一開口，就不分青紅皂白亂罵的。

當顧客的不滿只是停留在責罵的階段，那就沒有關係。如果已經超越了這個階段，而說出：「好，我再也不跟你交易了，從此以後再也不做了！」這樣事情就非常嚴重，你必須好好思考應如何處理。

很久以前，當松下幸之助擔任松下電器公司社長時，有一次客戶對事務員說類似這樣的話，這個事務員臉色發青的向他報告：

「因為某種原因，所以這位客戶非常生氣，說他今後不願再與松下來往了。」

當松下聽到報告時，雖然知道這件事非常嚴重，但是換個角度想，為什麼對方會發怒呢？於是，他詳問事情的經過，才知道對方發怒，只是由於沒有明白松下電器的想法，才造成了誤解。

既然是這樣，事情就沒有糟到不可收拾的地步。那麼，這時候該怎麼辦呢？松下想，應很率直地把松下公司的真意，一五一十告訴他。於是，他對事務員說：

「麻煩你現在馬上到客戶那裡去，把我們的想法，重新加以說明，讓他們知道我們的用意，在根本上，是考慮到對方的利益和立場，所以請不要因為一部分的挫折，就整個否定我們的方針和誠意。像剛才那種以偏概全的想法，我們是無法忍受的。你要把我們整個方針、情形，詳說一遍，如果對方

還是不能接受，那麼，我們只好放棄這個交易。你可以告訴對方說：「我回公司已見過經理，他要我說……」

這個事務員立刻就到客戶那裡去，很詳細地把公司方針說給對方聽，結果，那位本來不願再來往的客戶說：

「你們老闆真的這樣說嗎？我現在已經明白了，如果事情真的是這樣，我可以再重新考慮，今後雙方還是多來往吧。」這個事務員很高興地回來向松下報告。

這家本來要與松下停止來往的客戶，在這種情況下，又繼續雙方的交易了。不但如此，這家客戶比以前更加強與我們的來往，而成為松下的有力支持者之一。

這件事說明了，當面臨客戶憤怒的時候，等於你面臨生意的危機，這時候，不要放棄一切的努力，真誠地去突破這個局面。同時，這個真誠，不是只在當場表現出來的，而是松下企業平時就考慮到客戶的利益及立場。所以，在遇到危機的時候，也能夠找出對策，使事情得到最圓滿的結果。

成功的不二法門

把顧客的心意當成自己的心意來服務。顧慮周到的服務精神，是任何公司成功的不二法門。松下在孩童時期，時常閱讀講談本（一種講述故事等的書）。其中他非常喜愛《太閣記》，一有空就重複讀好幾遍。那是很久以前的事了，現在也記不太清楚，但還記得其中的一段：

豐臣秀吉受織田信長雇用為攜草履侍僕。在寒冷的冬天早晨，把主人的草履藏在懷裡，用體溫暖和的故事很有名。現在要說的一段，是從攜草履和侍僕，調為馬夫照顧馬匹的故事。

當時的豐臣秀吉已有妻室。兩人只靠他微薄的薪水，勉強度日。可是，他非常疼愛他負責飼養的信長坐馬，除日常的飼草之外，還自掏腰包，買馬最喜歡吃的胡蘿蔔餵牠。結果，拿回去的錢自然銳減，太太為此非常不滿。她嚴厲追問：「為什麼只有這麼一點錢？」

他說：「我實說，因為太愛惜馬，所以買了胡蘿蔔給馬吃。」太太說：「老闆的馬要吃的胡蘿蔔，為什麼要用你的錢？那不是應該由老闆來付？我要的衣服都不買給我，卻為馬買那些胡蘿蔔，你還愛不愛我？」終於離開秀吉遠走高飛。換句話說，他被老婆丟棄了。

秀吉也感到無奈，只好認了，繼續服務下去。不久又再娶，這位再娶夫人就很明理，非常賢慧，據說對秀吉的幫助很大。因為這是講談本上寫的，所以故事的味道很重，但松下仍然記得在他當時的童心中，對他這種徹底的敬業精神非常敬佩。

松下不知道秀吉是因為顧慮到自己的發跡才這麼做，還是真心對工作熱忱，以致自然有這種念頭。總之，只要馬能養得健壯，讓主人高興，他就心滿意足，情願傾其已少得可憐的錢，來買胡蘿蔔。不過為此讓太太離家出走，最很糟糕的。但這種敬業精神卻給他帶來日後的成功，我們也應該多多學習他這種驚人的服務精神。松下認為這故事提供我們無論做生意或做人，有非常大的參考價值。

松下因工作的關係，時常找各地的經銷店老闆。聽聽他們的意見。這時他發現，對售後服務特別賣力的經銷店，生意幾乎都很順利。例如經常到客戶家去問問賣出去的商品用得怎麼樣，或者一有故障，就立刻跑去修理等等。如果無法馬上修好，就選送一部代用品，讓客戶暫時使用。

比如目前一直在看的電視機被送去修理，就非常不方便，這時他們會送一部代用品放在原來的們置，告訴客戶：「這是敝店的電視機，貴府的電視機修理好以前，請暫時用這一部。」然後盡快把拿回來的修理好，盡快送回去。客戶也會因此非常感謝，說：「我該付多少錢？」他們會說：「不，這麼一點小事，是我們答謝您對我們平常的惠顧。」

每一家商店也都異口同聲地這麼說。

該店也許認為本店出售的當然要負責，才提供那麼熱忱的服務；或者認為提供這種服務，才會吸引顧客再來買其他商品。但是無論如何，服務熱心的經銷店，生意都很旺盛。換句話說，以秀吉所表現的那種服務精神，來做生意的商店，大致都很成功。

綜合以上所述。松下更深刻地感覺到對顧客的服務，有多重要。如果你是製造商，你就要努力製造物美價廉的東西來服務顧客；建立顧客一有要求，就立刻把商品送到的服務態度；加強萬一有不良品或發生故障時，就全力修理的售後服務等等。各方面的服務都必須顧慮得很周到。

此外，公司的每一個員工對服務精神，也必須充分了解。因為員工的服務分為二種。一種是對工作的服務，另一種是對外的服務。

那已經是多年前的事了。松下公司的一位主管到歐洲旅行時，偶然有機會到荷蘭的飛利浦公司參觀。當時的松下電器公司還很小，對方當然還不知道有這麼一家松下電器公司。

可是，飛利浦公司認為他遠從日本來，不但讓他參觀工廠，負責接待的職員，晚上還招待他到自宅去。

荷蘭是比日本富裕的國家，而飛利浦公司又是一家大公司，所以該職員的收入可能也相當可觀。招待外國人到自宅去，總不能以一杯咖啡就可以打發，總得請吃晚餐什麼的，各方面都得花些費用，但是那位職員卻很熱忱地招待他。

松下聽完這報告，心裡想，飛利浦這家公司之所以能發展的原因之一，就是在這一點。大家對工作都必須由衷地服務才行。就因為這種精神，整個社會才能發展，大家才能幸福。

滲透靈魂的商品

唯有投入至誠的產品，才會獲得肯定：而能夠獲得此種信用，工作的辛勞始有代價。

最近發現本公司員工，不太珍惜自己苦心研發的產品。其實，對於我們親手做成的東西，在世界上被如何看待，應有強烈的關心。

以前松下直接從事生產時，拿了一件新產品給一家經銷商看。「松下先生，這一定花了一番苦心吧？」當時松下聽了這句話，高興得幾乎要免費送給他。這不是想要高價出售，以賺一筆的欲望意識，而是數月來的辛勞，獲

得肯定的一種純粹感激。

這種感激，是唯有那些把自己的靈魂和至誠投入產品者，始能感受到的。而當公司的員工都能感受到這種喜悅時，松下電器公司才能生產報國，獲得社會上確實的信用。根據這種精神，本公司產品凡未能通過「產品檢驗所」的，都不能送到市場去。

摯愛產品

先對商品有興趣，才會確切了解商品價值，想出動人的說服顧客方法。

每一位商人，都希望自己的生意興隆，但實際上卻不容易達成。這到底是什麼原因呢？

它的原因很多，而缺乏與這種願望相配的辦法及努力，可能就是主要原因之一。如果缺乏正確的實施方法及努力，則理想會成為空談。所以不論是多小的願望，都必須以勇氣及決心不斷地努力，才能實現。例如向顧客說明商品時，必須注意自己是否完全了解說明的方法和商品的內容。自己也必須先確信商品是值得顧客購買，才能想出說服顧客的方法。

當然，自己必須先對商品有興趣，才能有信心介紹給顧客。有興趣才會樂於努力，而不覺得吃力，說服的能力也會隨之提升。「喜歡了之後，才會進步」這話一點也不錯。不僅在商品的說明上，對於任何事都能適用。

因此，如想使生意興隆，就得先對做買賣這一行有興趣。不可只為了賺錢或生活，而選擇這種工作，應該以誠心誠意從事它。這也是促進生意興隆的基本要求。一般人認為「適才適所」是生意成功的先決條件，這就是指由喜歡買賣的人，來做生意。果真如此，則每一位商人，都不難達到他的願望。

商品不可隨意擺置

兩千元的產品和一張千元大鈔價值誰高誰低？

為什麼一般人會小心地保管鈔票，卻把商品隨地放置呢？

松下認為，不論生意範圍的大小，它所遵循的原則都一樣。

人的心理很奇怪，往往對於千元大鈔，視為除了生命之外最可貴的東西，因此會小心地放在皮包、衣櫥或保險箱內，絕不可能隨便亂放。

但對於商品，則往往不會那麼慎重處理。雖然是值 1,000 元的東西，卻不會跟千元大鈔一樣地重視，而隨便放置。任由它蒙上灰塵，不好好地整理，隨便地擺在店內的一個角落。

說真的，這是一件值得反省的事。

依松下的觀察，越有這種傾向的商店，它的業務越差。當然可能也有些例外，但總是在少數。相反的，如果認為商品和金錢一樣的有價值，並且意識到商品將能為你帶來錢財，而細心地管理、陳列，並隨時保持清潔的商店，則生意都不錯。

據他所知，有一家總經銷商的老闆，為了想使零售店的生意興隆，每天利用晚上時間，訪問兩、三家有來往的商店。據說，他往往先強調保持店內整潔的重要性，然後，就如對待自己商店一樣，熱心地幫忙整理、陳列商品，甚至打掃。

半年之後，也許被他的誠意感動，連零售店的老闆娘，也覺得這種事應該自己以身作則，以便做得更徹底。此後，店內的擺設逐漸改變，生意也隨之日益興隆。結果，這位經銷商，也因此得到了不少的好處。

雖然這看來是一件無關緊要的事，卻是做買賣的一個祕訣。不論買賣做得大或小，對於所經銷的商品，都應該跟金錢一樣地慎重處理。

追蹤到底

銷售產品不像「嫁出去的女兒，潑出去的水」，要追蹤到底才行。

小孩纏父母，有時有些討厭；但是，被小孩糾纏，到底還是覺得可愛、覺得高興。

對自己製造的產品，或自己售出的商品，如果不再過問，心理上難免感到遺憾，對不起社會，也對不起工作。應該認真地製造物品、誠實地出售，

付出全副精神去工作，對於產品要始終加以注視。

不僅要注視它，同時要纏到底。商品到了廚房就纏到廚房，到了客廳就纏到客廳裡，到了外國就纏到外國，絕不放鬆。對於產品的使用情形如何、有沒有缺點、有沒有毛病……，要關心到底。

這種認真關心工作成果的態度，即使令人覺得有些過度，但客戶一定會感激生產者的誠意。從事生產，必須具備這種心理；從事買賣或工作，也是如此。

品質是生命

商品的品質與廠商信譽和顧客利益都有直接的關係。

無論從事任何經營，都要嚴格要求產品品質。「凡是松下電器公司的產品，都是最優良的」，這是松下公司一貫的經營理念。而事實上，如果產品未經品質檢驗，是禁止銷售到市場上的。

有一次在廠長會議上，大家保證絕不生產不合格的產品，可是後來仍然偶有不良產品出現，對此，我們應負很大責任。松下下決心說，從現在起我們一定不能讓不良產品流到市場去。我們再度強調，請各位一定做到。對我們所有的產品，要站在客戶的立場，以客戶是老闆的心情，來重新檢查性能、品質。工廠方面及營業部門也要這樣，稍有不滿意立即退回工廠再檢查。

優良的產品不只光靠工廠，也要和營業部門緊密地配合，才能生產出來。所以，我們要慎重、徹底地全面推行品質管理。這和公司的信譽有直接的影響，也和各位的生活息息相關。請各位站在自己的職位上，就品質管理問題，提出最完善的方案，徹底實行。

產品開發沒有局限

不要將新產品的開發局限在成本的範圍內，如此才能將工作範圍無限擴展，而產生新構想。松下到美國的時候，發現他們的收音機性能不變，僅外

型設計不同，價格卻有 10 美元到 35 美元不等。機器性能不變，卻有這樣懸殊價格，他感到非常驚異。可是美國人卻賣得不亦樂乎。

在日本，5 個真空管的收音機，大致上都在日幣 3,000 元到 1.2 萬元之間，而製造廠商都在這個成本範圍內，進行設計。所以，成品的價格、設計與外觀，都是大同小異。

這是可怕的失敗。我們自己把設計局限在狹小的範圍，然後大叫經營困難，無利可圖。想到這些，松下非常惶恐。

一回國，他立即和有關人員商量，他要他們打破這種不成文的自我約束。用 1 萬元也可以，10 萬元也可以，來製造同樣是五個真空管的收音機。另一方面增加商品美感，做出更有價值的商品。於是在美工部徵求更多人才。直到今天也沒有改變當初的宗旨。

根據這種想法，我們的工作範圍可以無限延伸，新知識，新構想不斷產生。我們要在經營上、工作上、觀念上，有更自由奔放的作風。

技術發展慢一天，可能會造成企業一整年的落後，因此不可吝惜於投資技術研究經費。

生產優良產品，是製造販賣部門的基本工作。我們的工作，必須以技術為基礎，才能產生真正的價值。所以，技術的提升，是非常重要的。

因此，今年也要繼續去年的做法，注意技術問題，盡量提出改革。為提升技術而研究時，不要節省預算，盡量花用。從今日經濟情熱看，新設施應盡量節制，但只要事關技術研究，則應視為例外。技術上的研究，若慢一天，不只落後一天，可能演變成一年的落後。所以技術的研究，可以毫不受限制的進行，希望各位要努力提升自己的技術。

另外，松下曾明確聲明在技術研究方面，有馬上可以應用的，有待長期開展的，這些都是公司從事基礎性研究的專案。而且，我們要網羅優秀的技術人才，並希望他們能夠和公司一起成長。

改革商品是商人的責任

分析顧客的要求以變革商品,主要的責任不在於製造商,而在於商人。

買賣的過程包括:採購商品、銷售商品以及滿足顧客的需要。但松下認為,從事買賣的人,除了採購銷售之外,更應該重視「商品的創新」。

即是,應該站在商人的立場,從各種角度檢討商品。「如果這樣改良,這種商品會更好嗎」?或「不妨生產有這種特點的新產品」,要不斷地思考這類的事,向製造商提供意見,不可只關心一般買賣的過程。

當然,生產商品是製造商的事,大家都以為,新產品應該由製造商的研究部門去開發,商人只要經銷那些商品就好了。

但是實際從事買賣的人,最清楚消費者的需要。他最有機會聽到平時顧客對商品的不滿或要求。因此,如果想在買賣上真正滿足顧客的需要,就應該徹底地分析顧客的不滿或要求,整理出自己的構想,並熱烈地要求廠方改良或開發。唯有這樣,才能使買賣有意義,而真正有益於社會。實際上,在美國很多商人有這種構想,並堅持廠方接受。這可能就是新產品陸續被開發的主要動機之一。

實際上,要想出好的構想並不容易,但能進一步地想到這方面,才算是真正買賣的妙趣,而且,唯有這樣,才能獲得消費者及製品商的信賴,使業務蒸蒸日上。

講究的造型設計

以經濟合理的標準,美化產品造型,才能達到促銷的目的,並形成一種美的文化。根據市場調查,如果讓婦女自由選購電視或收音機,大家都會選松下公司的產品;因為我們的產品設計高雅,所以受到女性消費者的喜愛。松下對本公司產品的性能,本來就很有自信,至於在外型設計方面,居然也受到稱讚,則使他頗感意外。把外界的良好風評告訴松下的人,多半是他的好朋友,或生意上往來的客戶,所以他原先認為他們可能只是講客套話。但

後來深入一想，那些美術設計，確實也有受到好評的條件。

所謂美術設計優良，以女性的審美觀念來說，光是文雅和小創意是不夠的，還需要具備某種程度的「姿色」。當然光有外在「姿色」，電器本身不好也不行。美術設計就是這樣，純以產品性能來滿足官能需求的時代，早已過去了。必須在費用之外，加上美觀，這是一種新的「美的文化」標準。

所以那次松下去美國時，最注意的，就是關於產品造型設計的問題。在美國有的電器用具價錢非常高。譬如說性能和機種相同的收音機，有的價錢卻會高到三倍多，這是為什麼？起初松下不明白。後來仔細想想，原來是造型設計不同的緣故。過去日本工業界對造型設計並不重視，但在美國，人人都知道造型設計的價值。

自古以來，日本人就對茶杯要求盡善盡美，所以往往價值 100 元的茶杯，有人肯出 1 萬元的價格購買。日本人對某些特定的商品，當然也會要求形態美或舒適的觸摸感。可是這種高度的審美標準，卻遠沒有普遍進入現代化的生活之中。由此就出現了今日美國和日本的文化差距。但是，看了美國的情形，他就有一種想法，認為日本總有一天，也會達到美國這種程度。所以在十多年前的那時候，松下就開始計劃把一部分工作的重點，放在造型設計上。

那次從美國回來後，他立刻在公司裡籌備設計部門。可是，當時日本很少大學設專門的工業美術設計科系。到處打聽的結果，只知道千葉大學有這一專門性的學科。他之所以那麼熱心地想成立設計部門，原因是想到今後日本的製品，將源源輸出海外，如果不加以研究造型設計，做出吸引人的東西，便難以和外國產品競爭，儘管性能再好，沒有美術設計的話，也會賣不出去的。而最使他失望的是，當時千葉大學美術設計科的畢業生，也寥寥無幾。

經過考慮後，松下請求千葉大學當局，讓一位教授到他這裡來主持籌備工作。但由於他要把日本唯一的美術設計系中的現任教授，聘到他的公司裡，所以這次的談判相當困難。他雖未親自前往，但好幾次派人到千葉大學去洽商。當時的社會對造型設計並不重視，他這樣做，等於促使日本各公司重視造型設計。松下熱心地遊說那位教授，他終於勉強答應了。

就這樣，松下公司成立了造型設計部，而這就是松下十數年前的美國之行，所帶回來的洋產。在今天，連報紙都舉辦美術設計比賽，然而在那個時候，工業設計根本不受重視；所以松下敢誇口，他是這方面的先驅者。今天松下公司的產品設計優良，最能夠清楚地顯示他在這方面，確實沒有做錯。與千葉大學的談判，算起來已是十多年前的事了。當時千葉大學那位教授在他的熱誠邀請下，投入松下公司，一直擔任松下公司的造型設計部經理。

經銷專才的價值

能使商品價值得以發揮的，是促銷經驗豐富的經銷商，而不是設計新產品的製造廠商。

松下電器公司是製造電器的廠商，所以在產品的品質和實用價值方面，可以稱得上是一個專家，而且有其獨特處。它有責任是設計有價值的新產品。

所謂添上商品價值，是怎麼一回事呢？就是促銷。重要的是誰來做促銷的工作呢？不是我們。我們只有製造設計方面的技術人才。最擅長促銷的是經銷商。

經銷商每天都在努力從事販賣工作，在這方面他有豐富的經驗。他們是商品促銷人才。松下認為他們的產品之所以無法暢銷，最大的原因是沒有運用經銷商的專才。

我們今後應該積極向這些經銷商討教，多聽他們的意見，這樣，經銷商的販賣業務才能更順利，我們的事業也能更繁榮。

向經銷商請教

從經銷商可以得到最可靠的銷售資料；若不傾聽他們的意見，必將導致滯銷。

松下常向同事們說：「你們不可能有萬般智慧。對於你們想知道的事，知道得最清楚的，是一些做事熱心的經銷商。各位可會聘他們為顧問？可有支

付薪資？即使沒有支薪，只要拜託他們做顧問，他們一定樂於接受。」這件事，實際上他們做得還不夠。儘管有很多人想教他們，他們卻無意去吸收人們的智慧。這使他們變得非常「貧乏」。這和大部分人認為自己的財產，就是自己擁有的那一份。的想法。

　　胸襟寬闊的人，認為世界市場都是屬於自己的，只是自己全部擁有太麻煩，故暫時委託別人保管——我們也要有這種想法。但是大家都想只靠自己的智慧，這樣，即使我們做出來的產品相當好，也因不傾聽經銷商的意見，而引起反感，導致滯銷。

　　反之。若肯虛心聆聽別人的意見，即使產品只有七成好，也會得到同情。他會教你：「這樣的產品你會吃虧，是不是這樣修改一下較好？」結果，你就能做成百分之百理想的產品。這種事是隨處都有的。

　　經銷商是販賣專家，我們是外行。現在的情形，是外行想指導內行，要他們賣這賣那，這就難怪銷售業績不理想了。

　　經銷商比我們更清楚產品的銷售量及合理訂價，為什麼不去請教他？

　　開發一種新產品時，到底是否容易推銷，常常在公司內，引起強烈的爭辯，這種辯論未嘗不可。可是實際上，到底容易銷售與否的問題，最清楚的，莫過於經銷店的老闆。「我們這次的新產品，不知銷路會如何？」經銷店的老闆接過頭一摸，一定會即時告訴你「這好賣」或「這恐怕有困難」。能幹的老闆，對產品的暢銷度，確實有料事如神的一種直覺感。公司的技術人員，當然不會知道以自己的技術，製造出來的產品，銷路到底是好、是壞，就是營業部門的人，也沒有經銷商那麼清楚。

　　像這種問題，不去問經銷商，只是自己在討論到底銷路好或壞，討論半天，還是無濟於事的。當然不是說每種東西都要一一去問，可是當你有懷疑時，不妨跑到熟識的商店請教他：「你看銷路如何？價錢訂多少較合理、客觀？」他一定會告訴你：「差不多這個價錢最合適。」這個答案往往是很正確的，就像盲人用拐杖探路一樣的道理，並不十分困難。在後方勤務而不了解前線情形的人，來談論這樣、那樣，松下想是沒有必要的。大公司往往就不會去問小商店的老闆，而自作聰明，經過會議討論決定的價格，往往會受

到經銷商的埋怨與抗議：「這樣高價的東西賣不出」或「這種東西怎麼可以賣？」

做生意的方法當然有很多種，五年後的事情，也應該先考慮考慮。可是真正的生意，還是一天一天的累積，做這樣平凡的詮釋，應該是不會有多大錯誤的。

享受經銷的樂趣

工作的興趣和顧客的購買欲望，建立在營業者的積極態度上。

有一次，某公司職員早上七點多來松下家。「怎麼啦？怎麼一大早就來了？」他說。「平時到公司很難見到您，所以這麼早來打擾，真不好意思。我想介紹本公司的產品……」他很客氣地解釋道。「這麼早就來，辛苦啦。」「不，一點也不。反而覺得很有意思。我滿懷希望，相信一定能見到您。」被他這麼一說，松下只好請他進來坐坐了。事情就這麼談成。

無論多難見到面的人，至少也要下這種功夫。這麼做，就會覺得興趣盎然。如果一味擔心這麼拜訪會不受歡迎，而裹足不前，永遠不可能成功。

例如要推銷製造霜淇淋的家庭電用品時，說：「太太，用這個東西很方便，能製成又香又甜的霜淇淋。」那麼大多數的顧客都很樂意購買。那位家庭主婦，等先生回來時，端出一份自製的霜淇淋，先生吃完很高興，就說：「你做的霜淇淋，比市面上賣的還好吃。」他就是為帶給別人歡樂，所以才推銷這種產品 —— 有這種想法，便能高高興興去推銷。如此一來，你就不再覺得推銷是一件苦事。太客氣、不敢拜訪顧客，便無法把產品推銷出去。對公司的所有工作，亦應抱持這種態度。

本公司生產的，都是很受歡迎的產品。所以，只要各位心情愉快地執行各自的任務，公司的營運自然會成功。

激發顧客的購買欲

不要只有賺錢的念頭,更要這樣想:「這商品對顧客有好處。」

買賣的方法,隨時代的變遷而有所改變。現在,在買賣上「提醒顧客」的重要性日益增加。幾年以前,只是向光臨的顧客好好地推薦、說明商品的方式,促進買賣。但最近需要更主動地促銷售,我們應該去拜訪顧客,積極地推銷。

當你發現「這種商品不錯,用起來很方便」時,應該想到「快告訴顧客有這種商品,不要讓他錯過機會。這是我應有的責任。」然後到處拜訪顧客,誠懇地提醒他們。這是很重要的。當然,同樣是到處拜訪顧客,你或許會想到「這樣做能賣的較多,也能賺錢」,然後抱著這種想法去推銷,可能會獲得相當的成果。但這種方法,不能真正對一般人的需要有幫助。真正有益於顧客的買賣,必須基於「這種商品對顧客有好處」的堅定信念,誠懇地向顧客強調,提醒他們的注意。

如果有這樣的提醒,那麼顧客就會被你的熱誠所感動,而有意試用產品。經過使用後,發覺很方便,也就能對這個新產品有信心。顧客對你有了依賴,生意自然會興隆。松下覺得,主動地提醒顧客需要,而讓顧客滿意的「真正買賣」,是成功的重要關鍵之一。

製造無需宣傳的良品

靠宣傳推廣的產品,不能維持久長;比宣傳廣告更重要的,是如何製造優良產品。

對製造業者來說,靠宣傳銷售的時代已成過去。一個實例就是:不久前,松下公司輸入飛利浦公司的電視機推出市場時,幾乎未做廣告,但很快轟動起來。得到的評語是,比已經在市面上銷售的多數別牌產品還要好。今天,任何事業,宣傳廣告在經營上所占比率相當大,因此不宜忽視。但松下覺得飛利浦公司的電視機,給了我們一個啟示:品質十分優良的東西,是無

需依靠宣傳的。良品不必自己宣揚，用它的人們自然會在社會上傳揚。我們必須製造無需宣傳的良品。不過，松下的意思並不是說，不需要宣傳。為了把我們製造出來的良品，能更快地通知社會，讓大眾享受便利，我們需要清純的宣傳廣告。

宣傳一停，銷售量立即銳減，這表示該產品不是靠品質，而是靠宣傳來銷售的。

廣告的第一效用

廣告宣傳是製造商為顧客製造信心，目的不在推銷，而是要讓更多人了解產品。

製造商的使命，就是製造出對人類有用的產品，否則就失去生產者存在的價值。但並不是把好的產品生產出來就可以了。還要想辦法讓每個人都了解。

「現在有一種優良產品上市了，如果使用它，將會使你的生活更加美滿。」像這樣把產品介紹給別人知道，是一種義務，也是廣告宣傳的意義。所以，做廣告宣傳，並不是為了推銷才做的，而是要讓更多的人了解。

在廣告宣傳上，製造商對經銷商的信心，是有幫助的。經銷商的使命，是從製造商購得商品後，直接或間接地售給顧客。但如果製造商認為販賣是經銷商的事，不必做廣告宣傳，那就會使經銷商感到沒有依賴，而失去信心。結果使銷售的成績一落千丈。相反的，如果製造商積極地做廣告宣傳，擔任銷售的人會感動安心。同時，努力為商品做促銷，就可完成企業的使命。

今天，廣告宣傳已是非常盛行。因此，它發展的範圍十分。我們常可看到為促銷商品而做的宣傳，或為廣告而做的廣告。這和廣告宣傳的意義，是有些出入的。

要生動地執行企劃

真誠的態度是達成促銷活動的原動力,為了達到銷售目的,必須時時留意,讓顧客滿意。

在企業經營中使人覺得最困難的,可能就是銷售問題了。產品的製造,會有新的發現,但銷售卻很難有特別傑出的方法。從目前商店所有銷售策略來看,幾乎看不出有什麼高明、奇妙之處。何況在促銷上所用的策略,都大同小異,的確很難拓展業務。

即使只是一件襯衫,一般人或許早就想好在哪一家商店購買。雖然談不上有什麼嚴肅的理由,去有使他這樣做的原因。就是顧客往往根據哪一家商店最讓自己滿意的這種直覺,去決定採購的地點。

基於這個理由,松下覺得如果能達到銷售的目的,就必須優先考慮,怎樣才能讓顧客高興,怎樣接待,才能令顧客滿意。因此,若想在缺乏出奇制勝的銷售策略下,發揮自己的特色,則在基本上,必須先培養出每一位員工的誠摯心意。他覺得,在言辭上所表露的感受,比什麼都重要。

當我們看喜劇演員的表演時,都覺得滑稽有趣;但當我們讀劇本時,卻往往感受不出在現場表演時的那種趣味。從事銷售工作也是如此,就算有一套很好的企劃,但能否巧妙地運用,就要看銷售員是否接受完備的訓練。如果對企劃能抱持興趣的態度,去研究執行,那一定會成功。

每一家公司、商店,都有其基本的銷售方針,但這只不過是一個基本。如何有效地發揮,卻各有方法。通常最能打動顧客的,是銷售人員的努力與工作熱忱。所以,如果能培養銷售人員一套完整合宜的應對辭令,那就如虎添翼,一定能達到銷售的目的了。

善用資訊

資訊發達,使社會邁向「容易成功」的時代。

而能否成功的關鍵,在於個人是否善加利用宣傳的效力。

　「現在是一個容易成功的時代」，也許這種說法有語病，可是松下所以持這種看法，是因為那時無論是做善事或惡事，一下子就會傳遍全國。如果在從前，東京的人做了善事，長崎的人可能要一個月或兩個月，甚至兩三年才能知道。

　過去在大阪、京都銷路很好的商品，想在東京打開市場，可能要很長一段時間；可是現在一經電視傳播報導，馬上全國都知道了。

　現在有很多能夠協助你成功的機構，如果你想要登廣告，就有很多提供你有效策略的廣告公司，等著為你服務。只要有心，任何事都可以做。如果想為公司做些事，一定可以如願以償，公司也因你的建議而提升業績。相反的，也有人說，沒有任何時代比現在更難成功。從不同的角度來看，這種說法也沒有錯，至於到底以哪一種想法來判斷較好呢？松下認為，應該視今日是最易成功的時代，向前邁進，這樣非常容易在工作中，尋找到樂趣。

　因此，現在是易於成功而達成志願的好時代。過去的人很不幸，無論做什麼好事，要使全鎮的人知道，都不是一件容易的事，何況是全國？？可以斷言，絕無此可能。然而現在呢？立刻傳遍，現在的社會已進入「容易成功」的時代了。

解剖人性

　人有時能被利誘，有時卻不能，所以銷售時不能光強調利益，還須注意態度及技巧。

　國家的政治能不能上軌道，全看人民是不是願意聽從政府的主管而決定；至於人民是否聽從政府的主管，那就要看施政當局的政治手腕了。有時候，人民明明很清楚政府的政策，是為全民的利益而設想的，但由於施政的方法及態度不妥，使得一些好政策反而不能順利推行，且產生為反對而反對的情形。明明是要給各位最好的東西，但由於給予的方法不當，導致不被接受的後果。所謂「不吃嗟來食」就是這個道理，這種情況無論對象是政府或人民都一樣。如果一切以誠相見、以禮相敬，松下想不僅是政府的政策或其

他一切事情，都會成功的。

做生意也是同樣的道理。假使生產了一種新產品，這產品能使買主得到很多的方便與利益；或是製造一種新的工作機臺，能使買它的工廠提升幾倍的生產力，得到莫大的利益。但要推銷這種商品或工作機臺時，就要看你如何運用推銷的技巧了。身為推銷員，如果你說：「我們的新產品，一定能使你們得到三倍以上的利益，我願意賣給你，你就買了它吧。絕對不會錯的。」這樣的說法，一定不會受到買主的歡迎。如果你改用另一種口氣說：「我們公司最近有一種新產品，我們覺得還不錯，不知可否請貴公司試用看看，我想一定會帶來不少好處。」如此的說法，也許會使客戶產生好感，而決定買一部試試看。

人都具有可以被利益說動的一面，同時又有不能被利益說動的另一面，這正是松下認為人之所以為人的道理。如果給獅子一塊肉，它絕不會考慮你給予時的態度好不好，只要飢餓，看到肉就會撲過去。久而久之，它會認得你、親近你。人就不然，如果你要施惠於他，有時不一定會被接受：除非你非常誠懇，用禮貌來對待他。

松下認為人性是最難以捉摸的。雖是難以捉摸，可是卻又有易被激發、說動的特性。只要你了解「人性一半可以用利益來引誘它，另一半，卻不能以利益來說動它」的特點，就可以很容易地說動一個人。

讓廣告影響食慾

一則不好的廣告，會使人喪失食慾。對廣告關心，即表示對自己的製作產品負責。

每天早晨，松下都一面用早餐，一面看新聞報導。首先他會注意到廣告畫面。只要有本公司廣告，就覺得：「好，這個廣告做得很棒。」早餐的味道，也覺得特別有味。若看到不好的廣告，就覺得索然無味，難以下嚥。到底各位對廣告，有沒有這麼關心呢？

無論是負責製作、銷售，或者從事一般工作的員工，對自己苦心製作的

產品，在廣告上出現，就算宣傳手法有巧有拙，也不至於感覺索然無味。

　　對於新聞廣告，或其他方式的宣傳廣告，本公司將會不斷地推出，企盼各位同仁多加注意，給予建設性的批評。如有覺得需要改正的地方，請以溫和的態度，向有關部門，提出寶貴的意見，作為我們改進的參考。

企業廣告的先驅

　　1930 年 10 月 2 日刊登於「大阪朝日新聞」的一篇廣告：

　　國際牌電暖爐介紹 ——

　　最近家庭電化用品普及，發展迅速，同時提升了電氣與機械器具製品的品質。需求量，在兩三年來，已增加了數倍；但價格卻平均降低了 30％ 左右。可見電化產品發展至今，其價格與品質，都已到達大眾化的程度了。

　　敝公司自 1918 年創業以來，專業經營、製造電氣器具，為電氣工業的發展，貢獻了一份力量。我們排斥粗製濫造的作風，精選資料，大量生產優良產品，藉以降低價格，服務顧客。承蒙各界同業先進的賞識，把我們視為優秀廠商之一。

　　尤其自去年推出國際牌電暖爐以來，因產品本身的「自動溫度調節器」的精密優良設計，各部分構造的完全配合以及清新優美的外觀，推出以來，頗受各界注目。第一批試銷品三萬臺，隨即被搶購一空，深獲使用者的愛護與讚賞。

　　為響應各界的愛用。本年度的 100,000 臺產銷計畫已完成，並已在全國同時公開推出。

　　本年度的國際牌電暖爐，在品質上，更進一步地提升，如對收音機絕對無妨害的改良式自動溫度調節器，二重裝置保護撞擊、摔碰或踢倒所引起的危險，保證絕對使用完全。加上暖氣強弱可自由調整及溫度自動控制裝置等，100％的使用效率，使您稱心滿意。

　　在有關本製品的品質方面，與去年一樣，今年度，也承蒙大阪市電力局賜購採用，亦證明了本製品的優異性，敬請垂察。

現在天氣逐漸轉涼，為享受家庭電化的實際便利與舒適，敬請各界採用安全又優良的國際牌電暖爐。

謹茲介紹，並請祺安
松下電器公司
松下幸之助

美化商店街

不僅樹立延遲店面的風格，也要注重整條街的形象，如此才能使買繼續生存著。

如何保持店內的整潔，使顧客方便出入和觀賞商品，這在促進業務上是很重要的。但松下覺得，這除了能提升顧客的購買欲外，還有更重要的理由。

因為，自己的店鋪不僅是自己做買賣的地方，也是這條街的一部分。自己店鋪的店容如何，會直接影響到這條街的美觀。如果每一家店鋪都很整潔，那麼這條街，會顯得使充滿活力，令人耳目一新。

因此，為了美化這條街或提升它的品質，也應該保持自己店鋪的整潔。這不僅僅是基於「貢獻社會」的使命與義務，並且間接地與生意的繁榮，有密切關係。

如果走到某條街後，發現每一位店員都親切地接待顧客，那麼即使是住在遠方的人，也會慕名而來。據說，巴黎的「香榭大道」被世界各地的人所嚮往，就是因為這個原因。所以，在日本，也應該出現許多這種地方。以這種情形而言，不管為了什麼理由，只要保持店鋪的整潔，跟進一步地為了美化、提升街道品質而努力，則在觀念上有很大的差別。

抱著這種更高的觀念，不就是使真正付出心血的買賣，能夠存在的一種要訣嗎？

精神面貌很重要

信用能為企業帶來顧客，為顧客帶來信心；而信用的培養，必須以誠心誠意為顧客服務。

常有人問松下，東京和大阪的商人，在做生意的方法上有什麼不同。究竟大阪商人是怎樣做生意的，老實說，他也不是十分清楚。

不過仔細想想，松下覺得大商人確實有其特色。在東京人看來，大阪商人是講究實利本位，投機的膽量很大。但他覺得，這些都是因為他們非常重視生意的緣故。

當然每個地方都有重視生意的商人。不過，大阪商人似乎更迫切地把一切希望，都寄託於生意上面。因為把整個生命都貫注於生意，所以才產生商業膽量。自古以來，大阪的船場商人不論實東西或賣東西，膽量都很大。這種膽量也是因對生意認真而產生的。

膽量不光靠冒險心就能產生。由於熱心做生意，自然了解如何取捨選擇。而且大阪的商人，尤其是代表大阪商人的船場商人，非常重視信用，也就是說，重視招牌。這是一個古代的故事。藩主不能再對大家有所貢獻時，大家便設法使他退休，並尋覓其他代替的人，來做他們的新主人。同樣的，為了招牌，即使老闆不年輕，也可以隱退，讓他的胞弟或別人來經營。因為做得這樣徹底，招牌與信用也能夠保持，顧客因此知道某某某商店的貨色，絕不會有差錯。

這樣的商店，不但對店員的要求特別嚴格，同時對店員的培養，也有自己的特色。也許，古代經商的方法在現代已行不通，但對於信用的招牌，從古以來，其精神都是一貫的。即使社會或企業形態改變了，也可在現代的經營中，發現傳統中值得學習的精神。新辭彙中對商標的重視，就是這個道理。

沒有老招牌，而要新開張一家商店，是很困難的。因為各商店都是有連帶關係的，要在其中新開一家，與人競爭，談何容易？但這並不是說，開新店是不可能的。新商店也不見得就賣不起好的東西。因此新商店也可以發展。只要使新商店發展，就要有足以證明其信用的東西。也就是說，我們雖

然是新開張的商店，但我們一直很努力在追求品質，服務顧客，要有真正的表現才行。開新商店要爭取信用，就得有這樣的實質。也就是說，要具有足以發展的條件，才會得到成功。

這種做為信用基礎的「實質」，並非你有意建立，就能夠建立起來；必須以這人的誠實，對自己生意的重視，慢慢累積下來，才能得到信用，信譽也因而產生。

利潤也是一樣的，並不是想多賺些，就能多賺。譬如推薦顧客買這個東西，要讓他使用這種產品就感到滿意。抱著這種信心，認真地做生意，自然會得到適當的利潤。利潤漸漸累積，就是所謂賺大錢了。

一件物品賣出去後，要了解買主是否適當地使用它，就該去拜訪這位買主。

「我剛好從這附近經過，順利便拜訪。我們的產品如何？用起來順利嗎？」

這種誠意，自然會贏得顧客的欣賞和信任。松下剛著手做生意時，就是採取這種方法。總之，只要有實際的誠意，自然人討顧客喜歡，那麼，信用自然會累積起來。

顧客至上

要照顧客戶的立場和意願，技術再困難的產品，變也要把它變出來。

人們由於立場不同，往往只顧考慮自己，而忽略了對方，這也許是人的本性。但是，事情常常就不容易順利進行，也不會獲得良好的成果。因此，最好是在考慮自己的立場之餘，同時也能夠幫對方想一想，這一點是十分重要的。雖然心裡明白，但實際上真能毫無困難地辦到嗎？

松下電器公司在昭和五年（1930 年）才開始賣收音機。當時收音機剛剛普及，因此，差不多每個廠商都有不少故障的情形。就連松下自己那臺收音機，也常常發生故障，有時候會因為想聽到廣播節目聽不到，而弄得非常生氣。這時，代理商店都反應，希望松下公司也生產收音機。

　　松下雖然了解故障少的收音機，一定是大眾需求的，他也希望松下電器公司能夠生產收音機，然而問題是，松下公司到目前為止，並沒有生產過收音機，一點專門知識和製造技術都沒有。

　　因此，要生產收音機的話，只有外製，別無他作。經過多方面調查的結果，認為 K 廠長還不錯，交涉之後，就把它買下來了。接著就在 K 廠製造，於是松下電器公司開始生產、販賣收音機。

　　但是開始時，進行得不太順利，不僅故障百出，而且退貨更是堆積如山。即使連剛開始銷售收音機而高興得不得了的代理店，也感到非常生氣。對於 K 廠製造頗有信心的松下，也嚇了一大跳，而且覺得非常沮喪。

　　但是光沮喪，並不能解決問題，只好趕快展開調查故障的情況和原因。結果發現，故障的情況，幾乎都是螺絲或真空管鬆脫所致。

　　這些零件的鬆脫，是導致故障而退貨的主因，更重要的是，因為當時松下電器公司的銷售網，缺乏收音機的專門知識和技術。以往 K 廠的製品，大多賣給銷售收音機為主的電器行。然後電器行再把收音機一臺一臺地測試，發現有點小毛病，就自己先修好再賣給顧客。但是松下的銷售網不同了，產品一向都是交給以電器工程為主的電器行，因此收音機的專門技術就較缺乏，都無法測試或修理，只要扭開收音機聽不到聲音，就一概以故障品退貨。因此松下的銷售網，就沒有辦法推展 K 廠收音機的業務。

　　怎麼辦才好呢？松下自己一個人靜靜地思考這個問題。如果說松下的銷售網不好，那麼 K 廠以前的銷售，似乎也可以考慮，而且這樣的話，故障和退貨的情況，就可以大大地減少。

　　但是，這樣就沒有辦法對那些期望松下電器公司生產無故障收音機的代理店，有所交代，而且松下自己希望製作較好收音機的願望也會落空。因此他並不太希望以 K 廠舊有的銷售網，來推展收音機的業務。

　　怎麼做才好？他看還是非生產目前松下電器銷售網，能夠處理的新產品不可。一定要不需太多專門知識，就可以處理的那種低故障而又牢靠的產品才行。也就是說，不能把客戶拖到混水裡，而應該配合客戶的立場和意願。

　　他既然有了這個結論，就決定朝這個方向去努力。他要求 K 工廠必須做

出他希望的新產品，但是 K 廠卻做不出來，而且還覺得他的要求很不合理。最後 K 工廠與松下電器公司只好解約了。

K 廠離開以後，收音機的專門技術和知識，又要度變成零，這時候的松下電器公司，無異是在絕境裡求生。但即使如此，他對於收音機並不因此感到絕望。松下下定決心一定要自力更生，指示研究部設計低故障收音機。

這下子讓研究部嚇了一大跳。沒有經驗、也沒有技術，就要製造收音機，實在也難怪大家會感到驚惶失措。負責研究部的中尾氏也說：「突然就這麼要求，實在不甚合理，即使要做，也得花上好一段時間。」

松下自己也深深了解不太合理，但如今賣都已經賣了，如果突然退縮而不再繼續出貨，對客戶簡直沒辦法交代。其次，既然都已經把收音機的生產系統建立起來，任其荒廢也不是辦法。K 廠的離去，使松下電器公司陷入困境的事實，使他已經顧不得合不合理以及困難不困難的問題了，於是他就硬著頭皮對中尾氏說：

「情況十分緊急，已經沒有多少時間可以利用，希望無論如何，在最短時間把它做出來。固然松下目前還沒有收音機的技術，但是街上的業餘人士，都可行以自行合收音機。相較起來，研究部的設備可齊全多了，做起來應該更容易，無論如何希望你們趕快做。」

「只要能夠抱著非在短時間內完成不可的決心，必然就可以獲得成果。有沒有必勝的信心，就是一個最大的關鍵。我相信在各位的努力之下，一定會有很好的成就。」

中尾氏一動不動地考慮了好一會兒，才說：「既然這樣，那我們就做做看。」接著就馬上開始安排收音機的製作事宜。經過日夜不停努力工作的結果。三個月後，果然就做出近於理想的收音機。那時正好碰上 NHK 的收音機評獎大會，抱著不妨一試的心理去參加，沒想到卻榮獲一等獎，中尾氏和松下都被嚇了一跳。

就整個事情來看，與其考慮工作的困難度，倒不如時常有「做就會成功」的念頭還來得重要。就這樣，松下電器公司，果然成功地生產出讓客戶們大為讚賞的低故障收音機，而國際牌的聲響，也就越來越高了。

信用常新

招牌就是信用的表徵，但就算一二十年所建立的招牌，也必須天天都維護著，絕不能毀於一旦。

以前的商人對「招牌」是非常重視的。所以招牌，就是代表一家商店的信譽。也可以說是顧客對某商店商品的信賴，而安心購買的表徵。

因此，不管哪一家商店，都非常重視「招牌」，不希望對它有點損害。「招牌分割」是很少人去做的，只有在商店裡誠實辛勤地工作一二十年，並且從沒有做出傷害招牌的事，這樣的人，才允許他用同一字型大小另外開業。重視顧客、提供好的商品，這都是要長年累積的努力和信用。因此，沒有招牌，便不能開業。反過來說，以前只要有招牌便可做買賣，而今天則不太相同了。可是信用及重視顧客的重要性還是一樣。但今天公司的業務變遷太快。以前遇到生意不順時，還可以用招牌來擋一擋。可是，現在這種事就不再被允許了。也就是說，不再是靠張的招牌就可行得通了。欠缺實力或沒有生意的店，就算有再漂亮的招牌，也不會使生意興隆的。這就是時代不同。

過去擁有的信用固然重要，但長年辛苦累積起來的信用，也可能毀於一旦。這就好像花了長時間建築起來的房子，破壞它卻只需三天。

因此，不能再以為憑過去的信用或招牌，就能把生意做起來。應該常常探詢顧客現在需要的是什麼，並且時時刻刻把這答案找出來。讓每一天都有新的信用產生。

絕不隱瞞

誠信的態度，是增加企業信用的條件。舉債不當，不僅違反經營原則，必將導致信譽喪盡。隨著緊縮政策的浸透，有一段時間銀行似乎越來越緊。以前遇到同樣情形的時候，有一個朋友來向松下要求借給他 5,000 萬元，說是因為收不到貨款的緣故；而銀行雖然也給過貸款，但都表示不能再借了。於是松下問他：「銀行都無法借，我怎麼行？到底未收帳款有多少？」他說大約

有 2.5 億。「有那麼多債權怎麼不支收？先收 5,000 萬元，不會有問題吧？」

「不，在銀行吃緊的時候，顧客也能很困難，平常收款已經很不容易了，何況要預收？」

松下雖然覺得他說的有道理，不過還是告訴他：

「你現在是燃眉之急，是存亡的關頭，應該把實情告訴對方，請他們提早付款。並不是 2.5 億全部要，只是其中的 5,000 萬元，多跑幾家，我相信大多數的顧客都會幫忙的。」

「可是把實情告訴顧客，會失去司的信譽呀。」

「你這種想法不對，這是未收帳款。你收款是天經地義，他們有付款的義務，只是他們以為你的公司經常富裕，經營上沒有問題，才把付款拖延。如果他們知道你的困境，一定會提早付給你。何況應收帳款尚未收，又要舉債，是違反經營原則的，這樣不是反而會失去信譽嗎」

松下的話雖然苛刻了一點，他卻也聽話，就照樣去做了。過了沒多久，他又來找松下說：「松下先生，今天我是來向你道謝的，我聽你的話，向顧客說明了實情，他們都非常同情我，本來預定收 5,000 萬元的，結果收了 7,000 萬元，而且又勉勵我「好好去做」，並且訂了比以前更多的貨。我以前為了面子，收款都不很積極，從今以後，我要勇敢面對現實，認真經營。」

向顧客吐露真實，反而增加信用，生意也比以前好了。松下認為做生意的竅門，就在這個地方。分辨是非，拿出信心，該做的，要切實去做；該收的貨款，要認真去收。說平凡倒是很平凡，但能否切實去做，這是成功與失敗的分歧點。

友誼、競爭、信用

重視顧客需要，與同業保持友誼公平競爭，就能提升公司信譽。

當顧客走進你的店裡，指定買某種商品，但該產品正好缺貨時，你應該怎麼辦？

如果只是說：「對不起，這種東西賣完了。」難免使顧客覺得不夠親切。

但如果你說：「很抱歉，剛好賣完，我立刻向批發商進貨，明天一定會有。」
那麼，顧客會非常滿意，心裡也舒服多了。

或許，也可以換一種方式說：「我們這裡沒有了，但某家商店或許有。」
而介紹顧客前往附近的商店，或為顧客打電話查詢，那麼顧客一定會「這家
商店真親切。」這樣，不但不會由於缺貨而惹惱顧客，反而提升了自己商店
的信譽。

但是，如果與別家商店的關係不好，怎能做到這點？因此，必須平時就
跟附近的同業聯絡感情，建立良好的關係。

最近，由於競爭激烈，同業之間往往有敵對感。當然做買賣要有競爭意
識，但如果仔細地想一想，大家並不是為了競爭而做買賣。所以，在適當競
爭下，絕不應忽略了跟同業之間建立友誼。

千萬不能因為附近有新的同業而眼紅，應該大方地應付。另一方面，新
開幕的商店，也應該以謙虛的態度，對前輩盡所謂的「道義」。這樣相互尊
重，必能使顧客增加對商店的信心。松下覺得跟同業和睦相處，即等於重視
顧客的需要，不知大家的想法如何？

經營方針與信用

公司雖小，但經營方針明確而堅定，絕不輸給大公司，如此才能博得
信用。

那已是戰前的事了。當時的「東京電氣」，就是今日的「東芝公司」，
已擁有牢固的地盤，對代理商、經銷商和特約商，採取先繳保證金，再出貨
的強硬政策。松下當時看到這種情形，心裡非常羨慕。那時候的松下電器公
司，即使請對方繳付保證金，也沒有人會答應的，頂多能說：「本公司資金短
絀，務請於月底，以現金支付。」

當時松下想這是理所當然的事。因為長久以來，東芝公司已經建立了良
好的品質信譽，特約商當然願意先繳保證金，再訂約了。但是對風吹就會倒
下的松下電器公司，這是辦不到的事，頂多月底付現金給你。於是他想，你

們必須製造品質優良、價格低廉的產品，虛心學習，才能慢慢擴張地盤。看了東芝公司的做法，使他領悟到，公司有了實力的信用，便可先拿保證金再訂約。

所以，松下便銘記這件事：經營公司，沒有實力，就不可能奢望太多。

另外拜訪經銷商時，要很有禮貌，心懷感謝之意，與對方懇切交談。但有關「月底現金」一事，則無論如何也要堅持。這樣才能使經銷商，在承認我們這種誠摯言行及優良品質的同時，也能了解到松下電器公司雖小，但經營方針卻很明確、堅定，氣宇高昂，絕不輸給大公司，從而逐漸博得信用。

定價新思想

一個商店對銷售商品所付出的精神和服務，也必須要加到價格裡面。

曾經，經銷松下公司產品的人對松下說：「除了我們之外，還有別的商店經銷公司的產品。因此，如果他們降價銷售，那麼，我們也只好以一樣的價錢賣。結果，不得不受廉賣的商店的影響，而降低售價。」

松下聽了之後，雖然覺得有道理，但認為他忽略了一點。

松下說：「我認為合理的價格，是綜合了服務、送貨以及各種方便之後的價值判斷，去決定價格。如果完全按照別家所賣的價錢出售，則沒有辦法做真正的買賣。你覺得怎樣？」但商家卻認為：「既然別家肯賣得便宜⋯⋯」

因此，他說：「照你這麼說，難道貴店所付的精神，完全是白費的嗎？如果是我，別家以 1 萬元買的東西，我會決定以 1.5 萬元賣。如果顧客問：「你為什麼賣給比別家貴？」我會回答：「雖然是賣一樣的產品，我們卻附送別的東西。」若對方再問：「到底附送什麼東西？」那麼不妨回答：「是附送我們所花的精神。」松下認為應該把貴店所付出的精神，換算代價後，計入價格內。

他很贊同松下的說法，並且說：「我一向以為應該以價格跟別家競爭，而忽略了這點。現在聽了你的高見之後，我完全了解自己所付出的精神和服務，是必須有代價的。你是在提醒我，自己所經銷的任何商品，都應該由自

己決定適當的價格。有時為了考慮自己所付的精神及信用保證，可以把價格訂得比別人高。因此，應該秉持這種原則，強調自己以信用的態度，從事買賣。」

聽說，他此後終於堅持這種信念從事買賣，很受顧客歡迎，逐漸地提升業績。

理直氣壯地加入技術服務費及信用費，這表示商店對商品絕對負責到底。

當自己商店附近，出現了出售同類貨品的商店時，我們往往感到不安。如果他們訂的物價比你的低，你可能會馬上就沉不住氣，覺得自己也應該賣便宜一點。

於是，可能發生一場廉售競爭。結果往往是銷售商得不到合理的利潤，而直接地威脅到商店的生存。這種兩敗俱傷的例子，比比皆是。

松下電器公司的銷售網，遍布全國。有時候，同一條街上，會有好幾家同樣是出售松下電器的商店。有一次，其中一位老闆，很苦惱地對松下說：「有些商店將物品價格訂得很低，使我們常被迫降價，而得不到合理的利潤。您有沒有什麼辦法，可以幫我解決這個問題呢？

由於這個問題經常發生，所以松下覺得，應該趁機提出解決的方法，好讓大家有正確的了解。於是他說：

「我很了解的苦惱。但是，以其他商店怕售價為準，來訂定自己店裡的售價，這是正確的做法嗎？貴店有貴店的服務及特色，這些綜合起來，再做價值判斷，是不是較正確呢？」

「松下先生，您說得對。但是，我應該如何加強服務呢？提起價錢，我真是感到手足無措，不知道怎麼辦才好？」

看來，在他的觀念裡，價錢就是一切。但他口口聲聲所說的價錢，松下想，只是就商品的本身考慮。他認為只有商品的價值才是價值。果真如此嗎？平時，我們去咖啡店喝咖啡。如果只算咖啡的價錢，應該是很便宜的，但是，實際訂價，卻比只賣咖啡價錢高出許多。但是，仍然有那黎巴嫩客人高高興興地來光顧。可見，咖啡店所訂的價錢，必然是除了咖啡以外，還加上了裝潢、音樂、服務等種種因素，而形成最後的價錢。於是他說：

「現在我請教你一句話，你店裡的員工是免費的嗎？如果不是，那麼價格的差異問題，就有解答了。當您的商品價格訂得比別家貴時，當然，客人會發出疑問：「為什麼你們賣得很貴？」你可以回答他：「這雖然是同樣的物品，但我們在出售時，同時也附加了本店的靈魂。」

這位老闆想了一會兒，點點頭，滿面笑容地說：「你說得對。原來我太鑽牛角尖了，只想到商品本身的價格。現在，我才發覺，只要敝店也有很好的『靈魂』，就不會輸給別家店了。這的確是個無法違背的道理。這樣一來，我們就絕對要負責服務到底。因為在售價之中，已包括了本店的技術服務及信用費。」

於是，這位老闆就很滿意地離開了。本來松下提出所謂「靈魂」的價格，原來帶有開玩笑的意味，但是，他卻能夠充分地理解。這家商店從此很認真地加強他們的服務，顧客們都感到很滿意。後來，他也得到了相當可觀的成果。

共鳴價格

除了希望賺錢，還要考慮與整個業界的相關問題，才具有說服力。

為了獲得彼此的協力合作，而只是一味拜託別人，那是不夠的；應該也要把對方的利害關係說明清楚，這樣才能引起共鳴，而適時予以說服。什麼是「共鳴說服」呢？

松下電器公司在 1933 年到 1943 年間，決定製售電燈泡。當時，日本的電燈泡水準不齊，從一流到四流都有。一流的是 T 公司製造的 M 燈泡，每個定價 35 錢，二流貨為 25 或 26 錢，三流的 15 或 16 錢，四流的 10 錢一個。銷售量最大的，不是 10 錢一個的四流貨色，而是一流的 M 燈泡，約占市場銷售量的 70%。

那麼，松下公司新發售的電燈泡價格，要定在多少才合適呢？燈泡品質的等級是一流？二流？或三流？松下多方思考研究的結果，決定把售價訂在 30 錢，也就是一流品質的價格。

發售前徵詢了顧客的意見。顧客說：「松下先生，那樣的話，我覺得不太合理。M 燈泡因為品質優良，所以賣到 35 錢，但是國際牌才第一次做燈泡，

就想賣到那個價錢，實在有點難以想像。」「如果三流的價格，大概可以賣得出去。」

松下對他們的說法雖然感到有點失望，但是不論怎麼說，畢竟還是一個完全沒有被證明的新產品而已，顧客的批評也很有道理。因此，他還是認真去考慮他們的說法和態度，也把業界的現況和將來，做了通盤的探討與分析。

最後，松下得到了一個結論，那就是非賣35錢不可。後來他到北海道接洽批發商的時候，他們都表示35錢一定賣不出去。他說：「如果你有培植松下電器公司的意思，那麼就請你一個賣35錢吧。我們將來一定會做出更優秀的產品，目前剛開始，當然還沒有辦法。也許現在大家都認為不好賣，但是，假如都沒有人願意試著賣賣的話，工廠如果能夠生存呢？

這不僅是松下個人或松下電器公司的問題而已，這可以說是我們國家是否能夠培養另一個一流廠商的問題。例如：只有一個大力士獨演摔角，那麼這場戲還有什麼好看？一定要有兩個人互相競爭，場面才會熱鬧。同理，電器業界不也是如此嗎？

電器業界也有相互競爭，才能獲得進步，所以，這種燈泡賣35錢，就是為了培養松下電器公司成為一個巨人。生意雖然現實，但是，也不能完全忽略將來的理想。各位無論如何請多多考慮。」

當松下講完之後，連最初表示反對的人也說：「既然你這麼說，那我們就配合看看。」結果大家都以35錢的價格出售。雖然他的本意的確是希望賣到35錢，但他絕不能光這樣講，他必須把整個與這個事情相關的問題，和可能產生的結果仔細思考，才會具有說服力。

最重要的是，有競爭才能提升電器業界水準，而不只是一個公司本身的利益問題。如果純料只有一個公司的利益問題，那麼這樣要求，就顯得太不合理了，大眾也不能夠接受。

為了達成這個願望，松下電器公司絕不能以獲得他人的協力為滿足，自己也要兢兢業業地推動工作才行。其責任之重大，無異於把自己送到切砧板上一樣。只要能夠了解真正用意，一定可以引起批發商的共鳴，而同意以35錢作為售價。

價格心理學

一味討好顧客而不堅守經營原則，反而得不到顧客的信賴。

開始做生意的兩三年後，很想把當時製造的兩燈用插頭，推銷在東京。於是決定到以前從沒有去過的東京。這是松下第一次去東京拜訪批發商，爭取開發市場。

在訪問第一家批發商時，他將帶去的產品給他看。

「怎樣？我希望你們能批售我的產品。」

這個批發商，拿起他的商品，端詳了半天，然後盯著松下的臉說：

「這東西你想賣多少錢？」

「這東西的成本，每個花了兩角，所以我希望您以每個二角五分的價錢買下。」

「二角五分嗎？價錢是不高。可是，你是頭一次在東京推銷，那麼你應該多少算便宜些，第二角三分好了。」

松下心裡想，既然是第一次來東京推銷產品，而且是想要開拓東京的市場，所以本來想答應他的要求，然而，內心中又有另一番想法，於是他這樣回答：

「成本是二角，賣二角三分不是不可以；不過，老闆，這些產品，是包括我在內的所有員工，從早到晚努力工作所生產出來的，價錢絕不算高。甚至比起一般行情，可以說相當便宜，所以二角五分這個價格，是相當合理的。當然，如果您覺得這個定價嫌高，那我就沒辦法了。假使你認為這個價錢可以，那就請您以這個價錢買下來吧。」

「你說的也是，當然這個價錢並不高，所以我想這樣的價錢，是可以順利賣出去的。好，我決定賣你的就是了。」

有些批發商，就這樣買下了他的產品。相反的，也有些批發商不買他的產品。然而整個來說，倒是有相當的成果。

像這樣，每月都去訪問一次，似乎在東京的批發商之間，這件事變成了話題。

「大阪一個叫松下的廠商，做的商品很不錯，價錢也公道。不過他的特點是，絕不肯減低售價。」

「對對，的確如此，松下這家廠商，不肯減低售價，好像是要維持一定的價格，買方也可以放心購買。」

每次批發商之間的聚會，都可以聽到類似的談話。

如果一開始就抬高售價，有人還價就削價，那麼買方就不容易了解，應該以多少錢購買較為妥當。買方會因為不知道自己到底是高價或低價買進，而不能放心。

然而，如果是一開始就訂下了合宜的價錢，即使買方還價，也不減低售價，則買方隨時都可以放心地採購。當然，如果認為售價太高，就不會購買了。事情就是那麼簡單。因此，訂價的賣方，就得慎重行事了。不能訂下太高的價錢，必須顧及各方面，而要求一個合理的價錢，並堅持這個定價銷售，如此就能順利地銷售了。

以批發商的立場來說，由於松下的做法和別人不同，可以令人放心。因此，大多表示歡迎，於是批發商對此產生了依賴感，而信任松下公司。像這麼簡單的事情中，也有所謂的「經營之道」。

企業追求合理的利潤，與國民福祉的增進是息息相關的。

無論任何企業，都有向國家納稅的義務。國家便以這些稅收，從事各項社會設施，維持全休國民的安定和福祉，謀求國民的幸福。這是一個很重要的問題。

今天，無論是我們同業或其他業界，都有這一種想法：利益是屬於公司的，該賺取多少利益，由公司斟酌決定。不過，利益有一半要納稅，所以，公司寧可少賺一點。這種情形即使公司願意，從業員沒有異議，也是不可以的。

我們必須正確體認，我們的利益與整個國家人民的福祉息息相關，這不是可以根據我們個人的觀點自由決定的。

有一家擁有幾十萬名員工、幾十億資本的大企業，十幾年來沒有繳過稅，理由是沒有賺錢。反言之，國家卻為了安定該企業，花費出資千億元。

松下電器公司的員工與資本只有該企業的 1/10，但十幾年來，卻繳納了幾百億元的稅金。這稅金變成了道路、社會福利或教育的一部分。

由此可見，本公司追求合理利潤，以促進國家社會發展的基本方針，是正確的，我們引以為豪。

公司想要賺錢，應該低頭折腰，努力工作。這點，松下不反對，但僅止於此，就顯得太不實在。我們不是只為了賺錢才低頭折腰，而是身為社會的一分子，則應盡一己之力回報社會。不能只一味要求供應商降價，卻不給予適當的建議，這只會引起對方反感。

採購人員經常要有研究的態度。對供應商要教他：「你們試試看這種方法。那麼，即使降價 5% 賣給我們，也絲毫不吃虧。」或者不教他方法，只說：「請設法降價 5% 好嗎？當然你們要想出降價而不吃虧的辦法，一定沒有問題的。」

這樣做下去，一年內就會有突破性發展。也許有一天，供應商老闆會說：「原來一個人只能做 100 個，現在能做 200 個了。原來滿頭大汗拚命地做，現在卻設計了一種你可以在一邊靜靜地抽菸，也能自動生產的機器。產品標準化，產量倍增，又有利潤，所以我可以降價賣給你。」使得採購人員聽得心花怒放。

我們要隨時隨地的讓供應商有這種觀念。當供應商覺得：「和那位採購做了幾年的生意，我們有了突破性的發展。身為一個協力廠商，我們有信心不會輸給別人。我做其他事業，也能做得一樣好。」這時你的採購工作就算成功了。

相反的，只一味要求供應商降價，卻不做適當的輔導或建設，只會引起供應商的反感，這一點請特別注意。

被要求降價時，千萬不要立刻拒絕。對方還價，一定有他的道理。

最近有一家貿易商來交涉，要求松下電器公司以原價的 1/3，賣給他一批外銷商品。

豈有此理——如果以他這麼回答，這筆生意就談不成了。為什麼對方會作這樣的降價要求：如果以原先的價格賣給他，他照樣能推銷出去，何必要

求這種極端的價錢？如果用 2/3 的價格賣給他，他才能推銷出去，這表示原先的價格就有問題。

因此，不要把降價要求當做荒唐無稽，不妨檢討看看。對方是拿世界標準價格來殺價，我們不可認為那是無理取鬧，必須從任何角度來研究其可行性。

這樣就會產生一種感覺：也許公司可以不虧損而接下這筆生意。有了這種感覺，我們便進一步具體加以分析，結果真的可以勉強做到。

像這一類的努力，我們做得還不夠。這次由於受到外國人的要求，才認真檢討，結果證明並非不可能，他們的要求並非無理。這實在太可怕了。

所以，我從這件事得到了有關材料零件的採購價格，或製造方面的很大啟示。只要從新的角度上看，任何材料或零件，都能降低價格，提升品質，而且還能得到合理利潤。

擊敗殺價高手

買賣殺價時，如果體會到產品背後，那些汗流浹背的從業人員，你還狠得下去做不合理的要求嗎？

做生意時，價錢的交涉是非常重要的，討價還價幾乎已經成為一般人的習慣。以買者的立場而言，買東西的時候，價格便宜一點當然非常划算，所以，希望東西盡可能便宜些，應該是人之常情。

反之，如果站在賣者的立場，除了特別高價位的物品以外，一般來說，低價出售必然會損失，或者沒有虧本，很可能也得不到合理的利潤。這樣的討價還價雖說是長久以來的交易習慣，但是繼續維持這種情況到底是好是壞，難道沒有必要加以重新檢討嗎？

當松下電器公司還是小工廠的時候，松下自己時常帶著產品四處兜售，客戶裡面就有一位所謂的「殺價高手」。每次松下帶東西給地，他老說：「太貴了。不能降價錢一定賣不出去。」松下越是說生意難做，利潤微薄，他就殺得越凶，到頭來投降的總是松下，真是很難纏。照他的殺價法，松下雖然

還不至於虧本，但也差不多毫無利潤可言。

當松下正準備「認輸」的時候，心裡突然浮現了一個畫面。什麼畫面呢？那就是一張張在他工廠裡勤奮工作的年輕從業人員的臉。那是一群即使我出門做生意，也一樣賣力做事的從業人員。

夏天的時候，工廠裡面熱得不得了。在鐵板上加工的那些高溫紅熱材料，使工廠簡直就成了一個人間煉獄，然而員工們仍然汗流浹背地工作。

因為松下自己每天也有一半的時間，在工廠和他們一起工作，他能夠充分體驗到那種悶熱和辛苦的感覺。當年輕員工們的臉浮現心頭的時候，他不得不把事情重新考慮一番。照對方的出價，固然無法得到合理的利潤，也不至虧本；可是，在汗流浹背中辛苦完成的產品，如果就這麼廉價地賣出，無論如何，總是遺憾的事情。他個人有這麼一個想法：如果讓步到那種價錢，實在也對不起正在廠裡工作的同仁們。

於是，他就把這些情形說給對方聽：「我們工廠的情況就是這樣，大家都是流著汗拚命地做著。這些好不容易才做出來的產品，價格都經過合理地計算，如果還遭到殺價，那豈不是糟糕透了？希望你別再殺價吧。」松下打從心底誠懇地要求對方。

一直盯著他臉上看的對方，在聽完他這麼說以後，不禁笑著說：「算我這邊輸了。不減價總有許多理由，你們說法與眾不同，本人實在受不了。好吧，就按照你的價錢買下來。」

松下並非信口雌黃，而的確是據實相告，同時對於大家的努力能夠獲得相當的評價，頗感欣慰。

此後，松下不僅努力於提升產品的品質，而且在售價上也費了不少腦筋去訂定。因此，松下電器公司的產品不只品質優良，價格也很公道。從此，信用也逐漸建立起來了。

價格不被接受，這當然是很傷腦筋的事情，只有把各種因素作一番慎重的檢討，再訂出適當的價格。在這方面，松下電器公司也很幸運地獲得社會大眾的認同。

價格與信用

本國產品絕不比外國差，價格相同是理所當然的。

在談到價格問題時，有位主管表示：「它的價錢，要和在德國評價最好的商品一樣。」對方則認為這樣太貴了，因為日本銷西德的產品，都比本地便宜了 15%。「既然是來自同一國家的產品，則都應該便宜 15%，而要求和西德的價錢一樣，這是不行的。」聽起來，這似乎是合情合理的。但這位主管則表示，這產品絕不會比德國的一流商品差，因此以同樣的價錢銷售，也是理所當然的。只是日本產品的品牌，尚未打開知名度，因此在銷售此產品時，一定要說明「這是日本一流的商品，就以比德國的一流商品價便宜 3% 的價格，來當作是宣傳費好了。」聽了這席話，對方表示：

「從日本來的，而像這樣的說法，你倒是第一個。這個買賣到此，我已很清楚了，很高興賣這個產品。」於是這筆生意便成交了。

松下認為這是個很有趣的故事。同樣是日本的產品，一個比德國貨便宜 15%，一個價錢不變，只是從其中提出 3%，做為宣傳費，並且使人很樂意地去銷售此種產品，結果是後者大為暢銷。

有些日本商品剛開價是 100 元；後來就降成 90 元；再降成 80 元……像這樣價格不定，沒有銷售計畫的結果，只會把自己的信用降低。批發商也因此無法安心做買賣。

但是像前述的那家公司，就沒有這種顧慮。不但使信用提升，也很容易把商品銷售出去。這確是做買賣的，一個可行的方法。

不景氣

誰都不歡迎不景氣的來臨，但很不幸的是我們必須去面對它，所以我們不妨將不景氣當做為「轉禍為福」的機會，而松下的構想是要抓住不景氣的時候，以促成事業的成長，至少也應藉此機會實施改革，打好基礎，以便在不景氣消退時，獲得長足的進展。

　　松下認為，這是任何一個有心的經營者，都不該放棄的好機會。

　　只要堅定意志，冷靜思考，不景氣就會變成改善企業體質的最好機會。

　　1964 年到 1965 年之間。經濟遭遇了空前的不景氣。不巧，那時松下公司負責銷售的營業部部長，因病停職，其他的主管也都因自己的工作很忙，無法兼顧。當時已退到幕後擔任會長（名譽董事長）的松下，不得已決定暫時代理營業部部長。

　　於是，一面聽取經銷商的反應，一面和公司各部門商量，檢討公司的銷售制度，擬出幾個改革方案，積極推行。結果，它竟然發生很大的效果，公司與經銷商因此獲得很大的發展。

　　現在回想當時之所以成功，適切的改革內容是原因之一，但是松下相信還有一個更大的因素，明白地說就是不景氣。

　　為什麼呢？假定景氣好，萬事順利的話，松下不會突發奇想，要去代理營業部部長從事改革，是一個問題，大概滿足現狀的可能性較大。

　　退一步說，如果有這個念頭，也提出了改革方案，可是景氣好，產品供不應求，業績蒸蒸日上的時候，到底有多少員工會聽你的話？「會長雖然提出改革，但是依原來的計畫都很順利，還是眼前的工作要緊。」有誰會認真去考慮改革的問題呢？」

　　其他經銷商更可能這樣說：「松下先生，大家都很忙，請你不要攪局好嗎？」結果，改革方案就算是勉強付諸實施，也一定是半途而廢。

　　幸好當時是嚴重的不景氣，大家面臨困難，覺得要想辦法突破難關不可。恰好這個時候，松下提出改革方案，要大家去做，雖然每一個都免不了有意見，但是原則上大這都贊成改革，並且很快又認真地去做了。結果不到一年，弊病得以改善，因此獲得很大的成果。

　　由這個例子來看，景氣好的時候要改革非常難，不景氣的時候反而簡單。最重要的是，遇到不景氣時不要自亂腳步，要堅定意志，冷靜思考最妥善的應付方法，那麼，不景氣就會變成改善企業本身體質最好的機會。

　　在不景氣中創新。

　　越是困難的局面越能發個人及公司的潛力，創造空前的業績。

今年雖然非常不景氣，但是如果各位的想法和決心真正得當，那麼，今年將可成為奠定松下電器公司百年發展根基的一年。

歷史很清楚地告訴我們，無論是個人、團體或國家，當遭遇非常困難的情勢時，若能明確掌握困難所在，決心除去困難，回復本來的面目，進而謀求發展，據此決心去拚命努力，則定然會有偉大的成就。古諺說：「家貧出孝子，國亂識忠臣。」這正代表一種真理。

在太平尋常的時期，任何人都無法表現偉大的成就，或奠定偉大的基礎，再優秀的人也無法充分做到，大家都容易流於安逸；然而一旦面對非常大的困難時，即使不怎麼傑出的人，也會產生一種決心、覺悟。

在情勢相當艱難的今天，倘若我們依然不減弱，力爭上游，越更加堅固我們的意志，立足於未來的使命上，努力做應該做的事，則將有空前的聰明才智湧生，從而在製造上、技術上以及銷售上產生想像不到的創意，使我們面對困難而勇氣倍增。

松下電器公司在過去每當面對困難時都有某種新產品問世，這種例子不勝枚舉。由此我們可以堅信，越是未曾有過的艱難局面，越是可供我們奠定未來空前發展的基礎。

整頓的大好時機

經濟不景氣來臨時，正好考驗經營者的決斷力、眼光和膽識。

前年，當經濟界事呈現一片低潮時，某個與松下公司有生意往來的中小企業社長，曾說過這樣的話：

「松下先生，我的公司雇有四百員工，但由於最近的不景氣，工作也跟著減少，實在令人擔心。」松下回答說：「你的顧慮我很清楚，但在這時候你絕不能慌張。因長期經營，一定偶爾會陷入困境。而在這時候失敗的人，都是一慌張就另謀他事。在不景氣的時候，沒有工作是必然的事。但通常會採取階價以求現金的方法。可是，總會弄得血本無歸。儘管如此，他們仍認為這樣總比閒著沒事做要來得好。可是，這樣做是會失敗的。」

　　他之所以這樣說，因為這些都是事實。試看一些陷入困境的公司，多半是一遇不景氣就慌張了，然後沒有考慮好就亂訂貨進貨，結果只好便宜賣出，反而讓公司損失慘重。

　　相反的，如果不這麼慌張，而想：「停頓不過只是一時的現象，反而可惜此機會整頓公司，照顧平時怠忽的顧客，對該修理的機器也著手去修。」以這種態度處理，公司絕不會衰退，反而可乘此機會發展起來。

　　當陷入停頓時，覺得讓員工閒著是一種浪費的想法似乎也有它的道理。但是若只為避免浪費雇用員工的薪資，匆匆地做起生意來的話，往往會蒙受無法挽回的損失。

　　經營不是一件容易的事。但松下想在沒有機會時，好好儲蓄實力，等待再出發的時機來到，這是很重要的心態。

　　不景氣時的生意經。

　　一向認真經營的商店在不景氣中會更受重視，使顧客湧上門，忙不過來。

　　松下把「商人應該認為沒有所謂景氣好或壞這回事」當做經商的一種基本態度，隨時勉勵自己。

　　因為，景氣好的時候，顧客的消費大量增加，甚至供不應求，經營不會出現問題。但是到了不景氣時，消費者會精打細算，斟酌到底哪一家商店的哪一種商品便宜。認真經營的商店生意會越好，親切的服務、店員善於接待、商店的品質都重新受到重視，顧客會自動地光臨。因此，這類商店，遇到不景氣時反而會更忙。

　　松下以為這是一個真理，必須在平時就徹底想通。這樣，在景氣好、生意忙時就仍會注意各種細節。

　　在景氣好而忙碌時，許多商店會忽略服務。例如：不願送貨而要求顧客自己來取貨，逃避麻煩的事情等。這麼做，等於放棄了為緊急狀況作準備的機會，到了不景氣時，就會不知所措。

　　生意絕不是一兩天的事，可能是你一輩子的事業，有些信譽好的商店甚至一代接一代地經營下去。所以，平時的表現很重要。如果時常為了景氣的好或壞手忙腳亂、驚諜失措，就表示還沒有真正上軌道。基於這種觀念，松

下隨時提醒自己，不該認為有所謂景氣好或壞這回事。

松下覺得，如果有這種觀念，在景氣低迷的時候，也能找到突破低潮的道路。甚至景氣不好時，更會覺得有挑戰性、有樂趣。因為，你一定會專心認真地經營，自然較容易掌握自己的方針。

他覺得，如果一家公司持續十年順利地成長，反而危險。因為十年之間一直順利，會造成鬆懈大意。也許，有些公司不會有松下所說的這種情況，這就要靠領導者的謹慎和努力，隨時提升警覺了。但這種公司，十家中頂多只有一家，其他的九家，社長以及大家都會鬆懈下來。

這是極為自然的現象。不論哪一種人，如果每天都吃山珍海味，就不會覺得它珍貴。同樣的，如果一直順利，則往往容易苟且偷安。這就是人性的弱點。

這時候如果突然面臨大景氣，就會不知所措。因此，每三年出一次輕微的不景氣，每十年逢一次嚴重的不景氣，可能反而有益。

但松下覺得，重要的是不論景氣好壞，都要根據買賣的正道，規規矩矩地處理每一件事情，如果能切實地做到這點。那麼景氣好固然可喜，不景氣更是一種轉機。

顧客的信賴是企業成本的根本

自告奮勇做各家庭「電氣用品維護人」，竟使銷售量在不景氣中成長三成。

最近在偶然的機會遇到了松下公司經銷商一個電器行老闆，他的話使松下很驚訝。他說他們這一期的銷售量比前期成長了三成。這個成績在景氣好的時候並不稀奇，可是在極端的不景氣當中，能保持不退步就算不錯了。到底他是怎麼經營的呢？於是他問他有什麼訣竅？

原來，他們先劃定銷售區域，不隨便擴大範圍，在這區域內徹底負起做每一個家庭的「電氣用品維護人」的責任。大公司都雇有電氣用具維護人，專門來負責這個工作，而一般家庭是不會特地雇有這種技術人員的。

所以他們就自告奮勇地維護顧客及每一個家庭的電氣用品，他們迅速而無微不至的熱心服務，引起顧客的信賴與好感，有關電氣用品的修護都樂表他們做了。

他們把為顧客服務當做公司的使命，老闆以下全體員工能徹底了解，並切實去做。這樣人際關係做好了，業績哪有不進步的道理？這就是處在不景氣中，他們的銷售量還成長三成的原因。

松下聽了他的一席話，真是佩服極了，一方面也自我反省：做一個經營者，對生意怕了解有沒有他那們深刻？業務的執行有沒有他那樣切實？

近來的經濟情勢，單靠經濟界的努力是不夠的，但是做一個「經濟人」也不可鬆懈自己應做的努力。相信各行業處在這惡劣的環境中，都在辛苦經營，力求生存。希望大家百尺竿頭更進一步，以新的觀念，改革經營方法，給企業界帶來新機運。

應急的融資管道

要有「一旦需要時，請員工協助」的信念，這是能否度過難關的關鍵。

在從事生意或經營的過程中，難免因不景氣而陷入困境，被迫到處籌措資金。在這種時候，銀行也未必肯放款，松下想到的是「公司現在有員工1,500名。他們手邊有多少錢？或許有多有少，可能每個人平均有10萬元。向每個人借10萬，就可以湊上1.5億元了。有了這些錢，就足夠維持了。」

雖然如此，他並沒有向員工開口借錢。只不過是抱著「一旦需要時，請人們讓我動用哪些錢。他們一定會同意吧？」這種信念自然會在言行上表露，員工也會認真地考慮，樂於接受。結果，有好幾次不必向他們借錢就度過了難關。

松下覺得，這是他平時經營的態度上，有了「我是和員工站在一起」這種觀念所使然。如果有這種觀念，一旦緊急時，終會有勇氣說：「我自己會盡量出資，但請大家也出錢，共同來分享利潤。」

總之，重要的是經營者本身的信念。你自己到底有沒有自信向員工或工

會說：「公司是為大家而存在的，各位也應該同心協力克服公司的困境。平時大家都提出提升薪資之類的要求，如今公司遇到困難，怎麼可以不為公司奉獻呢？」

松下絕對沒有做不到這種事的念頭，他抱著一旦需要時不惜這樣做的想法。

幸而從來沒有到必須這樣做的地步，但在任何時候，這種信念還是極為重要的，尤其在緊急時，有沒有這種信念將會受到考驗。

防患未然

▋豐田帶來的靈感

與其在價格上斤斤計較，不如重新設計產品，讓成本降低又不影響品質。

數年前，松下視察松下通信工業時，正巧他們在開會。於是他問他們：「今天開的是什麼會？」他們的回答是：「由於豐田汽車要求我們降價，所以……」然後，他們向松下報告了接洽的內容。

豐田汽車的收音機，是由松下公司製造的，而他們要求我們降低5%的價錢，並在今後半年內，陸續再降低15%。因為他們認為如果不這樣降價，就無法與外國汽車競爭。而松下正巧趕上他們的緊急會議。

「哇，這個是大問題呢。現在我們的利潤有多少？」

「不多。豐田的訂單，是最近才接的，大約只有5%左右的利潤而已。」

「那怎麼行。我們公司本來就要有10%的純利才能平衡，5%的利益怎麼維持呢？」「這道理跟豐田汽車是講不通的。」「那麼算算看，降價5%的話，除了要損失2%的利潤外，半年後再降價15%，不就等於要虧損17%嗎？那怎麼辦？」

「就是為了這個問題而開會的。」於是他坐下來，跟著他們一起開會。

他們在討論的當下，松下忽然感覺到，這件事並不是豐田汽車的無理要求，現在的汽車確已進入美國市場，如果不把汽車價格降低二至三成的話，

怎能跟美國的汽車業界競爭呢？日本與美國車的競爭，不僅於豐田車，所有日本車都應該降低二至三成的成本，才能打進世界市場。我們製造的，只能算是一部汽車的一小部分，即使豐田公司不提出降價要求，我們自己也得為了國家的立場，設法降低二至三成的成本，才是辦法。現在竟被豐田公司搶先一步提出要求，還得慢了一步呢。

於是松下問參與會議的決策人員說：「那麼，我們要停止製造，還是答應對方的要求降價呢？現在只能在這兩個結論中選擇一項了。」沒有人回答。他又說：「以我的經驗，這件事並不難解決。第一，只有 3% 的利潤，我們不能接受；更不用考慮往後再降價的問題了。那麼，我們只有第二條路可走，那就是重新設計我們原有的產品，使新產品的性能和品質都符合豐田的要求，同時又能達到 10% 淨利的話，這筆生意不是很划算嗎？只所計較 2% 或 3% 的利益，依盲目生產的話，成本當然是不會降低的，在這種情況下開會，是得不出具體可行的結論的。」他們照松下的要求，從設計開始，一切從頭檢討，徹底改進整個製程。經過一年多以後，不僅依照豐田公司的要求降價，也能獲取 10% 淨利了。

▌如果原子彈落在大阪

在逆境中尋求突破，往往成果更好。如果當初原子彈落在大阪，它今天可能更繁榮。

有一次松下遇到一件這樣的事：大阪的姬島有一家我的公司附設的電鍋製造工廠。數年前，這工廠的業績很差，廠長為此日夜苦惱，幾乎引咎自殺。松下安慰他，並且以鼓勵和訓誡的口吻向他講了一番道理。想不到三年後，營業額忽然直線上升，電鍋產量占全國總生產量的 50%。三年前只居第三位的工廠，現在躍升為第一位。

工廠為了感謝松下夫婦，舉辦了盛大的慶祝會。邀請松下他們參加。當天工廠全體員工集合親切誠懇地向他表示謝意，使我深受感動，於是他說了下面的話：

「我們人，或者公司，甚至國家的處境不可能永遠都是順利的。這個工廠

也是一樣。三年前經營不順，那時自廠長起，大家都非常辛苦，甚至已在討論是否要把工廠關閉。

「不過，大家決心從頭做起，而且今天終於勇敢地站起來了。當初這股熱誠和努力，終於在今天結了豐碩的果實。在這紀念性的典禮中，你們大家歡迎我們夫婦，對我們致謝意。但事實上應該是我慰勞你們，向你們感謝才對。

「我認為逆境是天賦予我們人的一種磨練。不論公司工廠乃至國家，不可能始終在順境中生存，有時會有挫折，有時難免犯錯，可是一旦發現錯誤，只要大家追查原因，團結一致，就一定能夠改變劣勢。

「對個人而言，也是一樣的。諸位今後在漫長的人生中，也許會遇到困難，遇到幾乎要毀滅自己的事。不過，希望你們對自己說：不能消極，必須重新努力，必須抱著希望，最後一定會得到報償。如同本工廠一樣。希望你們謹記在心裡。

「我為什麼這樣說？二次大戰時，原子彈落在廣島和長崎。當時科學家們說：廣島和長崎今後十年間將寸草不生。廣島和長崎市民死傷者確實非常多，造成歷史上空前的悲劇。然而，死裡逃生的市民決心重建廣島，復興長崎。

「今天這兩個城市變成怎樣的情形呢？不但綠地四處，花草茂盛；而且戰後日本發展最快的就是廣島，其次是長崎。這表示什麼？儘管受了莫大的創傷，只要抱著堅強的鬥志，一定能夠重新建設。

「我們再來看看另一個反面的例子。在二次大戰中，沒有吃過一顆炸彈的金澤或奈良，今天的發展是怎樣的呢？我並非贊成發展原子彈，但困難越大，越該抱著克服困難的信念，那麼發展也越大。這就是從人的潛能中發揮出來的偉大力量。

「所以，我認為假使大阪也遭到原子彈的轟炸，大阪的發展一定也很驚人。當然在當時可能造成很多的死傷，但定會以此為轉機，變成更繁榮的都市。想到這樣的事，不禁覺得人生是有趣的。」

演講完畢，接受邀請參觀工廠。不用說，工廠內重要的地方，都點綴著女職員特地為他們插放的鮮花和歡迎詞。

「社長先生，歡迎光臨！」「這是特地為您插放的花，請您欣賞。」等等，共有 15 處布置著鮮花和歡迎詞，工廠的每一個角落都流露著感謝之情。

然後全體員工一起拍照紀念。當松下帶著感激和愉快的心情告辭時，廠長率領全體員工 360 人，在大門西側列隊送他。現在這樣的做法是對是錯，姑且不論，至少，他覺得這是人情的自然流露。

在松下生病期間，這個工廠每做出一種新式電鍋，即使已經是晚上十點以後，仍然會立刻送來給他看。他說馬上試用看看吧，便下床來看新電鍋試用的情形。他們這種努力的態度，非一般人所能及；失敗了再繼續努力，最後終於獲得了成果。

本來他以為要向他致謝的聚會，多半是只有五六個主管與會，說聲「謝謝」罷了。沒有想到會受到全體員工的歡迎和歡送，他感到十分的慚愧，當然也深為他們的成功高興。

這個製造電鍋的工廠，已經是日本最大的電鍋工廠，這是全體員工三年來努力的結果。現在它的確已成為設備最好、構想最好，一切都最好的工廠了。

▋ 充分發揮每一位員工的才智

看起來平靜無事，其實隱伏各類問題；若單靠主管防治，就會像癌細胞，防不勝防。

1955 年前後，松下電器曾面臨很大的危機。這個危機並不單純的只是業績突然下降，或是經濟有了問題。

由於金融界銀根緊縮，引起企業界的資金短缺，造成擁有龐大資金的重電機製造業打入電器業，而引起一些恐慌。另一方面，導致松下電器本身內部的一些問題。

當時松下電器公司，每年增加員工 3,500 人，占總人數的三成。每年增加的這些新員工，削減了公司對外界競爭的力量，而且敢由於人員的不斷增加，造成管理上的不易，同時，也減少了對公司的向心力。

　　綜合以上幾點，松下認為應該擬定突破危機的辦法。於是他提醒員工，希望他們每一個人能夠緊守自己的工作職位，以慎重態度解決工作上所遭遇的困難。就這樣過了大約四個月，情況仍然未見改善，他覺得非常奇怪。

　　如果在一個月之內，沒有什麼效果，這是正常的現象。但經過了兩三個月的努力仍沒有好轉，更沒見到松下所預期的成果，所以，他想必須再一次提醒員工注意。但如果仍以過去的方法做事，可能依舊不會有什麼結果。所以他以另一種方式，對員工們說：

　　「我認為各位都有一種安逸的想法，認為業績上所呈現的數字還算良好，所以都很放心。因此雖然明知要打破現狀，但卻沒有積極去實行，如果這樣一拖再拖，就會引起大問題了。」他繼續說：

　　「如果等到事情發生不良的情況後，再謀求解決對策，就太遲了。我認為早期的診斷是必要的。就如同在身體健康情況良好的時候，仍然要做健康檢查，往往醫生會告訴你哪裡要特別注意，那麼對於一些微不足道的小毛病，就能提早發現而根治了。」

　　松下認為不只總經理要做一個能診斷整個公司的名醫，每一位員工也要對自己的工作有這種能力。要在外部看起來還不成為問題之前，先找出不好的地方革除根治，所謂問題就會在還不成為問題之前就消失了。

　　他又繼續對他們說：「在四個月以前，我和大家談論的時候，大家或許還以為這是一種警告而已，並沒多加注意。當然我並不是說所有的員工都是這樣，但是就整體而言，有這種傾向。這種情況是必須加以改進的。

　　「以目前而言，或許有許多弊病已經被發現了，同時，也還來得及治療、改進。但如果現在仍沒有正確的認知，那可能就永遠無法挽回了。因此我不斷的強調希望每一位員工都能站在自己的職位上，深刻地反省我所說的，然後確實執行工作。」

　　經過松下的提醒，似乎每一位員工都能了解他的想法，而對自己的缺點加以改進，使得即將面臨的危機，能夠順利化解，並仍以穩健的步伐朝前邁進；也使得預期五年達成 2,000 億元的銷售額，在這四年就順利完成了。

▌籌資技巧

在資金調度困難的時代，企業要對自己的實力，做客觀、嚴厲的評估，如此才能提升企業信用。

最近因為銀根吃緊，各種行業的資金調度發生了很大的困難。想向銀行借錢，但銀行本身都沒有錢，怎麼能借給你？這種時期想借錢談何容易？可是松下無論什麼時候向銀行開口，還沒有被拒絕過。

也許你會說：「松下電器是大公司，銀行當然放心借你呀。」對，如果是現在或許有可能。可是從個人小企業開始，包括家庭工廠時代，55 年來向銀行借錢都 OK。

這和來往銀行的負責人都很明理也許有關係；但是松下一直認為企業向銀行申請貸款，都應該 OK 才對。為什麼呢？銀行是靠放款賺錢的呀！存款是生意，貸款當然也是生意，所以無論是存款或是借款，都應該受到同樣待遇才對。當然他們不會無條件借給你，那麼應該怎麼借呢？

松下的經驗是這樣，當他需要借錢的時候，就先對自己及公司的實力做一個客觀的評價；了解自己的實力就可以知道什麼程度的貸款銀行會答應。假定自我評估的實力是 100 萬元，你千萬不要借 100 萬元，如果是 80 萬元，保證一定答應借你；甚至有時還會問你這樣夠不夠？

松下始終遵守這個準則，所以他借錢一次也沒有落空。

這個道理很簡單，假定你有 150 萬元的實力，而想借 150 萬元，可是銀行對你的評估都會較低，可能只有 120 萬元，他們怎麼會答應借給你呢？有人明知想借的數目高一點，仍抱著姑且一試的心理，以為萬一被拒絕也沒有什麼損失。其實不然，有了這樣的前科，銀行對你就會有一種不信任感，你的信用也會大打折扣了。這時，不管你再怎麼把自我評估的實力降低，他們也不會相信了。他向銀行借錢，金額一定比自己的實力低；銀行對松下有信心，信用也一天比一天好，結果每一次借錢都 OK。

最近銀根越來越緊，這種做法不一定完全行得通；可是處在這個資金調度極端困難的時代，實行嚴厲的自我評價，漸漸提升信用，不是更重要？

公開經營的祕密

現代的經營者，應將自己的想法和公司的業務內容、方針、盡量讓部屬了解，如此，才能發揮強大的潛力。

當松下開始創業時，松下電器公司只是個私人的小商號。可是，松下還是嚴格地把私人收支和工廠開支分開。個人每天的收支，一定記錄在個人的收支簿上，工廠的帳簿則每月結算一次，由會計整理，不但與我個人收支完全分開不相混淆，並且把工廠的收支情形，按月向員工報告。這種制度，當我只有十個員工的時候，就已經開始實施了，而且延續到現在。

在法律上，股份公司的結算帳目固然是一定要公開，但是個人獨資的小工廠，只要對稅捐處有所交代，即使不公開，也沒有人會批評，可是松下堅持帳目公開的原則。

每次，松下都會對員工說明做了多少生意，賺來了多少錢，因為松下認為松下電器的投資，必須要有利益，並當作工廠的資本儲存起來。這麼一來，大家就會很快樂，心情開朗，自己也覺得異常振奮。

工廠生意興隆，賺錢多，這是十幾個人互相幫助所得的成果，包括老闆在不能完全要求放入自己的口袋內。這樣，每個人自然都能愉快地工作。以對工作有貢獻、有收獲而沾沾自喜，這便是工廠的整體利益，也是全體同仁努力的結果。

相反地，如果他們不能明確知道自己的努力能獲得多少成果，必然提不起勁來。也許有人會抱怨：「老闆真是太刻薄了，我們拚命地工作，卻不知賺了多少錢，結果都落到一個人的口袋裡。」若是換成現在的工人，可能就會要求加薪了。可是，坦白說，當時我的員工不會有一個人發半句牢騷，而且都精神飽滿地工作。

後來，松下電器改成股份有限公司，當然，個人的利益和公司的利益更要截然分開，而每年的結算也不只在公司內公開，還要向社會大眾公開。為了使員工能抱著開朗的心情和喜悅的工作態度，松下認為採取開放式的經營確實非常理想。開放的內容不只是財務，甚至技術、管理、經營方針和實

況，都盡量讓公司內的員工了解。

由於松下採取的是這種開放式的經營，所以每一個員工都異口同聲地說：「松下電器不是松下幸之助一個人的，而是全體員工所共同經營的公司。」像這樣讓全體員工都在有責任感的環境中工作，自然能培養出優秀的人才。

當然，無論什麼企業，或是公司的大小，實際上都不能免除商場上劇烈的競爭，所以都會保留一些企業的機密。但在松下看來，過度地重視「密」，反而會使得員工抱著隔閡的態度，而造成工作意願的減低，那是得不償失的。可是要公司完全除去這層心理障礙，適度地公開祕密，往往並不容易做到，只有在原則上信賴員工，不管是好是壞，把實際的情形告訴大家，才是最佳的辦法。

這個公開經營祕密的原則不僅對整個公司，甚至於對公司內各部門而言，也是相同的，部門或課裡的人，都應該了解實際的情形。聖人孔子曾說過：「人民只可以驅使他們做事，不可以使他們知道原因。」的確，在封建時代，掌權者以獨裁方式支配，或許可以不讓人民知道政治上的困擾，而只叫他們服從。可是當今民主科學時代，故作神祕的愚民政策乃是一種極端錯誤的觀念。

企業經營也應該採取民主作風，不可以讓部下存有依賴主管的心理而盲目服從。每個人都應以自主的精神，在負責的條件下獨立工作。所以，企業家更有義務讓公司職員了解經營上的所有實況。總之，我相信一個現代的經營者必須做到「寧可讓每個人都知道，不可讓任何人心存依賴」的認知，才能在同事之間激起一股蓬勃的朝氣，推動整個企業的進步。

慈悲為懷

為了自己的員工，訴訟輸了也不要緊。一個主管必須有委曲求全的胸襟。

從事經營管理的人，應該有一顆慈悲為懷的心。尤其是指導的人更應具有這種胸懷。

10 年前，松下在生意上與人發生糾紛。當時有人出面仲裁勸和，對方

說：「松下先生，這件事你就認輸好了，要贏是可以贏的，但你考慮到你的屬下，為了自己屬下，你可以輸掉這場糾紛，一個指導者也應替屬下設想，並有委曲求全的胸襟才對呀。」

當時松下很感動，對方說得有理，有責任地位的人，是該有慈悲為懷的胸襟。沒有慈悲心的人，與禽獸無異，請各位同仁，不要忘記這個道理。

摔角的技術上，第一步「挺直站起」的工夫最重要，起步快，起步工夫好的力士，雖體格差了一些，但身為一個摔角力士來說，卻是上馼之材，有時候會擊敗「橫綱」或「大關」，那時觀念的興奮之情，是不可言喻的，士氣也會因此大大地奮揚起來。可是「橫綱」畢竟是摔角界的統帥，是不是輕易被擊敗的，如果被下級力士「常川」擊敗的話，也是不應該的，所以「橫綱」有其獨特的修練和工夫，因此，一旦成為「橫綱」後，如不再苦心修練，其功力必然會日漸低弱，所以「橫綱」有其責任上的自覺，為不負觀眾的期待，必須更加勤練功夫，技術和精神兩面兼顧，苦心修練，保持不敗的成績。

上述情形不限於摔角界，公司的經營也是如此，公司的會長可以比擬為摔角界的「橫綱」；會長所說的話員工都應該遵守。需要遵守的理由是，「橫綱」大概總是勝家，但是有時也可例外，對「橫綱」理直氣壯地說：「會長，您所說的話錯了，是不是應該這樣做才對？」「噢，原來是這樣。那照你的意思去做吧。」

你這樣，有時也可以顛倒程序去做的，能有這種做法的公司，必定有其發展的餘地。換句話說，就是全體員工均可提出自己的意見，並有機會被採納實施。

聽聽他們說話

為了激勵員工的成長，身為主管，應對他們所提出的建議，有專心傾聽的雅量。

有兩位經營主管，在能力方面不相上下，但是其中一位的部屬，看起來

工作精神非常充沛，業績的成長也很迅速。另一位，他的部屬看起來無精打采，業績也沒什麼進展。像這兩種情形，可以說是到處可見。為什麼同樣有才幹又熱心工作的人，部屬的成長卻有那麼明顯的差距呢？松下認為，原因是在是否會用人才。

　　會不會用人的標準在哪裡呢？探討起來，原因一大串，但最重要的一點，松下想是在「能不能聽從部屬意見」。平常善於聽從部屬意見的主管，他的部屬一定成長得快；至於不肯聽從部屬意見的主管，他的部屬一定成長得慢。這種傾向是很明顯的。

　　因為主管能聽取部屬的意見，他的部屬，就必能自動自發地去思考問題，而這也正是使人成長的要素。設想：身為部屬的人，如果經常能覺得自己的意見受主管重視，他的心情當然高興，而且會產生無比的信心。於是不斷湧現新構想、新觀念，提出新建議。當然，他的知識也會越來越寬廣，思考越來越精闢，而逐漸成熟，變成一個睿智的經營者。

　　反過來說，部屬的意見經常不被主管採納，他會自覺沒趣，終於對自己失去信心。加上不斷地遭受挫折打擊，當然也懶得動腦筋，或下苦功去研究分內的工作了。整個人變得附和因循，而效率也就越來越差了。

　　一般來說，主管和部屬間，多數主管的工作經驗會非常豐富，專業知識也比部屬精深。所以部屬所提出的意見，在主管眼中，也許根本就不成熟，不值一顧。尤其在主管忙碌的時候，更不可能有耐心去聆聽。所以，關於主管是不是一定要聽取部屬的意見，或以什麼態度去聽取部屬的意見，這件事情恐怕還是見仁見智，很難有一致的答案的。松下個人認為，主管要善於聽取部屬的意見。也許部屬的意見聽起來是幼稚可笑，但主管必須有傾聽的修養。假使在態度上能注意到這點，部屬就會感覺被重視，而更主動找機會表現自己的才能。

　　儘管部屬的意見不可取，主管也不能當面潑冷水，而應該誠懇地說：「你的意見我很了解，但是，有些地方顯然還需多加斟酌，所以目前還無法採用。但我還是很感謝你，今後如果有別的意見，希望您多多提供。」如果主管的措辭這麼客氣的話，部屬的意見儘管不被採納，心裡也會覺得很舒坦。

同時也會仔細檢討自己提案中，所忽略的事，然後再提出更完整的構想。像這樣激勵，就是部屬獲得成長的原動力。

但這種安撫的做法，還是不夠積極。松下想基本上，還是要盡量採用部屬的意見。當然並不是說只要部屬提出意見，不管對錯，都要奉行。而是說，對於有缺點的意見，主管能加以彌補。並且說：「既然有這種好構想，我們不妨做做看。」過去松下經常用這種態度來做事，雖然難免會失敗，但成功率還是很高的。松下也因此感覺到，自己的部屬成長很快，提出的提案，有時好得出人意外。

經營者若想培養人才，就必須製造一個能接受部屬意見的環境和氣氛，不只是消極地溝通安撫，更要積極地採用推行，這樣，才能集思廣益，爭取成功。我們必須承認，一個人的智慧，絕對比不上群眾的智慧，所以主管積極聽取部屬的意見，才能得到共同的成長和較高的工作成效。

當主管有求於部下時，他千萬不能出以命令口吻，否則部下頂多只是做到服從、稱職而已。這雖然也是一種工作態度，但希望部下成長、獨立自主的目標，卻很難達到。當然，由於職務的不同，很多工作在形式上，不得不採取命令方式推動。但松下覺得，主管在精神上還是要抱著諮商的態度。同樣是「你去做這件事」一句話，由於語調的不同，給人的感受，就有很大的差別，對於主管的謙虛，敏感的屬下，不會渾然不覺。

不論如何，人總是喜歡在自主自由的環境中做事，唯有如此，創意和靈感，才能層出不窮，工作效率才會提升，個人成長的速度也會加快。因此，主管站在培養人才的目標上，必須設法塑造一個尊重部屬的環境，而且盡量採行他們的意見，以諮商的方法，來推動工作，自然能上下一致，相互信任。一方面能促使部屬成長，一方面，也能使事業突飛猛進。

錯誤的「時盈時虧」

失去反省的能力，就看不見自己的問題，更不能自救。當景氣都普遍不好，人家也不順利時，一個人往往只顧外界，而常常疏忽了自我反省，並且

心裡常以到處都這般不景氣，整個社會和市場的情形又是如此惡劣，做為藉口來安慰或逃避自己，然後將責任推給環境，而自己認為已盡了力，並無何不妥。

人類是極自以為是的動物。假如一個人自己不常常反省或管理自己時，是很容易犯了把責任推給別人，而自以為對的錯誤。

「我是無辜的，一切都是這個社會造成的」——有時我們也許會有這種事情發生。但雖然是如此，倘能深深地反省，並要有不責怪社會，而是自己一手造成，一切自己負責的認知才好。

經營者要有完全得到應得利潤的信念，即使是在不景氣的情況下。

有一次他到東京一家證券公司去接洽股票生意。他告訴他們，這一期想做100億元的生意，下期想做120億元的生意。當時對方就問他：「松下先生，你剛說 100 億元，真的辦得到嗎？現在經濟這麼不景氣，您的話有一點不負責任吧？」他回答說：

「絕沒有，我說的是實話，因為我們有一個明確的販賣契約，就是對社會上的人士、代理商或經銷商，訂有非常明確的契約。所以，我們有義務生產和販賣那些產品。不過，我說的契約，是一種心靈的契約。現在，用我們的肉眼看不見。可是這種契約我們看得很清楚，我認為一定能夠如數銷售。」

本期日數已所剩無幾，可是肯定能達成百億元目標。這不是心血來潮隨便說的，而是經過了一番詳細思考。當時，證券公司又有關於利益的疑問：「會有多少利益呢？」他回答說：「完全會得到應得的利益。」「能這麼順利嗎？可能會受競爭的影響吧？」「部分情形可能這樣，但是，以一個公司經營者的信念而言，從業員每個月都可以領到固定的薪水。松下電器公司也能獲得固定的利益，這是理所當然的事。「事業時盈時虧的觀念，他認為是錯誤的。所以，買松下電器公司的股票，準沒錯。」

也就是說，在古代武士的心目中，任何事都要堅持到最後關頭，完全而徹底地處理完畢才行。這是武士最重要的品行。

但是，看看今天一般人做事的態度如何呢？到處都有愛做不做那種懶散行為。其實，許多事只要多下功夫、多花費心思，以後就不會後悔。

半途而廢，古代武士引以為恥，那我們在工作上更要以半途而廢為恥。

有一句日本俗話說：「在石頭上坐三年」。不管石頭是如何的冷，一個人在上面連續坐上三年的話，再冷的石頭也會暖和起來。這是說忍耐的重要性。我認為一個職員能有這種不屈不撓的精神來從事於工作的話，肯定會有很好的表現。

最近的年輕人，有些在才工作兩三個月之後，就開始不喜歡自己的工作。他們說這種工作不合適，於是又去找新的工作。現在分工精細，增加了許多嶄新的工作，所以尋找一種和自己合得來的工作原是無可厚非的事，但是不管工作性質如何，要判斷它是否適合你，這問題並不是那麼簡單的。

起初做起來毫無意思的工作，如果繼續做三年的話，也會漸漸成為有趣的工作了。一般人不明白開發自己的適應性，工作往往是越做越生興趣的。這種工作的情形正如「在石頭上坐三年」的比喻，要繼續做三年才能體會。

松下同意，以前和現在工作的性質確實有不同的地方，但他認為本質是沒有什麼變化的。他認為，一個人一旦決心要做某個工作的話，或是有緣從事於某個工作的話，一定要安定下來，好好地做三年才行。這樣做的話必定對你有所幫助的。因為到後來你發現工作不適合你時，有個持續工作三年的經歷，也絕不是浪費的事。三年的工作經驗，對你尋找新的工作有絕對的益處。人人在開始上班時，都會有「這份工作是否適合我的？」疑問。如果你有這種疑問，就要想到「在石頭上坐三年」這一句話，先安定下來，努力地工作下去，以便在工作中得到樂趣。

第四篇　經營之策略
第二章　經營技法

附錄　經營人生高手

偉大經營者的做人態度

我擔任專務時，曾率技術人員參觀松下電器工廠，松下率主管列隊，盛大歡迎。最前頭的，竟是松下先生本人。他對顧客的重視、恭敬，真是無人能比。

他還集合主管，帶頭向豐田人員作深入地發問。他這種謙虛和以身作則的精神，令人覺得他不愧是位合格的經營者。

—— 豐田汽車公司董事長豐田英二

超級的大阪商人

松下先生有古代武士的脾氣 —— 守信、自律，絕不靠政治賺錢，徹底遵守商人道德。他誠懇、細心地謹守禮節，也感染了公司全體員工，形成一股稀罕可貴的「社風」。

而他最優異的天資，就是不需要憑分析，就能靠敏銳直覺的洞察力，準確地判斷事實真相。這位大阪商人，實在是古今東西非常罕見的人物。

—— 運輸大臣小坂德三郎

死，也是發展的一種型態

松下先生以 88 歲高齡，談論「死」:「任何偉人都不能不死。不過，死也是發展的一種型態。」他說到死的神態也與眾不同，一如往常的安寧祥和，自然而不誇耀。

看他較年輕時的演說神情，那股熱情與衝勁，確實可叫人體會出做生意的最終目的，已超越了「賺錢」，而是為了全人類的福祉。因此，他更無法容忍:製作好產品，銷售額反而降低。「松下公司不容許有賺錢的念頭。」

他的見解，往往都是這麼特異獨到。

—— 京都大學名譽教授會田友次

日本的熊彼得

　　松下先生到松下工會演講時，勞工戰線的統一正激烈，我也傾力投入。他演講完，竟然對我說：「你對勞工運動的信念，我很感動。希望你能為國家貫徹你的信念，我必大力支援。」這真使我大吃一驚。

　　由於他的種種鼓勵，使我不得不從其他角度好好看看他。結果，我發現他不僅是企業家，也是教育家、宗教家。不管在哪一方面，都有了不起的先見之明。他可說是日本農村富裕起來的思想根源，也是氣宇宏大的「無稅國家論」的創作者。

　　但願日本的熊彼得（對資本主義有獨特分析的美國經濟學者約瑟夫·阿洛伊斯·熊彼得，Joseph Alois Schumpeter）──松下先生，能更健康愉快地奮鬥。

──「經濟人」副總編輯諾曼·麥克雷

永遠送花給他

　　松下先生的地位雖然那麼崇高，卻一點也不驕傲，對人一視同仁，平易近人；所以和他交談時，往往會忘記你眼前是一位偉大的大人物。而他談話內容，不時會有令人溫暖感動的人生哲理。他有一對豎立的大耳朵，對自己不明白的事，一定率直地問：「這是什麼？」徹底查明，真是活到老，學到老。

　　我衷心祝禱他永遠健康，因為我希望能永遠在他的生日，送花給他。

──金屬工會協定長宮田義二

人生的高手

　　松下先生富有大阪風味的柔韌，就像他能巧妙地操縱自己纖弱的體質，以保長壽；他的經營法，也是這樣擅於讓負面的牌子，變成正面的牌子。

雖然是松下電器的大老闆，生活起居卻很簡樸，名片也和一般職員的一樣樸素。可是，談話內容卻很豐富。即使是初次見面，他還是誠實地照自己想說的話去說，語氣淡泊而又達觀。世人都視他為「經營之神」，我覺得說他是「人生的高手」更恰當。像這樣的人物，今後可能暫時不會出現吧！

—— 小提琴手辻久子

讚詞：獻給松下幸之助

松下先生是我最尊敬的大阪前輩之一，因為他具有三項特質：
Vitality（生活力）、Mentality（智力）、Royalty（莊嚴）。這些特質，表現在他生活的每一面。在貴賓雲集的松下大宴中，卻沒有任何俗套。在電視對談中，他在佐藤榮作先生的傲氣下，更顯得明智尊貴。而他在那種超級的忙碌中，居然還有那麼極富先見之明的作品；對我們專門搖筆桿的，更是莫大的激勵與鞭策。

—— 作家邦光史郎

兩代的知遇

先父鳥井信治郎全身像的揭幕禮時，松下先生冒著大風雪前來。他說：「鳥井先生若還在世，就 102 歲了。無論如何，我也要代替他活到 102 歲。我和他的緣分是這麼深，……」他當腳踏車店學徒時，就結識正在艱苦經營葡萄酒的家父。事業成功後，兩人還組成了「一文不名會」。

今日的我，也深受他的關照，深感父子兩代受知遇的機緣太深了。我要說：「不單是替先父活到 102 歲，更願您萬壽無疆，福如東海。」

—— 俳句詩人富本憲吉

打大算盤

松下先生擅長打大算盤。在挑選繼承人的大事上，他挑的，竟是董監事的末座，年輕的山下繼任社長。他看中的，是山下能適時地轉變、突破即定的觀念，有遠見，能掌大局。

同樣，在他生意尚未走上軌道時，他就開始宣導 PHP 運動。他所考慮的，不是使生意興隆的層面；而是以推動日本政治、經濟，來使松下事業繁榮。這是他一貫的經營哲學，也是他被日本國人列為「受尊敬的人物」的第一理由。

—— 桑特利酒類公司董事長佐治敬三

到 87 高齡仍不斷成長

我已過了 70 歲，和松下先生已來往 30 年，但他的思想觀念，卻一年比一年更豐盛，也形成了他特有的魅力。

一般人都會想使一些方法籠絡人心，但他認為這是極其無聊的。所以，他能不屈服於權威，也不輕視別人，而能從聽來無意義的話中，掏出一些東西來。

他曾為自己生病，公司股價就跌落而嘆道：「啊，我的公司還是不行的。」並嚴厲地反省。這就是他率直觀察事物的結果。

他的精神早已超過肉體的老化。願他繼續成長到 90 歲、100 歲，永遠成長。

—— 日本興業銀行顧問中山素平

年輕人的大指標

松下先生身為世界級的大企業家，對正直人應有態度，仍時時不離腦海。

日本戰敗後，道德教育全被刪除，他忍不住去查遍其他國家嚴格的教育制度，連文教委員也不如他研究得透徹。

今後，已逐漸從學歷轉移為學習社會。松下先生的生存奮鬥方式，將更受重視。即使時代背景不同，這位大前輩對現代青年，永遠是不可少的鼓勵和心靈寄託。

—— 外務省顧問大來佐武郎

容貌實在不凡

我看了松下先生寫的《怎樣挽救潰散中的日本》和《憂論》時，很受衝擊。但這種警世之書，為何不出自學者之手，而出自只有小學程度的企業家呢？而這樣的一位松下先生，到底是何許人呢？

第一次見面時，我幾乎要嘆一口氣：「容貌實在不凡。」這是一副超越、容納一切，佛一般的容貌，想像不出他會是那位給人感受強烈的作者。這時，我好像又發現那正直強烈的精神，也包容在那柔和神態中。再想到他會說：「政治、經濟或學問，都是屬於『人』的；而現今在各方面，都把人遺忘了。」就不會訝異他會有這卓見了。

—— 參議院議員安西愛子

隱祕的花

「經濟界」雜誌的頒獎晚會中，每位致辭的財經界領袖，都扯個沒完沒了，令人難忍。最後果是松下先生致詞：

「恭喜各位，我感冒，聲音嘶啞，我的致辭到此為止。我代表出席的各位

上臺，也代表各位和獲獎人握手，與大家共用榮譽。」在熱烈的掌聲中，我心中充滿了解放感，這是多麼明智的老人；而「共用榮譽」，又是多麼有力的一句話啊。

世阿彌的《花傳書》有三種花：年輕時的花，就是含苞待放的花；中年的花，是鍛鍊盛開的花；老年的花，則是凋謝 —— 隱密的花。他就是隱密的花。

—— 歷史家奈良本辰也

用國際牌電扇很有效

年營業額高達 3.4 兆元的象徵 —— 松下先生，對主理育幼院的我，確實是非常遙遠。但雖然是完全不同的世界，卻感到精神非常相近。

松下先生的洞察力，不單是經營上，對人心也善於捉摸，非常細膩而善體人意。有一次，我送他一次全國冠軍茶葉。他來函致謝，最後，還加上一句：「防止茶葉霜害，用國際牌電風扇很有效。」真有他風趣的一面，也不愧是「經營之神」。

—— 評論家扇谷正造

模仿不來的說服力

松下先生被實業界稱為「神」，大概是因他以實益性去說服人。大阪人不喜歡凱因斯（John Maynard Keynes）如何、約翰‧肯尼斯‧高伯瑞（John Kenneth Galbraith）如何；他只是以電腦般的察覺力，用樸實易懂的話來談：「要怎樣賺錢呢？」等等。

同樣是刻苦成功的人，松下先生絲毫沒有自誇的高論，而是從他人格自然流露無比的說服力，是無法模仿的。或許是關西腔的柔和、率直，會使人產生「對這人可以放心了吧」的想法。

　　這無比的說服力，或許就是基於他「讓我們站在同一邊，肩並肩（不是面對面）地談吧」這種根本哲學。

—— 近畿日本鐵路公司董事長佐伯勇

松下經營學：

不屈不撓的創業毅力 × 活到老學到老的精神，松下幸之助八十載的奮鬥生涯

主　　編：李人豪，周曉晗

發 行 人：黃振庭

出 版 者：財經錢線文化事業有限公司

發 行 者：財經錢線文化事業有限公司

E-mail：sonbookservice@gmail.com

粉 絲 頁：https://www.facebook.com/
　　　　　sonbookss/

網　　址：https://sonbook.net/

地　　址：台北市中正區重慶南路一段六十一號八
　　　　　樓 815 室

Rm. 815, 8F., No.61, Sec. 1, Chongqing S. Rd.,
Zhongzheng Dist., Taipei City 100, Taiwan

電　　話：(02)2370-3310

傳　　真：(02)2388-1990

印　　刷：京峯彩色印刷有限公司（京峰數位）

律師顧問：廣華律師事務所 張珮琦律師

定　　價：520 元

發行日期：2023 年 04 月第一版

◎本書以 POD 印製

國家圖書館出版品預行編目資料

松下經營學：不屈不撓的創業毅力
× 活到老學到老的精神，松下幸之
助八十載的奮鬥生涯 / 李人豪，周
曉晗主編 . -- 第一版 . -- 臺北市：財
經錢線文化事業有限公司 , 2023.04
面；　公分
POD 版
ISBN 978-957-680-615-5(平裝)
1.CST: 松下幸之助 2.CST: 企業管
理 3.CST: 企業經營
494　　　112003217

電子書購買

臉書